余达淮/等 著

资本的道德与不道德的资本

合肥工業大學出版社

图书在版编目(CIP)数据

资本的道德与不道德的资本/余达淮等著．—合肥：合肥工业大学出版社，2019. 11

ISBN 978-7-5650-4717-6

Ⅰ. ①资…　Ⅱ. ①余…　Ⅲ. ①资本—关系—道德—文集　Ⅳ. ①B82-053

中国版本图书馆 CIP 数据核字(2019)第 275303 号

资本的道德与不道德的资本

余达淮　等 著　　　　责任编辑　朱移山

出　版	合肥工业大学出版社	版　次	2019 年 11 月第 1 版
地　址	合肥市屯溪路 193 号	印　次	2020 年 8 月第 1 次印刷
邮　编	230009	开　本	710 毫米×1010 毫米　1/16
电　话	人文编辑部：0551-62903310	印　张	19.5
	市场营销部：0551-62903198	字　数	319 千字
网　址	www.hfutpress.com.cn	印　刷	安徽昶颉包装印务有限责任公司
E-mail	hfutpress@163.com	发　行	全国新华书店

ISBN 978-7-5650-4717-6　　　　定价：68.00 元

如果有影响阅读的印装质量问题，请与出版社市场营销部联系调换。

目　录

第一章　资本伦理发凡

第二章　资本伦理的思想渊源

第三章　马克思资本批判的伦理思想

第四章　资本与伦理道德的关联

第五章　资本伦理与经济伦理

第六章　新范畴与新问题

第一章

资本伦理发凡

批判与建构：马克思资本概念的逻辑生成

马克思的资本概念在马克思思想的发展轨迹中居于核心地位，并发挥着举足轻重的作用。而究竟何谓资本？资本的本质又是什么？目前，学界主要存在以下观点：一是西方经济学总体上从生产力的维度，把资本理解成表征为“物”的各种生产要素；二是马克思对“资本不是物，而是一种生产关系”本质界定；三是我国马克思主义政治经济学教材把资本解读为“能够带来剩余价值的价值”。资本概念这种尚未达成共识的现实态势凸显了对资本概念辨识的必要。因此，深入分析和厘清马克思资本概念的本真要义，对于我们积极探寻资本范畴的科学内涵，进而推动当代中国社会主义市场经济建设，无疑具有重要的启示。

一、马克思对其之前主要资产阶级经济学派资本概念的批判

历史上，重商主义、重农学派、以亚当·斯密和大卫·李嘉图为代表的古典政治经济学、庸俗经济学作为马克思经济学形成之前的主要资产阶级经济学派，都对资本范畴进行了理论界定。他们为马克思资本概念的逻辑生成提供了充实的思想资源并奠定了一定的学理基础。

早在马克思之前，作为西方资产阶级最早的经济学说——重商主义便对资本进行了原初的理论追问。在凝结着马克思“一生黄金时代的研究成果”——《1857—1858 年经济学手稿》中，他写道：“在重商主义者看来，货币已经表现为资本，但实际上又只是在货币形式中，只是在商业资本即不断转化为货币的资本的流通形式中表现为资本。”[1] 马克思的这段阐述批判了重商主义的资本概念，指出重商主义把资本等同于货币，而实际上货币只是资本众多表现形态的一种。重商主义的问题在于过于重视商人、商业资本和流通领域。他们以为社会财富只是来源于流通领域，还没有从生产领域去关注资本，从而使其对资本的概念界定有失偏颇。也正因此，马克思认为重商主义还不是“真正的现代经济科

学”，用他曾经在《资本论》中的话说：“真正的现代经济科学，只是当理论研究从流通过程转向生产过程的时候才开始。”[2]

相对于重商主义，被马克思称之为“资本的实际上最早的系统代言人”[2]的重农学派则走向了另一个极端。马克思指出：“他们和重商主义相反，从只是在流通领域执行职能的商业资本回到了生产资本。”[2]马克思认为，在重农学派看来，资本和货币是截然不同的，货币不可能生成资本，它只是获取资本的手段，而非形式。进一步，马克思还指出他们把资本等同于生产资本，具体等同于农业生产资本或者说农业生产资料。马克思在《资本论》中说：“重农学派认为，只有农业劳动才是生产劳动，因为只有农业劳动才提供剩余价值。”[3]可见，在马克思的视域里，重农学派混淆了资本和资本的生产形式。而事实上，农业生产资料同货币一样都只是资本的表现形态。同时，也能看出，马克思明确了重农学派的症结不同于重商主义，重农学派过于看重生产领域，而且还是农业生产领域，显然他们把生产的外延窄化了。

而亚当·斯密作为古典政治经济学的杰出代表，其对资本概念的厘定，一方面被马克思在《资本论》中评价道，“进步之处在于‘资本’这个名词，他使资本这个概念普遍化，摆脱了重农学派特别注意把它应用于‘农学’领域这种情况”[4]；另一方面，又正如马克思在《1861—1863年经济学手稿》中一针见血指出的：“亚·斯密对一切问题的见解都具有二重性”[5]。资本也不例外，它总体上被马克思界定为一个悖论性的存在。具体来说，斯密关于资本的涵义有两种观点：其一，他认为资本是为资本家提供利润的积聚。“与货币、劳动或其他货物交换的完全制造品的价格，除了足够支付原材料代价和劳动工资外，还须剩有一部分，给予企业家，作为他把资本投在这企业而得的利润。”[6]不难看出，斯密的这段论述表明了他此时已经接近于把资本看作是一种生产关系。质言之，斯密在这里已经不自觉地触及了资本的本质问题，尽管他并没有明确提出这一点。究其原因，与马克思分析资本主义社会工资的本质被“劳动的价值和价格”遮蔽的缘由并无二致：“只要古典政治经济学附着在资产阶级的皮上，它就不可能做到这一点。”[3]可见，在马克思看来，斯密没有明确厘定资本生产关系本质的根由就在于其阶级立场是资产阶级。而关于另一个原因，马克思在分析资本的本质问题时也进行了阐述：“资本不仅像亚·斯密所说的那样，是对劳动的支配权。按其本质来说，它是对无酬劳动的支配权。”[3]在这里，马克思一方面肯定了斯密对资本概念界定的可取之处，另一方面也明确地指出他的理论之所以吊诡的一个重要因素在于其没能对劳动与劳动力进行正确的区分和使用。实际上，这也正是古典政治经济学最终破产的根本原因。其二，亚当·斯密把资本理解为投入生产中的一部分“资财”即生产资料。他在《国民财富的性质和原因的研究》中写道，“他的全部资财于是分成两部分。他希望从以取得收入的部分，称为资本。另一部分，则供目前消费。”[6]斯密的这种定义事实上是把资本和资本的物质形态等同视之。他只看到了资本的物质表现形态，而没能深究其本质属性，从而遮蔽了资本同雇佣劳动之间的剥削关系。显然，斯密把资本“物象化”了，他只看到了资本实证层面的意义。由上观之，斯密对资本范畴的这两种阐述是并存的，同时也是矛盾的。

此外，马克思对大卫·李嘉图的资本概念也进行了批判。李嘉图把资本定义为一种生产手段，他在《政治经济学及赋税原理》中讲道：“亚当·斯密说，在原始社会，猎人捕杀鸟兽，已需若干资本，不过这种资本，可由猎人自己蓄积而得。没有武器，海狸野鹿都不得而捕杀。”[7]对此，马克思在《1861—1863 年经济学手稿》中分析道：“在李嘉图看来，资本仅仅是不同于‘直接劳动’的‘积累劳动’，它仅仅被当作一种纯粹物质的东西，纯粹是劳动过程的要素，而从这个劳动过程是决不可能引出劳动和资本、工资和利润的关系来的。”[8]在这里，我们能够发现，李嘉图对资本范畴的厘定并没有超越斯密，某种意义上相对于他（第一种资本定义）来说还是一种后退。在《1861—1863 年经济学手稿》中，马克思同样对其原因进行了阐述。他指出，李嘉图坚持资本主义生产方式是“天然合理”的和永恒的，否认资本的历史性和社会性，从而产生了他自身科学研究中的历史唯心主义和形而上学特征。

在古典政治经济学尚未完成时期，就产生了以萨伊、詹姆斯·穆勒和西尼尔等为代表的被马克思所指称和批判的“庸俗经济学”。历史上，这些庸俗经济学家对资本概念也进行了一定探讨。不管是萨伊的“生产三要素论”，还是詹姆斯·穆勒的“资本生产力论”，抑或是西尼尔的“节欲论”，在马克思看来，他们对资本概念的厘定根本上是一致的。即使在具体表述上存在差异：萨伊把资本视为一种物质资料生产的要素，詹姆斯·穆勒认为资本是能创造价值的蓄积的劳动，西尼尔则把资本称之为通过节欲而获取的用于生产的积蓄，但归根结底他们仍然视资本为一种物。显然，他们仍然没能超越古典政治经济学对资本概念的理解。其根由，用马克思在《资本论》第一卷中批判西尼尔资本观的话说：“这真是庸俗经济学的‘发现’的不可超越的标本！它用阿谀的语句来替换经济学的范畴。”[3]在这里，马克思用“阿谀的语句”生动形象地说明了庸俗经济学资本概念生成的原因。那就是：他们的立场是资本家的，是为资本主义进行辩护的，从而他们对资本范畴的界定是肤浅的。

综上，马克思对其之前主要的资产阶级经济学派，或者把资本看作货币，或者把资本视为农业生产资料，又或者把资本等同于生产手段或生产要素以及某种接近于抓住资本本质的“悖论性”论点分别进行了批判。一言以蔽之，马克思认为，“国民经济学家只是把资本视作经济学范畴，看作物，看作财富，而不是看作关系”[9]，他们只看到了问题的表象，而没能抓住其本质。从总体上说，马克思之前的资产阶级经济学家们只揭示了资本的自然属性即资本的生产力维度，他们主要研究的是如何在资本主义制度下提高各种生产要素的利用效率，而资本的社会属性（本质属性）即其社会关系维度却未能加以有效探究。马克思在对这些关于资本概念的论点进行批判的基础上，便着手从生产力和生产关系两个维度去全面建构自己科学的资本范畴。

二、马克思对资本概念生产力与生产关系之双维建构

当下，学术界对资本概念的解读出现变化，如奥地利经济学派拉赫曼认为：“经济学家离不开通用的资本概念，在物质对象中这一概念没有可度量的对应。”[10]

又如美国当代著名经济学家罗伯特·L. 海尔布隆纳在《资本主义的本质与逻辑》一书中所言：“资本不是物质的东西而是一个过程，在这一过程中，物质东西的使用被视为其不断变化地存在中的一个特殊阶段。另外它也是一个社会过程，而不是自然过程。”[11]海尔布隆纳把资本的本质认定为一个“过程”，并说“是一个社会过程，而不是自然过程”。这虽然有把资本和资本运作混淆之嫌，但从中仍然可以窥探出，海尔布隆纳对资本的“社会过程”定义与马克思对资本本质的“生产关系”定义是有一定相通之处的，因为事实上后者正是在前者之中不断得以呈现的。无独有偶，知名学者大卫·哈维在《资本之谜：人人需要知道的资本主义真相》一书中也说道：“资本不是一个静态的概念，而是一个过程。在这一过程中，资金不断地追求增殖，变成更多的资金。推动这一过程的关键人物是资本家，他们分饰不同的角色。”[12]由此可见，大卫·哈维也把“过程”作为资本的本质，某种意义上说，他与海尔布隆纳都近似于看到了资本生产关系的本质属性。当然，也应当承认，他们并不否认资本物的一面，也看到了资本的增殖性等自然属性。但其存

在的问题亦是显而易见的，即还不能把“资本是一个过程”和“资本是生产关系”直接等同起来。

其次，从国内来看，目前有学者认为资本的概念非常复杂，很难对其进行准确的界定。有学者持相反的观点，指出资本并没有那么“玄乎”“神秘”和“不可捉摸”。在他们那里，资本实际上就是“大货币”，而其所谓的“大”指向的就是“增殖”，然而，这种解读把资本所具有的属性片面化了，它只是单一地强调资本的自然属性，却忽略了资本更根本的社会属性。这与马克思建构的资本经典定义“原预付价值不仅在流通中保存下来，而且在流通中改变了自己的价值量，加上了一个剩余价值，或者说增殖了。正是这种运动使价值转化为资本”[3]不符。简言之，即与据此被我国马克思主义政治经济学教材界定的“资本是能够带来剩余价值的价值”存在根本差异。

原因在于马克思资本概念建构的维度是双维而非一维：首先，资本要“带来剩余价值”，即要实现增殖表征了马克思资本概念建构的生产力维度，它反映的是人与物、物与物之间的关系；其次，如若资本要“带来剩余价值”，逻辑上就必然要剥削雇佣工人的剩余劳动，这背后也就必然隐含着资本家对雇佣工人的剥削即人与人之间的不平等关系，这便表现了马克思资本范畴构建的生产关系维度。对此，马克思曾在《资本论》中进行了明确说明：“资本不是一种物，而是一种以物为中介的人和人之间的社会关系。”[3]这里，马克思指出了资本的本质就是“人和人之间的社会关系”。虽然他在此没有使用“生产关系”，而代之“社会关系”。但二者表达的却是同一个意义，因为在马克思看来，“生产关系总和起来就构成所谓社会关系”[13]。但随之而来却不得不引起我们反思的两个问题是：马克思语境中的资本概念果如其所说“资本不是物”吗？如若不是，马克思资本范畴的生产力维度还能成立吗？

为什么会产生这样的疑问？因为马克思曾经说过：“资本、土地、劳动！但资本不是物，而是一定的、社会的、属于一定历史社会形态的生产关系，后者体现在一个物上，并赋予这个物以独特的社会性质。”[2]显而易见，在马克思的视域中，资本既是物，又不是物。表面上看，这是一句充满吊诡的阐述。但实际上，这两者是不相矛盾的，因为它们的指向是不同的：其一，“资本是物”指的是各种物，是资本的物质承载或曰表现形态；其二，“资本不是物”则阐明的是资本的本质为生产关系而非物。由此可以佐证的是：生产力与生产关系确实是马克思厘定其资本概念的两个维度。同时，值得我们关注的是，这两个层面在马克思资本概念逻辑生成中的地位是不同的。马克思主要是从生产关系而非生产力的层面去对资本范畴进行考察的。用他在为《资本论》第一卷第一版所写序言中的话说："我要在本书研究的，是资本主义生产方式以及和它相适应的生产关系和交换关系。"[3]某种意义上说，马克思讲的"资本不是物"也正是基于此种向度而言的。

接着来看，针对诸如重商主义、重农学派、古典政治经济学以及庸俗经济学对资本概念仅仅从生产力的单一视角考量，马克思很早便发现了其问题所在："那就是只看到了资本的物质，而忽视了使资本成为资本的形式规定。"[1]在这里，马克思所说的"使资本成为资本的形式规定"事实上指的就是资本诸多物质形态背后生产关系的本质规定。而相对于马克思的资本范畴，资产阶级经济学家们实质上是将资本"物化"了，他们没能科学厘定出资本的本质。在《1857—1858 年经济学手稿》中，马克思对其原因进行了深刻的剖析："资产阶级经济学家们把资本看作永恒的和自然的（而不是历史的）生产形式，然后又竭力为资本辩护，把资本生成的条件说成是资本现在实现的条件，也就是说，把资本家还是作为非资本家——因为他还只是正在变为资本家——用来进行占有的要素，说成是资本家已经作为资本家用来进行占有的条件。"[1]显然，资产阶级经济学家们的弊病在于缺乏一种科学的历史观和方法论，从而错误地指认了资本的涵义及其本质。

同时，这也再一次印证了马克思对资本概念的阐释既包括生产力的维度，也蕴含生产关系的维度。也可以说马克思视域中的资本范畴包括物和生产关系两个层面，其中物是表象，是从生产力的向度来说的，而生产关系则是资本的本质所在，这应当是没有异议的。但问题是，还应看到在西方经济学的发展历程中，不乏学者对马克思所建构资本概念的内涵提出质疑。例如，有学者发问，马克思对资本的这一厘定，从学理上说，应当是难度不大的。具体地讲，资本的生产关系本质属性应当是不难从它的各种"表象"（各种生产要素等物质形态）中得出的，之前所述的拉赫曼、罗伯特·L. 海尔布隆纳和大卫·哈维的观点就是明证。但倘若如此，为什么还有学者认为西方经济学对资本的理解只是单单从物的角度，而缺乏生产关系本质的向度呢？

在笔者看来，个中理由是西方经济学与马克思从事经济学研究的历史观与方法论是存在根本差别的：西方资产阶级经济学家对经济现象的研究是非历史的和形而上学的，而马克思对经济范畴、经济事物的探究则是历史的和唯物辩证的。正如孙蚌珠教授在《马克思经济理论的主要内容和研究逻辑——基于马克思主义基本原理整体视角》一文中所进行的比较："古典经济学把商品、货币、资本等经济范畴看作是'自然秩序''理性''人类本性'，从而把它们视为永恒的范畴，马克思认为经济范畴是社会生产关系在理论上的表现，这些经济范畴如同它们所表现的经济关系一样，不是永久存在的，具有历史性。"[14] 以古典政治经济学作为重要代表的西方经济学缺乏科学的历史观和方法论，他们囿于自身的阶级立场，把"商品、货币、资本等经济范畴"抽象化、永恒化，从而把资本片面化，致使其"见物不见人"。而马克思以历史唯物主义和唯物辩证法作为其经济学研究的根本历史观和方法论，结合一定的社会阶段、民族和国家等对包括资本在内的经济现象开展历史的和辩证的思索，"既见物又见人"，尤其辩证批判了马克思之前西方主要资产阶级经济学派的资本概念，继而建构了自己科学的资本范畴。

三、马克思资本概念对当代中国社会主义市场经济建设的启迪意义

不同于西方经济学，马克思从生产力和生产关系两个维度所建构的独具特色的资本范畴在分析当今中国社会主义制度下的资本时仍然适用，并且对当代中国的社会主义市场经济建设依然具有重要的启示意义。

第一，有利于科学把握社会主义市场经济条件下的资本。过去，我们对资本的理解存在一定的误区。我们往往缺乏对资本概念生产力之维的重视，过分强调资本概念的生产关系之维，甚至谈"资"色变。一个典型例证是我们常常用"资金""本金""资产"等来代替资本概念。原因是我们误读了马克思在《资本论》中的一句经典阐述："资本来到世间，从头到脚，每个毛孔都滴着血和肮脏的东西。"[3] 实际上，这句话反映了马克思是从资本的社会属性即生产关系的维度，来透视资本主义原始积累时期，资本家对劳动人民的掠夺、剥削与残忍。它让我们看到了资本对人性的践踏，对人的尊严、价值的剥夺，从中真切地感受到资本恶的伦理效应。

然而，必须承认的是，马克思从没否认资本具有"物"的一面。相反，他却说："从资本的物的方面来看，资本现在表现为（只要它作为使用价值存在）存在于供新的生产之用的产品形式之中，表现为原材料和工具（但也表现为劳动）。但是，决不能因此反过来说，这些东西本身就是资本。它们只有在一定的社会前提下才成为资本。"[15] 也就是说，

资本的确还有自然属性即生产力的维度。而马克思在《共产党宣言》中也曾鲜明地指出："资产阶级在它的不到一百年的阶级统治中所创造的生产力，比过去一切世代创造的全部生产力还要多，还要大。"[16] 在马克思看来，这主要归因于资本的自然属性，尤其是资本的增值性对社会生产力所产生的巨大激发作用。无疑，这充分彰显了资本善的伦理效应，从而也让我们能够深刻感受到资本所具有的两种属性（自然属性和社会属性）和双重维度（生产力与生产关系）。

因此，我国当前社会主义条件下的资本与马克思对资本范畴生产力与生产关系的双维构建是契合的。一方面，当下我国所具有的资本，与资本主义社会的资本一样，仍然具有不断增值、流动和扩张的自然属性；另一方面，它们体认着不同社会制度下资本的不同关系：一是对于中国来说，资本只是我们实现共同富裕和"中国梦"的手段，它表征着社会主义社会全体劳动者相互平等、友好相处和共同致富的经济关系。而资本主义条件下的资本则是社会生产的最终目的，它反映了资本家与雇佣工人之间的剥削关系，其结果必然会带来社会的两极分化。由此，对待我国社会主义市场经济条件下的资本，理性的态度应当是：在看到社会主义社会资本生产关系本质属性的同时，也不能忽视甚至漠视它生产力的自然属性，从而全面辩证地把握我国当前社会中存在的资本。

第二，有利于促进资源优化配置和架构社会主义市场体系。正如之前所论述的，从批判到建构，马克思资本概念的逻辑生成可以促使我们明确社会主义场域下资本的内涵不光有生产关系之维，而且还存在生产力之维。其中，资本的增殖性依然是资本范畴生产力维度的主要指向。明确了这一点，不难得出，在社会主义市场经济体制下，通过资本运营可以有效实现资源的优化配置：一方面，从宏观上看，整个社会资本的内蕴增殖动力有益于推动各种经营性资源要素的活力竞相迸发，并且推动经济结构尤其是产业结构、产品结构的优化升级，从而实现效益的最大化，最终获得我国宏观经济的健康均衡发展；另一方面，从微观上看，企业在进行资本运作的过程中，其资本同样具有要求增殖的内在取向，这将有助于促使企业采取各种诸如改进生产技术、诚信经营、重视资本的积聚和集中的必要举措，从而不断提高生产效率、扩大市场需求，继而日益增强企业的市场竞争力与控制力。

此外，马克思对资本概念的科学厘定，也有益于我国社会主义市场体系的架构。马克思促使我们认识到社会主义制度下，资本的本质没变，资本范畴依然是生产力与生产关系的辩证统一，从而为我们在社会主义市场经济体制下合理利用和限制资本提供了理论依据。但正如秘鲁当代经济学家赫尔南多·德·索托在其畅销力作——《资本的秘密》中所指出的，“资本首先是一种抽象概念，它必须被赋予一种固定的、可见的形式，才能够发挥作用。”[17]这实际上也是马克思的资本定义所一直强调的：资本的生产关系本质必须要通过各种物、各种生产要素的形式承载出来。因此，资本市场应当成为一个重要的生产要素市场。而就其作用来说，可以从如下两个方面进行审视：其一，资本市场的健康发展有利于合理指引社会投资方向、科学配置社会资源，进而提升资本的使用效率；其二，通过培育资本市场有助于推进中国生产要素市场的良性发展，从而加速中国统一而完整的社会主义市场体系的生成。

第三，有利于构建当代中国资本伦理学。目前包括中国在内，资本伦理学尚未形成一门独立的学科。且不说资本伦理学的学科依据及其合法性是否成立，仅资本有无伦理这一命题，在理论界就已经聚讼纷纭。比较具有代表性的反对意见是：资本是一种“物”，涵盖货币、机器、原料、厂房、土地等，因此资本何来伦理？毫无疑问，此种论点错误解读了资本的涵义。它实际上是西方经济学所一直坚持的对资本概念的单向度（马尔库塞语）即仅仅生产力维度的理解。还有一种比较有影响的看法是：“作为社会关系力量的资本本身只是手段，它并不是人，因而不具有道德属性，而是资本的掌握者赋予资本以道德属性。”[18]此种观点首先承认资本是一种“社会关系力量”，并且这种关系力量是一种经济手段，这有其合理的一面；但它同时认为只有人才具有道德属性，资本没有道德属性，“而是资本的掌握者赋予资本以道德属性”。如若这样，那生态伦理作为当代伦理学研究所公认的一个前沿和热点问题又该如何解释呢？众所周知，社会关系是人和人之间的社会关系，不能认为资本是一种“社会关系力量”而非人就断定资本没有道德属性。实际上，上述两种看法存在的问题是一样的，它们都是对马克思资本概念的片面解读，本质上都把资本界定成一种物或生产要素。然而，马克思在其一系列经典文本中已经多次告诉我们：资本不仅有“物”的一面，而且还有“物”背后蕴含的本质即社会关系的一面。并且，我们知道，伦理的基本要义是调解人与人之间社会关系之客观的“应该”。因此，笔者认为恰恰相反，资本并非是“价值无涉”（韦伯语），它与伦理之间是存在着密切姻缘关系的。

应当看到，资本伦理学虽然现在还没有正式生成为一门学科，但毋庸置疑，它应当是关于资本伦理的一门学问。认同资本具有伦理价值，并且实现对资本伦理概念的准确界定，是建构当代中国资本伦理学的理论前提。而认真检视当下学术界关于资本伦理的研究现状，不难发现我国尚未在学理层面形成系统的理论和完整的体系，并且对资本伦理的涵义也还存有分歧。其中一个关键的因素就在于没能科学厘清资本的概念，尤其是马克思的资本概念。相当一部分学者对社会主义场域下的资本仍然仅仅从生产力的角度，而忽视从社会关系的视角来理解，缺乏对资本范畴的全面认知。因此，这也正凸显出经由批判与建构，进而来科学把握马克思资本概念的逻辑生成对于建构当代中国资本伦理学的重要意义与价值。

四、结语

资本不是永恒的，而是暂时的。它的功能与形态在不断地发生着嬗变。“在资本逻辑中，如果主体已经成为资本增值的工具，那么结构化的资本逻辑就会取得统治一切的地位，这样一来，我们如何打破资本逻辑的统治?”[19] 如果真的如仰海峰教授所言，《资本论》中马克思论述主题有“生产逻辑”向“资本逻辑”的变化，同时意味着劳动主体的弱化和资本的强势，那么我们还谈什么“资本伦理”? 但是换一种思路，也许在这种“被遮蔽的劳动者”过程中，恰恰需要资本伦理。纵使现代社会，资本作为“物”的表现形态在不断地发生变化，但资本的本质却依然是“物”背后的一定社会的生产关系。个中道理，诚如马克思在《雇佣劳动与资本》中的一句精辟阐述：“资本的躯体可以经常改变，但不会使资本有丝毫改变。”[13] 然而，值得认真审思的是，当前整个世界无论资本主义国家抑或社会主义国家都在对本国的生产关系进行一定的调整和变革，这也对我们更加科学地认知现代社会的资本范畴提出了一定挑战。可以预见的是，人们对资本的认识也必然要继续经历复杂而且漫长的征程。

【注释】

[1] 马克思恩格斯全集（第30卷）[M]．北京：人民出版社，1995：289、213、452.

[2] 马克思恩格斯全集（第45卷）[M]．北京：人民出版社，2003：376、886、886-887、922.

[3] 马克思恩格斯全集（第44卷）[M]．北京：人民出版社，2001：583、622、611、688-689、176、877-878、8、871.

[4] 马克思恩格斯全集（第45卷）[M]．北京：人民出版社，2003：401.

[5] 马克思恩格斯全集（第33卷）[M]．北京：人民出版社，2004：136.

[6] [英] 亚当·斯密．国民财富的性质和原因的研究（上卷）[M]．郭大力等，译．北京：商务印书馆，1972：43、255.

[7] [英] 大卫·李嘉图．政治经济学及赋税原理 [M]．郭大力等，译．译林出版社，2011：8.

[8] 马克思恩格斯全集（第34卷）[M]．北京：人民出版社，2008：453.

[9] 刘文艺．从“现实生活”出发——马克思“两个手稿”的资本批判视角 [J]．学术界，2016，(4)．

[10] [德] 路德维希·拉赫曼．资本及其结构 [M]．刘纽，译．上海：上海财经大学出版社，2015：3.

[11] [美] 罗伯特·L. 海尔布隆纳．资本主义的本质与逻辑[M]．马林梅，译．北京：东方出版社，2013：23.

[12] [美] 大卫·哈维．资本之谜：人人需要知道的资本主义真相 [M]．陈静，译．北京：电子工业出版社，2011：43.

[13] 马克思恩格斯文集（第1卷） [M]．北京：人民出版社，2009：724、725.

[14] 孙蚌珠．马克思经济理论的主要内容和研究逻辑——基于马克思主义基本原理整体视角 [J]．思想理论教育导刊，2013，(3).

[15] 马克思恩格斯全集（第32卷）[M]．北京：人民出版社，1998：71.

[16] 马克思恩格斯选集（第1卷）[M]．北京：人民出版社，2012：405.

[17] [秘鲁] 赫尔南多·德·索托．资本的秘密 [M]．于海生，译．北京：华夏出版社，2012：31.

[18] 鲁品越．资本是手段，掌管者赋予其道德属性 [J]．社会科学，2008，(3)．

[19] 仰海峰．马克思资本逻辑场域中的主体问题 [J]．中国社会科学，2016，(3)．

（余达淮　陈光洁，原作发表于《江海学刊》2018年第2期）

资本的伦理内涵、结构与逻辑

一、资本概念的历史演变

资本概念是现代经济学的核心概念。在不同的历史阶段上，资本概念的内涵与外延不同。

首先，作为生产资本范畴而存在的样态。包括一些感性直观的东西，例如直接可以把握到的商品、货币以及生产资料等，并且这种感性可以把握的东西之间具有相互交换与转化的关系。[1]当人们用“资本”这个词指称牛或家畜时，“资本”便开始具有了两重基本的潜在含义：表示资产的物质存在和它们实现价值增值的潜能。

在以诺思为代表的古典经济学家眼里，资本就是物的存在，是除了劳动和土地以外的一切生产性物质资源。克拉克的边际生产力理论则把具体的资本转化为同质的抽象资本数量。克拉克认为，从生产过程的持续性来看，任何实物资本即便在被使用或替代后，应该依然在价值形态上表现出持续的特性。总之，资本具有“生产”的特性，是实现价值增值的一种特殊手段，因而从根本上说就是一种能够带来剩余价值的特殊价值。

其次，作为信用关系的资本。资本是一种信用，一般指的是虚拟资本。虚拟资本是指能给持有者带来一定收入、以有价证券形式表现的资本，包括资本市场上的金融工具如股票、债券及其衍生品，以及在货币市场进行交易并给持有者带来资本化收入的信用工具如商业票据、银行承兑汇票等。虚拟资本本身是没有价值的，又不在再生产过程中实际发挥资本的作用，只不过是资本所有权与收益权的证书。实际资本无论是处于实物形态还是货币形态都是职能资本，都有价值。虚拟资本的存在和发展使经济发展中的资本约束被缓解，有利于提高社会经济的运行效率，但不容忽视的是，虚拟资本在促进新的社会经济部门的形成和发展、加快整个经济虚拟化进程的同时也会导致财富的虚拟化，虚拟资本的过度膨胀会引发诸如“泡沫经济”等新问题。

资本概念在当代得到了充分扩展，主要表现为文化资本、人力资本、社会资本、智力资本等存在样态。舒尔茨把凝聚在人身上的知识和技能的总和称为人力资本。这些知识和技能能够在有形商品和无形商品的生产过程中转移和增加价值，把劳动力提升到了“资本”的高度，更加强调智力资本对经济发展的作用。舒尔茨认为，人力资本是体现在劳动者身上的一种资本类型，它以劳动者的数量和质量，即劳动者的知识程度、技术水平、工作能力以及健康状况来表示，是这些方面价值的总和。林南将“社会资本”定义为行动者在行动中获取和使用的嵌入社会网络（关系）中的资源。在他看来，无论是个人资源还是社会资源，都存在于人与人的关系当中，并不表现在表层的显性层面上。而布迪厄的“文化资本”是一种表现行动者文化上有利或不利因素的资本形态。一个社会的统治阶级把他们的文化通过教育内化到被统治者之中，并且世代传承下去，从而使统治阶级的文化居于统治地位。

然而，在马克思那里，资本不是物，不是资源，资本根本上是一种生产关系的反映。其一，尽管资本主义生产的发展在历史上有一定的进步作用，但是“资本不是物，而是一定的、社会的、属于一定历史社会形态的生产关系，后者体现在一个物上，并赋予这个物以独特的社会性质。资本不是物质的和生产出来的生产资料的总和”[2]。马克思对此解释说：“黑人就是黑人。只有在一定的关系下，他才成为奴隶。纺纱机是纺棉花的机器。只有在一定的关系下，它才成为资本。脱离了这种关系，它也就不是资本了。”[3]资本主义生产在生产物质财富的同时也在生产一部分人对另一部分人的支配关系即“社会权力”。

其二，在马克思看来，承载着一定社会生产关系的资本，在人类社会发展过程中终究只是一种暂时性的存在。马克思明确指出，将资本永恒化了的观点是一种极端错误的认识，从根本上看，这种观点是一种“抽掉了使资本成为人类生产某一特殊发展的历史阶段的要素的那些特殊规定”[4]的形而上学的认识。资本的历史使命就是推广以资本为基础的生产方式，并在此基础上摧毁那些旧的体制，摧毁一切阻碍生产力发展的限制，生产和再生产出资本和劳动的关系以及资本家和雇佣工人的交往关系，这种社会关系的生产和再生产是比其他物质结果更为重要的结果。

其三，当马克思谈论资本主义发展生产力的时候，主要是将其作为人类和工人运动必须辩证克服的现实状况。资产阶级想要形成一种人类发展可能性的观点，这种人类发展是由资本主义生产力的发展所创造的，同时，资产阶级也提供了一种对这种资本主义的发展进行强烈批评的方法。“这种方法不仅是针对剥削工人的批评，而且也是关于资本主义对待自然的方式的批评。”[5]

其四，由资本主义制度孕育的主要思维模式，即马克思所谓的“资产阶级视角”让我们难以思考资本主义本身，“我们必须从理解价值开始理解资本。关于‘附加值’的随意言谈以及对各种资本的错误指认，如人力资本、社会资本、自然资本和智力资本等在今天大量存在。这些表述将资本主义特有的社会形式还原为像功用这样的伪概念或普遍通用的概念：资本被压缩为资源，价值被压缩为使用价值”[6]。

二、资本的伦理内涵

1. 资本作为生产关系，表现为一种剥削本质

马克思在其文本中反复强调说：“资本也是一种社会生产关系。这是资产阶级的生产关系，是资产阶级社会的生产关系。”[3] “资本显然是关系，而且只能是生产关系。”[4]马克思赋予资本以特有的社会性质。其本质在于它是属于一定历史社会形态的生产关系，是在特定的历史条件下产生的。在资本主义社会里是“有形的神明”，能“使一切人的和自然的性质颠倒和混淆，使冰炭化为胶漆，货币的这种神力包含在它的本质中，即包含在人的异化的外化的和外在化的类本质中。它是人类的外化的能力”[3]。因为“资本的实质并不在于积累起来的劳动是替活劳动充当进行新生产的手段。它的实质在于活劳动是替积累起来的劳动充当保存并增加其交换价值的手段”[3]。在这个社会里，物化劳动支配活劳动，而不是相反。在实现不断增殖的过程中，资本会表现出其内在的本性，也即马克思所说的“是力图超越自己界限的一种无限制的和无止境的欲望”[4]。死劳动（积累起来的劳动）吮吸活劳动（劳动过程）的过程就是剥削的实现机制问题，劳动力商品化与资本雇佣劳动一起又反过来促进资本的不断增殖。资本逻辑的总体性和内在性的分裂导致个人利益与全体利益的严重对立，人被剥削的状况在加剧，人的异化不断加深，人的被奴役状态几乎在不知不觉当中已经成为社会现实。

2. 资本不仅表现为关系样态，也体现为意识的、观念的样态

作为人格化的存在，资本家承载着资本，因此，在资本家的意识形态中，渗透着资本的存在形态。不仅如此，资本还通过资本家这一载体进入人们的社会意识当中。比较突出的如国民经济学家的“资本是物”

的观念，各种拜物教形式如粗俗的唯物主义（物质主义、拜金主义）等。然而，这些观念形态却在根本上导致了这样的后果，它使人忽视了真正的财富是人本身，是人的实践和交往，人的社会关系最终导致了一些物品具有神秘的特性，进而使得资本主义的合理性和永恒性的观点得到了一定程度的加固，而且从直接可观的层面上看，资本还使得人们迷惑于黄金（货币）的光芒闪耀的感性外观，却看不透其深层的社会本质。

3. 资本促进规则和秩序的培育，也推导出现代平等概念，但这不过是资产阶级意识形态的体现

西蒙·克拉克写道："19 世纪的社会思想发生了一场科学的革命……它始于马克思对古典政治经济学意识形态基础的批判，他认为政治经济学家忽视了资本主义生产的社会形式……资本主义社会以生产的特定社会形式为基础，在这种特定的社会形式中，物质资料的生产和再生产从属于剩余价值的生产和积累。"[7]资本主义制度充分表现出了"经济的幻象"，也就是说，资本主义经济似乎没有任何具体的社会形式或目的，而造就了资本主义社会的规则、秩序以及平等、正义、自由。对马克思来说，应该用一种合乎辩证逻辑的方法谈论资本主义的"平等""正义"，但是这种属于现代合法性的正义却被德性的力量移植成意识形态的绝对"正当形式"，即正义的平等形式和一般形式。问题并不在于资产阶级卫道士是否可以作出如此判决，事实上，"在现存的资产阶级社会的总体上，商品表现为价格以及商品的流通等等，只是表面的过程，而在这一过程的背后，在深处，进行的完全是不同的另一些过程，在这些过程中个人之间这种表面上的平等和自由就消失了"[4]。在马克思看来，"在对资本主义的这张面孔进行素描时，它终将必然丧失特有的现代合法性蕴含（比如，自然权利、平等、自由、正义)。这样，依据正义的历史原则，资本主义的正义就是经不起追溯的"[8]。

三、资本的伦理结构与逻辑生成

1. 资本的伦理结构

由上可知，资本的伦理是指在资本形成和发展的过程中，为了调整资本运行中所产生的资本与自然、资本与人以及人与人之间的关系而形成的道德规范的总称。从层次上来看，资本伦理可以分为两个层次：一是处理人与资本之间关系的规范；二是处理人与人、人与自然及人与自身之间关系的规范。在资本伦理的理论内部，第一层次以第二层次为基础，并以第二层次为价值指归，资本伦理的第一层次为第二层次提供具体内容和现实依据。资本伦理直接以资本为其研究对象，它不是一个纯粹的学理性的问题，从资本与伦理这两种不同概念之间的嫁接，就已经体现出资本伦理的独特定位。资本伦理是将哲学的形而上思考奠基于现实生活之上的当代哲学发展的新形态，是一种打通理性与经验、“形上”与“形下”两种思维运思屏障的伦理新概念。

资本的伦理具有双重性特点。资本就像是远处丛林中的蜡制美女，美丽而令社会秩序井然。然而，当资本最终利用人的属性去培养“具有高度文明的人”的愿望落空，当它的本性表现出统驭人的特征，这种随着文明而表现的限度加大时，资本的双重性存在就显明了。

2. 资本伦理的逻辑生成

资本本身无所谓道德与否，然而当资本的增殖欲望所导致的行为与后果对社会利益与他人利益发生影响时，资本的道德属性就产生了。恩格斯说：“人们自觉地或不自觉地，归根到底总是从他们阶级地位所依据的实际关系中——从他们进行生产和交换的经济关系中，获得自己的伦理观念。”[9]资本伦理提出的理论前提是资本和道德存在必然的逻辑关系。历史上已有诸多思想家对此进行了艰苦卓绝的探索，如斯密、马克思、韦伯等。道德与资本之间内在的必然联系可从以下几个角度得到佐证：

首先，从发生学的角度考察，资本与伦理在人类的产生过程中就存在一种亲缘关系。自从有了资本，对资本的道德评价和伦理审视也就开始了，斯密、马克思和韦伯从不同的阶级立场和视角对资本进行了道德解读，以引导人们获得对资本的正确认识，进而使其更好地为社会发展服务。因此，在人类文明史上，资本的出现就蕴含着道德评价的因素，尽管这种评价有正面的也有反面的。

其次，从人类终极追问视角考察。如果从人性本善或人性本恶的假设出发来思考，经济学与伦理学能够得出相同的结论来。斯密认为，利己也好，利他也好，其实其价值目标终归是一致的。区别是两个出发点的不同，仅仅表明导致同一结果的两种动机的差别，同情利他的道德动机更为积极，而自私利己的经济动机则较为消极，但它们的基本价值目标却是相同的。我们发现，由于人的同情心的存在，正义、仁慈等基本道德修养得以持续，而在这种基本的道德修养得以宣扬和存在的过程中，个人的善行与德行也得到了表达。换句话说，不是斯密自己有意在制造道德行为与经济行为之间的分裂，毋宁说，无论是经济学或者伦理学，在斯密那里的价值指归都是一致的。经济学与伦理学所做的工作只是对人性的不同行为的各自考量，他们最终仍然要服务于人。因此可以说，无论是“经济人”还是“道德人”，都无法代替人的终极性存在。因为经济行为从来都不排斥道德行为，道德行为也从来没有排斥经济行为，伦理与资本在逻辑上是必然会走到一起并发生关联的。

最后，从社会对资本的现实要求的角度考察，资本发挥其伦理价值与功能是一种必然路径。任何资本都存在于现实世界中，这就要求资本在任何时候都要关注现实生活，为社会的发展与人的发展服务，而不能一味地凭其本性追求增殖，否则必然会丧失其现实存在的合理性与合法性。以伦理的眼光审视资本的作用，把资本的积极作用限定于实现人民的幸福与国家的强大维度之上。随着中国现代化进程的逐步推进，科学发展观的倡导就是资本发挥其伦理价值和功能的一个重要体现，也是资本科学合理地实现自身发展的重要方式。从中国改革开放的实践经验可以看出，资本与伦理的亲缘关系为资本伦理的生成提供了逻辑上的路径。同时，价值的多元已经成为现代社会不可否认的事实和基本特征，但人类文明中的某些具有普世价值的道德理念，如正义与和谐则是所有文明类型和社会模式都不可缺失的基本理念，也应当是资本的永恒追求。这是资本和道德存在内在联系的更深层次的体现。

【注释】

[1]［秘鲁］赫尔南多·德·索托．资本的秘密［M］．王晓冬，译．南京：江苏人民出版社，2005：28-29.

[2] 马克思恩格斯文集（第46卷）［M］．北京：人民出版社，2009：22.

[3] 马克思恩格斯文集（第1卷）［M］．北京：人民出版社，2009：723、724、245-246、726.

[4] 马克思恩格斯全集（第30卷）［M］．北京：人民出版社，1995：214、510、297、202.

[5]［美］P. 伯克特，［美］B. 坎贝尔．资本与自然［J］．万冬冬，译．马克思主义与现实，2014，(3)．

[6]［美］Jeanne A. Schuler，Partrick Murray. 重塑价值和资本的概念［J］．吴静，钱梦旦，译．南京社会科学，2013，(12)．

[7] Simon Clarke，Marx，Marginalisim and Modern Sociology，

Basingstoke：Macmillan，1982：240.

［8］张文喜．马克思对“伦理的正义”概念的批判［J］．中国社会科学，2014，(3)．

［9］马克思恩格斯全集（第 9 卷）［M］．北京：人民出版社，2009：99.

（赵苍丽　余达淮，原作发表于《道德与文明》2014 年第 6 期）

资本伦理三题

资本与伦理是什么关系？资本的伦理性质究竟是什么？资本伦理学作为学科是否可能？这些问题困扰着许多人。理论界的一些人甚至提出质疑：资本作为物，与伦理是不能联结的；对资本亦不能进行道德评价，因为它无所谓善或恶；自然，资本伦理学作为学科在他们的逻辑里也是不能成立的。然而，也有一些学者提出截然相反的观点。厘清这些问题，不仅有利于我们准确把握资本伦理这一经济伦理学新的学术生长点，进而探究并推动资本伦理学学科建设的顺利开展，而且尤其对新时代中国特色社会主义市场经济建设也将会产生独特价值。

一、关系之维：资本与伦理能否联姻

资本与伦理能否联姻，即资本与伦理之间是否具有内在的逻辑关系是资本伦理生成的理论前提。对这一问题的正确解答，可以从如下三个角度进行审视：

第一，从概念的角度考察，资本与伦理存在必然的联系。何谓资本？国内外学界至今仍未达成共识，主要存在以下两种观点：一是西方经济学总体上把资本界定为表征为“物”的各种生产要素。这种观点以萨缪尔森为代表，他在其再版多次的《经济学》一书中把资本称之为“一种被生产出来的要素”[1]；二是马克思主义政治经济学所界说的，资本的本质不是物，而是一种生产关系。马克思曾在《资本论》第三卷中深刻地指出：“资本不是物，而是一定的、社会的、属于一定历史社会形态的生产关系，后者体现在一个物上，并赋予这个物以独特的社会性质。”[2]显然，按照西方经济学的理解，资本是缺乏“主体自觉意志”的物，它不能构成伦理主体，自然其与伦理抑或道德也就没有关系。但众所周知的是，西方经济学对资本概念的厘定仅仅是抓住了问题的表象，而没能深究其本质。马克思主义政治经济学则不然，它坚决反对西方经济学对资本作非历史和形而上学地解读，而是以历史唯物主义和唯物辩证法为根本的历史观和方法论，科学地揭示了资本生产关系的本质属性。至于伦理，学界目前同样没有形成认识上的统一坐标，尤其是对其与道德的区别与联系仍然没能有效厘清，宋希仁指出：“有这样一个惊人的事实：伦理学作为一个学科延续了两千多年，是人类最古老的学科之一，但是对‘伦理’ ‘道德’这两个概念的界定至今仍是众说纷纭。”[3]但至少能够肯定的是，大家在伦理抑或道德是调控人与人之间社会关系的一种重要方式这一点上是没有分歧的。因此，可以说在关系维度上，资本与伦理不可避免地就产生了某种联系。

第二，从发生学的角度考察，资本产生时便与伦理联系在一起。资本是如何产生的？西方经济学与马克思主义政治经济学看法不一。如前所述，由于西方经济学解读资本时把历史唯心主义和形而上学作为根本的历史观和方法论，因此在他们看来资本是一种永恒存在的物，它与生俱来，无生无灭，自然这种永恒的存在与伦理是没有关联的。而事实上，资本作为表征在物上的一种关系存在，它有其产生、发展和消亡的过程。马克思在《资本论》及其手稿中对资本演变的历史轨迹进行了追溯和探索。他在《资本论》第三卷中把高利贷资本与商人资本称作一对“孪生兄弟”，接着指出它们是“资本的洪水期前的形式”[2]。马克思认为它们在资本主义生产方式以前很早就产生，并分别对这两种“资本的最古老形式”[2]进行了伦理批判。首先，针对高利贷资本，马克思在《1861—1863 年经济学手稿》和《资本论》第三卷中都把它称之为“寄生虫”，并指出它对民众的剥削是“对劳动的最令人憎恶的剥削”[4]，而且“这种憎恶在古代世界达到了极点，因为在那里，生产者对生产条件的所有权，同时是政治关系的基础，即市民独立地位的基础。”[2]其次，马克思还指出，民众也会受到来自商人资本的欺诈，并指出“这是伴随着在生产过程本身中直接进行的原有剥削的一种第二级剥削。”[2]再者，对于商人资本和高利贷资本所采用的剥削手段的差异，马克思更是在《1861—1863 年经济学手稿》中深刻且形象地指出：“前者尽可能依赖欺骗，后者尽可能依靠暴力。”[4]可见，从马克思对上述两种最古老资本形式的伦理批判中，不难得出从资本的产生看，它就与伦理发生了某种亲缘关系。

第三，从对人类终极关怀的角度考察，资本与伦理也是不可分割的。资本的终极关怀是否是人，给很多人的思想带来了困惑。众所周知，资本的本性是增值，如此，如何把资本与对人的终极关怀有效勾连起来是判断资本与伦理是否存在联系的一个重要维度。分析来看：其一，从资本的所有者及其进行地分配探察，不管是西方经济学把资本定义为物，还是马克思主义政治经济学把资本界定为一种社会关系，它们都需要人去占有，都不能离开人。换言之，不管是哪一种资本概念，人都是资本的所有者或占有者。进一步观之，资本增值以后获得的剩余价值如何分配则尤为体现出资本终极关怀的指向，进而彰显出资本与伦理能够联姻的道理所在：首先，在前资本主义社会和资本主义社会，作为资本终极关怀的“人”一定是资本的所有者即少数的剥削者；其次，在社会主义社会，资本的终极关怀也是人，但由于生产资料公有制的确立，因此这里的“人”则指向的是广大的人民群众。无疑，我们在从中发现一个重要的伦理问题——资本究竟应当关怀少数的剥削者还是广大人民群众的同时，还深刻感受到资本与伦理的确是能够联结在一起的。其二，从资本与伦理的外延看，二者分别属于经济学与伦理学的核心范畴，而经济学与伦理学是经济伦理学的主要学科背景和理论基础。应该承认，这两个学科之间既有差异，又存在一致之处。具体地说，经济学与伦理学在内涵、研究对象、研究方法等方面是不同的，但二者至少还存在一个根本的相同之点——都属于社会科学，处理的都是个人与他人、社会即人与人之间的关系。归根结底，它们都是为人类而服务的。因此，毋庸置疑的是，人应当成为经济学与伦理学两门学科的终极旨归。照此逻辑，人也就应当成为资本与伦理的终极旨归或终极关怀。展开来说，不管是“经济人”，还是“道德人”，它们皆不能代替人的终极性存在。因为经济行为与伦理行为从来不是互相排斥的，“‘经济人’与‘道德人’都只是人性的一面”[5]。换言之，它们统一于人性，皆是人性不同维度的具体呈现。诚然，在这一维度上，我们分析的视角似乎有“抽象人性论”的嫌疑，但实则不然，我们对作为经济学与伦理学两门学科终极旨归的“人”坚持的是抽象与具体相结合的分析方法：首先，如若是剥削阶级性质的经济学与伦理学，那它们视域中的资本关注的人必定是少数的剥削者；反之，资本关注的则是广大的人民群众。综上，对资本终极关怀的“人”一定要进行辩证分析，坚持矛盾分析法，不管资本关怀的是少数剥削者抑或广大人民群众，都表明资本与对人的终极关怀能够联系起来，从而勾连了资本与伦理。

可见，从资本的概念即资本是什么，从资本的产生即资本从哪里来，以及从资本对人类的终极关怀即资本要到哪里去三个层面，我们都能发现资本与伦理之间并不是彼此无涉的，而是紧密相连的。因此，资本的确存在一个伦理的向度。

二、善恶之维：资本的伦理性质究竟为何

资本的伦理性质究竟是什么？当下，学界主要存在以下三种观点：一是资本性恶论；二是资本无善无恶论；三是资本善恶兼有论。接下来，笔者分别针对这三种认识进行分析，并谈一谈自己的一些思考和理解。

第一，资本性恶论。其依据可以从理论和实践两个方面进行检视：一方面，在理论上，持此论者大多把其依据归之于马克思在阐述其资本原始积累理论时的一句经典论述："资本来到世间，从头到脚，每个毛孔都滴着血和肮脏的东西。"[6]应当承认，诚如马克思所说，资本的原始积累就是无产阶级的一部血泪史、控诉史。在此过程中，广大的农民与生产资料被迫发生了分离而变得一无所有，成了只能出卖自己劳动力的形式上的"自由人"。为此，资本家甚至采用暴力强制的方式，英国历史上著名的"羊吃人"的圈地运动就是一个明证。这是资本家赤裸裸地、毫无人性地掠夺，马克思对此进行了无情的道德谴责。但应当看到的是，资本原始积累理论只是马克思诸多理论中的一种，不容否认，马克思在其他理论中还阐述了资本包括很多方面的善行。而且即使针对资本原始积累来说，也不足以说明资本就仅仅是恶的：一是因为马克思上述经典论述只是表明资本家获取原始资本的过程充满了罪恶，而并没有反映出资本本身就是恶的。我们不能把资本的原始积累等同于资本，同样，我们也不能把资本原始积累的罪恶等同于资本的罪恶；二是因为在马克思的解读视域里，资本的原始积累对资本主义尤其对早期资本主义的发展来说还有着诸如促进生产力的发展、推动世界市场的形成等重要的历史价值。另一方面，从实践中看，资本在现实运行中导致诸多不人道、损害人们利益的行为似乎印证了资本恶的伦理性质。然而如若辩证地看，持资本性恶论的学者这种实践依据实质上是片面的，因为资本在运行中不光存在恶，它还存在很多善行。实际上，这已被经验事实加以证明。马克思在当年也不仅指出了资本的野蛮性即恶的一面，而且还分析了资本的文明化即善的一面。正如他在1847年发表的《哲学的贫困》中批判蒲鲁东时所明确指出的那样："每一种经济关系都有其好的一面和坏的一面；只有在这一点上蒲鲁东先生没有背叛自己。"[7]所以，"资本性恶论"这种观点是不能成立的。

第二，资本无善无恶论。持此论者认为资本是价值中立的，是无所谓善恶的。原因在于他们认为资本只是一种生产手段，并不具有制度属

性，资本主义可以使用，社会主义同样可以使用，关键是看它掌握在谁的手里。此论的代表性观点是：“资本本身只是手段，它并不是人，因而不具有道德属性，而是资本的掌握者赋予资本以道德属性。”[8]但问题是如若这样来解读资本，不是又回归到马克思当年早就批判过的资产阶级经济学家的资本观了吗？尤其是李嘉图在其《政治经济学及赋税原理》一书中所讲的：“亚当·斯密说，在原始社会，猎人捕杀鸟兽，已需若干资本，不过这种资本，可由猎人自己蓄积而得。没有武器，海狸野鹿都不得而捕杀。”[9]李嘉图的观点实际上就是把资本当作一种生产手段，在马克思的解读视域里这仍然是一种把资本当作物的理解。资本能否如同市场经济、股份制一样只被视为一种手段，似乎从我国当前社会主义的现实来看是可行的。我国当前的确和资本主义国家一样也存在市场经济、股份制和资本，但应当肯定的是，“资本是一种手段”这种观点的根本缺陷是把资本当作一种物，这是对资本的一种表层的理解。按照这种理解，自然会得出资本是伦理中立的，但真相却是资本的本质仍然是马克思当年的生产关系界定。对于资本无善无恶论，可能还有一些学者会认为善恶是一种价值判断，而价值判断必然涉及主客体关系，也就是说必然会有价值主体存在，而资本找不到价值主体，因此资本必然是善恶无涉的。这种看法的错误与把资本视为一种手段的观点如出一辙依然都是把资本视为一种物，而事实是在关系维度上必然有人作为价值主体的参与。所以，对资本是可以进行善恶价值评价的。有的学者更是不无深刻地指出了这种资本无善无恶论的症结所在：“资本善恶无涉论的错误，恐怕正如先去掉它的社会关系性而后再加上社会关系性一样荒谬。”[10]在此，“先去掉它的社会关系性”就是先抹去资本的社会关系本质属性，把资本界定为一种生产手段，一种物，如此资本必然是善恶无涉的。“而后再加上社会关系性”是说已经去掉了资本的社会关系本质属性，也就不能再对其进行善恶的道德评价了，否则就会被认为是一种“荒谬”的做法。因而，“资本无善无恶论”也是不能成立的。

第三，资本善恶兼有论。从目前学界的研究现状来看，持此论者较多，但切入点不尽相同。譬如，有的学者是从资本的伦理价值角度剖析资本的善与恶；有的学者是从资本所具有的伦理效应角度论述资本的伦理性质。后者把资本的伦理效应分为正效应和负效应，这种划分实质上即是资本的伦理价值的善恶两个维度。而事实上，“资本所具有的这种两面性，不仅是基于现代市场经济社会的一种事实性判断，也是具有理论支撑的一种逻辑判断。”[11]但接下来，笔者想对此提出一些问题以更加丰富此观点和对资本伦理性质的研究：其一，是注意对资本善恶价值评价主体的研究。如上所述，要想科学厘清资本的伦理性质问题，具体分辨出资本究竟是善是恶抑或善恶有之，就要首先明确善恶本身是一种价值判断，必须要具有价值主体。无疑，在此维度上，相对于西方经济学，马克思主义政治经济学对资本的关系本质界定是内蕴一定价值主体参与的，所以在逻辑上不难得出对资本是可以进行善恶价值评判的；其二，资本的善与恶并非仅仅是从结果看的。有的学者认为资本就是“能生钱的钱”，它与伦理是没有关联的，不存在什么善恶问题。如若说有，那也仅仅是从资本运行的结果来看的。此种认识应当说是表层的：一方面，它对资本概念的界说仍然采用的是西方经济学的范式。另一方面，实际上不光从资本运行的结果，而且从资本的产生，资本运行的过程等，我们都能发现资本与他人、社会的利益会发生不同程度的关涉。毋庸置疑的是，这种关涉蕴含好坏两个维度；其三，如何让资本的善与恶保持一个合理的张力，即保持一个合适的范围也是一个值得我们深思的理论和实践难题。

可见，在对资本善恶为何的伦理性质的认定问题上，我们既要反对资本性恶论，同时也应反对单纯把资本与好、善等同起来的资本性善论。实际上，后者也是关于资本伦理性质的一种观点，这种看法同资本性恶论一样都是对资本伦理性质进行简单的二元化的分割。当然，我们也应反对由于对资本本质错误理解而得出的资本无善无恶论。而如若我们正确地把握住资本的生产关系本质属性，辩证地认识到资本所具有的善行与恶行，自然就不难得出资本善恶兼具的伦理性质。

三、学科之维：资本伦理学何以可能

资本伦理学作为一门崭新的学科，究竟有无生成的可能性？这是一个值得我们认真审思的真问题。从学界当下的研究现状观之，还没有直接关于资本伦理学学科性质方面的理论成果。当前理论界研究资本伦理的聚焦点主要涵盖以下几个方面：其一，对资本的概念及其本质进行伦理的检视，并基本肯定了资本的伦理道德属性；其二，从资本与伦理的关系维度去解析资本运行中引致的各种社会现象并进行道德的批判；其三，对资本在经济社会发展实践中导致的一些重要的有道德争议的现实问题进行追问并积极探索解决的伦理路径。由此可见，学术界目前一般还只是把资本伦理作为经济伦理学研究的一个重要领域来进行关注，而并没有把它上升到一门学科的地位和层次。但应当承认的是，资本伦理形成一门学科的可能性正在日益上升。

第一，资本伦理学生成的思想资源异常丰富。从逻辑上看，资本伦理学出场的理论前提是资本伦理能够成立即资本与伦理之间存在无法割裂的逻辑关系。前已述及，而在历史上，古今中外的许多思想家都曾经对这种关系进行过艰辛的理论求索。在西方，一个典型例证是代表不同阶级利益的斯密、马克思和韦伯在他们的诸多著作中，从不同的视角都曾经对资本进行过伦理解读和道德评价，以引导人们厘清对资本的各种认知，进而积极去实现资本“善”的各种道德价值。而“对中国资本问题的思考，必须从对鸦片战争以来中国的近现代历史和中西文化间的历史进行深入的哲学反思开始。在这种反思的基础上，要求我们建构中国资本的当代基本哲学理念。而这种建构不仅需要世界主义的伦理学视角，而且更需要我们对中国传统文化及其蕴含的哲学理念进行重新学习和研究，由此建立起中国人自己的具有民族文化主体性的新伦理学，即建立起中国资本伦理自身的学术‘主体性’。”[5]是故，这些中西方资本伦理思想中的合理因子，便为资本伦理学的生成提供了重要的思想资源。

第二，马克思恩格斯的资本伦理思想为资本伦理学的出场提供了根本的理论指导。马克思恩格斯究竟有无伦理思想？一直以来，在学界就存有争议。早在第二国际末期，就掀起过一场究竟是要科学社会主义还是伦理社会主义的争论。而在20世纪70年代以后，英美马克思主义伦理研究更是出现了以伍德为代表的“马克思主义非道德论”和以胡萨米为代表的“马克思主义道德论”的分歧。法国著名哲学家，结构主义大师阿尔都塞甚至还曾断言，“把《资本论》归结为伦理学的构想是一种儿戏”[12]。显然，阿尔都塞的这句话是有失偏颇的，“马克思虽然没有撰写过‘纯粹’的伦理学著作，但是伦理思想仍然是其思想整体的重要组成部分，并且也有发生、发展的历史过程。”[13]在马克思恩格斯的一系列文本即使是成熟期的《资本论》及其手稿中也蕴含有丰富的伦理思想。毫无疑问，其中的核心就是资本伦理思想。马克思主要在《资本论》及其手稿中，通过分析资本主义社会中，资本与劳动、自然、社会以及人等之间的伦理关系，得出：一方面，资本伦理在资本主义社会表现为相对于前资本主义社会对劳动者的残酷剥削与压榨，对自然以及人的异化境况的日益加深，对社会和谐的不断破坏等的“恶”；但另一方面，马克思也辩证和不无赞赏地指出，尽管资本在资本主义制度下表现为“恶”，但却仍遮蔽不了其“善”的伦理效应。并从资本能够促进经济的全球化和世界的文明化，推动科技的进步和生产力的发展，为人类的自由全面发展创造条件等维度对资本的“善行”进行了分析和解读。因此，这无疑从指导思想维度增添了资本伦理学生成的可能性。

第三，资本伦理学的核心话语体系日益建构。随着经济全球化和世界一体化的深入进行，经济伦理学的论域愈加广泛。当前，它包含有资本伦理、产权伦理、财富伦理、劳动伦理等众多领域，但在这些领域中，它们各自的地位是不同的。当下，资本在全球依然居于主宰地位，它仍然是马克思当年语境中的“普照的光”和“特殊的以太”，仍然体现着皮凯蒂在《21世纪资本论》中所阐述的在中国的巨大发展与变化。因而，这就必然决定了资本伦理“在整个经济伦理学中占据着核心与主导地位。”[5]自然，近年来资本伦理问题不断受到国内外学人的关注和重视。并且，经过学界近些年对资本伦理问题的系统研究和学理反思，包含资本、伦理、资本伦理、资本伦理学、资本的伦理性质、资本的道德属性、资本的伦理效应、资本的伦理二重性、资本与伦理或道德的关系等在内的资本伦理学的核心话语体系正在逐渐构建。而毋庸置疑，核心话语体系是一种研究领域上升为一门学科所必备的要素和外在表现之一。

第四，资本伦理学的研究方法逐渐完善。从研究方法来看，作为以经济学和伦理学为主要学科基础的资本伦理研究一定是多元的。这种多元就体现在资本伦理研究不能仅仅是单一的伦理学视域和方法，而应当在实践中借鉴、反思和吸收诸如经济学、伦理学、社会学、管理学、心理学等多学科的研究方法。例如，首先，在经济学中，西方经济学采用的实证分析法（如皮凯蒂在《21世纪资本论》中的“图表法”）和规范分析法，以及马克思主义政治经济学使用的从抽象到具体的方法和矛盾分析的方法；其次，社会学中常用的问卷法与访谈法；再者，还有管理学研究中的案例分析法、系统分析法以及心理学的观察法等等都可以被资本伦理研究加以借鉴和采纳。但应当明确的是，资本伦理毕竟是经济伦理学下的一个研究领域的问题。进一步看，未来我们要建构的资本伦理学本质上属于伦理学，而不属于经济学、社会学、政治学等其他学科。因此，一般意义上的诸如价值分析法、理性思辨法、利益分析法、自我省察法以及推己及人法等伦理学的研究方法理所应当成为资本伦理学的主要研究方法。应当承认，资本伦理研究在运用这些一般伦理学研究方法的过程中，一个最大的特色就是坚持从伦理学的维度去探察资本，在形上之思中明辨资本与道德的关系，并在二者的话语缠绕中审视资本的伦理道德属性。值得注意的是，资本伦理研究在运用上述其他学科研究方法的过程中，应努力避免彼此隔绝的“两张皮”式的拼盘，做到伦理学研究方法同其他学科研究方法的有机交融。如此，才能更好地推动资本伦理研究以及资本伦理学的学科建构。

第五，资本伦理学出场是社会实践的客观要求。资本伦理学作为系统研究资本运营过程中的伦理道德现象的一门学问，从认识论上说，它应当属于人类的认知领域。按照辩证唯物主义认识论的基本原理，我们可以知道，实践决定认识并且是认识的根本目的和最终归宿。所以，资本伦理学的产生及其发展在根本上也就不能脱离经济运行尤其是资本活动的实践。而毫无疑问，“资本的增殖欲是无限的”[14]，资本在逐利的过程中不仅带来了“善行”，也带来了“恶行”。也就是说，资本的伦理性质具有双重性，于是这就决定了我们对待资本的态度不能仅仅是利用，还应该对其带来的恶有效地规避。这种现实的实践需求在根本上决定了资本伦理从一直被学界当做经济伦理学研究的核心论域加以关注，到如今正在被并且也可以被人们把它从经济伦理学中抽离出来逐渐加以系统化、理论化的思索。认真检视当前国内外理论界对资本伦理问题的研究成果，不难发现，资本伦理学的理论前提、思想资源、理论指导、核心话语体系、研究方法以及现实需求等作为一门学科构成的要件已经逐渐形成。因此，可以说资本伦理生成为一门独立的学科——资本伦理学的可能性正在不断上升。

综上而论，资本与伦理之间存在无法割裂的逻辑关系，这是资本伦理以及资本伦理学能够成立的理论前提。资本在其产生、运动、变化和发展的进路中呈现出善恶交织的伦理性质。资本伦理学生成的可能性正在日益提升。然而，也应看到的是，当下如何在利用资本与限制资本之间保持一个合理的张力，如何使资本善恶兼具的伦理性质的论证更有说服力，以及如何真正使资本伦理学能够尽快出场等仍然是在资本伦理问题域中值得我们认真审思并且加以解决的真命题。

【注释】

[1]［美］保罗·萨缪尔森，［美］威廉·诺德豪斯．经济学（上）［M］．萧琛，等译．北京：商务印书馆，2011：50.

[2] 马克思恩格斯全集（第46卷）［M］．北京：人民出版社，2003：922、671、688、675、689.

[3] 宋希仁．西方伦理思想史［M］．北京：中国人民大学出版社，

2010：3.

［4］马克思恩格斯全集（第 36 卷）［M］．北京：人民出版社，2015：8、13.

［5］余达淮，戴锐，程广丽．中国经济伦理学发展研究［M］．合肥：合肥工业大学出版社，2015：78、69-70、84.

［6］马克思恩格斯全集（第 44 卷）［M］．北京：人民出版社，2001：871.

［7］马克思恩格斯文集（第 1 卷）［M］．北京：人民出版社，2009：616.

［8］鲁品越．资本是手段，掌管者赋予其道德属性［J］．社会科学，2008，(3)：64.

［9］［美］大卫·李嘉图．政治经济学及赋税原理［M］．郭大力，王亚南，译．南京：译林出版社，2011：8.

［10］张志丹．弱化与强化：马克思资本道德批判的两个层面与当代思考［J］．马克思主义研究，2013，(5)：111.

［11］王淑芹．资本与道德关系疏证——兼论马克思的资本野蛮性与文明化理论［J］．马克思主义与现实，2012，(1)：44.

［12］［法］路易·阿尔都塞，［法］艾蒂安·巴里巴尔．读《资本论》［M］．李其庆，冯文光，译．北京：中央编译出版社，2001：159.

［13］李培超．马克思早期伦理思想探析［J］．伦理学研究，2010，(6)：5.

［14］余达淮，李克明，吴静．马克思恩格斯对资本主义的道德批判［J］．江苏社会科学，2016，(5)：152.

［陈光洁　余达淮，原作发表于《湖南师范大学学报》（社会科学版）2018 年第 3 期］

新时期以来资本伦理研究综述

一、资本与伦理的内在关系研究

资本与伦理的关系问题一直以来是经济伦理学界历久弥新的重要论题，中外学者对此进行了详细的研究与论证，取得了丰硕的学术成果。德国著名的政治经济学家和社会学家马克斯·韦伯（Max Weber）在《新教伦理与资本主义精神》（The Protestant Ethic and the Spirit of Capitalism，2007）中，明确指出了资产阶级的新教伦理是催生现代资本主体的内生力和原动力[1]。法国著名社会学家和哲学家布迪厄（Pierre Bourdieu）以哲学的思想解析了资本理论，将马克思的“资本理论”进行了改造与发展，把资本这一原本属于政治经济学专有名称的概念变成哲学、社会学、管理学等学科都能使用的普遍概念。美国著名哲学家、政治学家、哈佛大学政府管理学讲席教授桑德尔（Michael Sandel）就资本、市场与道德的关系进行了详细论述，提出基于资本的市场原则在道德领域渗透的无边性和危害性。Jack Barbalet 在其新著《韦伯，激情与利益：新教伦理与资本主义的背景》（Weber，Passion and Profits 2011）中重新研究了韦伯在《新教伦理与资本主义精神》中提出的资本主义的内生力和原动力问题，认为欲望（calling）与合理性（rationlity）是理解韦伯给予资本道德化的两个预设的重要范畴[2]。

在国内，一些著名伦理学家特别是经济伦理学家也对资本与伦理的内在关系进行了论述。万俊人提出，如果以经济伦理的视角进入来思考社会发展之所以失衡的问题，应当从重建社会、市场以及权力与权威的具体路径为突破口，无疑，经济伦理在此起着至为重要的作用。具体说来，在经济伦理作为一种方法论来介入，应当着重思考资本的理念与道德的价值，充分发挥道德的力量及其主动性，拒绝道德冷漠现象的发生，并同时通过良好的道德文化环境的创设，进一步使优秀的道德文化传统得以发扬和继承。市场经济只能是一种依赖性的经济方式，它自身的健全发展和持久有效除了依赖于必要的物质资源以外，还必定依赖于社会的政治资源、道德和文化资源[3]。朱金瑞则以“红旗渠”精神为典型实例，强调了道德在整个人类经济社会生活中的积极作用，尤其阐释了道德的价值取向问题，以及在当前的经济发展方式转变过程中，道德所发挥作用的伦理渗透问题。曹孟勤、卢风则在《资本、道德与环境》中论述了环境进入资本视野后道德关系的变化，指出现代经济发展及其伦理问题的关键看似在于技术方式或经济体制变革，但从根本和长远两个方面来看，环境问题尤其是自然资源紧张已然构成当代社会经济发展的决定性前提条件[4]。王露璐则研究了道德与资本之间的关系问题，尤其是二者之间的冲突和整合，并在此基础上，运用历史唯物主义的分析视角，研究了资本的道德属性及其具体形成的问题。她提出，要想实现资本的“道德化”，必须思考劳动力的使用问题与生产要素的使用问题，同时还应思考企业利润获得的具体路径问题，要想真正实现资本的“道德化”，就必须从根本上把握“道德的资本”问题，进而更好地规导资本的实际运用，实现对资本逻辑的整体掌控[5]。

基于资本与道德之间不可分割的内在关系，有学者指出，资本与道德从根本上是一致的，资本蕴含着道德，道德在一定程度或一定条件下可以转化为资本，于是衍生出了“道德资本”的概念。王小锡认为，提出“道德资本”的用意就是强调道德在人类经济社会发展过程中的作用，强调道德在协调不同阶级之间关系中所发挥的积极作用，尤其在调节不同社会群体的经济利益关系中的积极作用。具体说来，道德在经济社会中的根本作用就是从根本上促进经济社会的不断向前发展，或者换句话说，将道德视为一种“资本”来对待，是从道德发挥作用的价值取向上来谈论和看待的。如果这样，道德就会被认为是一种积极的促进力量，而不会是对道德自身的玷污。因此，从这个意义上来说，道德其实就是一种“资本”，只不过是一种看不见的隐形的资本罢了[6]。对此观点，刘福森提出了不同的看法，他指出，所谓市场经济其实不是道德经济，因为就现代市场经济本身而言，它是无道德性的，因此，所谓慈善的行为本身不是市场行为，慈善其实就是市场外的一种行为，它是不受市场规律支配的行为。对于这一观点，曹刚指出，人们之所以会看不到市场经济的道德性的内涵，其根本原因在于误读了道德自身，或者是高估了道德的存在，将道德的内在属性解读为一种完全利他的高尚行为，或者更进一步，干脆将道德理解为一种与自我利益相对立的、完全利他的行为。倘若如此，道德就不能被当作一种资本来看待。而如果换一个角度来看，把市场经济存在本身置于一种“道德底线”来认识，且这一底线的基本要求界定于“尊重他人的基本权利”的话，市场经济显然是有道德维度的[7]。方春英、刘抗强在《论市场经济的资本精神——对资本的伦理思考》中指出，资本精神是指在资本运行过程中所体现出来的一种善恶观念。从资本循环的生产过程和流通过程分别对资本主义社会和社会主义社会的资本精神加以阐述，从而提出我们社会主义国家应当倡导的资本精神。[8]金黛如在《地方智慧与全球商业伦理》中从中国古代哲学家孔子和日本现代哲学家和 哲郎伦理思想出发，评述了中日两国的伦理观对各自国家的商业实践产生的重大影响，用微观研究的方法对地区伦理做了深入的分析，提出了在经济全球化的过程中，应重视从孔子与和哲郎的东方伦理中汲取智慧，去建立一个普遍的商业伦理，以维护人类的共同利益[9]。阮超群在《资本运行中道德的在场与缺席》中将资本看作是一个没有道德属性的客观存在，但是资本掌管者在使资本增值时必定对他人与社会产生积极、消极影响。这种影响所体现的道德有无的属性，表现为资本运行时道德的在席与缺席。这种道德在席与缺席的属性取决于支配资本的人们的主观目的与社会发展的客观需要是否一致[10]。张祖华坚持唯物辩证法和唯物史观，指出道德与经济紧密相关，道德具有经济价值，“道德资本”是企业道德经济价值的实现形式，资本具有道德与不道德的两面性，人性的本质内涵、市场经济的内在逻辑、法律制度对“经济人”的规约促使资本转向“守德增殖”[11]。

同时，还有学者从市场经济的本性出发，担心把道德看作资本有削弱道德自身的超越性的危险，因而会遮盖当前人们对于经济社会发展的道德审判。这种思考的基本视角是单纯立足于市场经济的正面因素思考的，比如将市场经济的价值意义概括为追求自我的幸福以及别人的幸福，然而却忽视了市场经济的另一个不可忽视的负面因素，那就是，市场经济还会刺激人们的贪婪欲望。在这一方面，刘福森指出，就市场经济的本性而言，它是无视自然的存在、生态的价值，它的基本表现和内驱力就是资本无限地追求经济的增长。因此，资本为了其自身的生存，就会不断地制造出来大量过剩的东西，而这些过剩的东西在道德评价上并不是善的。李伦也指出，现代市场经济条件下，人们为了谋求生存和发展，其贪婪的欲望越来越大，因而出现了严重的生态危机，而生态危机的出现，又反过来促使人们进一步思考，人类如何理性地认识资本的作用，如何规导资本的作用，制定出可行的规则，而不是像现在这样一味地满足于追求物质财富的攫取和获得。在这一基础上，他提出了人应该"像动物一样生活"，以求从根本上规导和纠正人们的错误做法和认识。卢风也指出，所谓"资本的逻辑"其实就是一种无休止追求增长和增殖的逻辑，道德如果在此也成为资本，显然，它不仅没有能够遏制人们膨胀的欲望，反而还很有可能成为一种刺激贪婪的力量。因此，从这一层次上看，还不能简单地将道德看作是一种无形的资本，或者说，将道德当作是一种无形的资本是需要前提的，只能在特定语境下才是合适的。

二、资本伦理学的学科性质研究

从现有的研究成果来看，还没有直接关于资本伦理学学科性质方面的著作或论文。但是，早在国际著名经济伦理学家、德国经济伦理研究会主席彼得·科斯洛夫斯基（Peter Koslowski）在《资本主义的伦理学》（The Ethics of Capitalism，1996）中提出，资本主义伦理学就是研究市场失灵后道德与利益的关系，也即研究资本博弈过程中的道德界限[12]。美国著名的经济学家、国际经济伦理的开拓者之一的美国圣母大学门多萨商学院国际商务伦理学教授乔治·恩德勒（Georges Enderle）认为，以资本为核心的经济伦理学旨在追求一种全球化的新实践，在行动的经济学与伦理学之间寻求平衡。国内学者余达淮、程广丽在其合写的论文《资本伦理及在中国经济伦理发展中的地位》中指出，资本伦理拓宽了应用伦理学尤其是经济伦理学的研究领域，丰富和提升了经济学理论研究。他们提出，在全球化不断深入发展的今天，在社会主义市场经济不断深化的当前，对资本伦理问题的研究从根本上有助于人们立足于历史唯物主义的基本视角，来审视和思考资本的功能与作用，进而促使人们能够更加理性、理智和有效地支配资本，而这在根本上也更加有利于资本自身的健康发展，并有利于寻求社会的全面进步与发展。因此，从这一视角来看，资本伦理在整个经济伦理学中占据着核心与主导地位。中国自身的现代化发展历史进程告诉我们，中国的资本伦理研究决不能照抄照搬西方的现有的研究成果，它必须立足于中国的境遇，积极借鉴西方现有的研究方法和积极因素，紧紧扎根于中国经济社会发展的现代化气息当中，继承并积极改造中国传统伦理学的主题，创造出属于中国自身的、与当前经济社会现代化紧密联系的资本伦理学话语体系，以期为实现中国特色社会主义做出应有的贡献[13]。

当然，一种研究领域如果要上升到一门学科的地位，决不仅仅满足于对这个领域的个别问题的探讨，它需要从整体上廓清这一领域的理论平台，梳理和理清该领域研究的历史-逻辑的双重维度，进而构建这一领域的核心的学术话语体系，无疑，这是一门学科架构所需要的方法论前提。对于资本伦理研究来说，最为紧迫和至为重要的工作就是，从经典马克思主义创始人马克思、恩格斯关于资本内涵与外延的界定入手，并从伦理学的视角对马克思关于大工业时代的资本的认定进行伦理上的评定，进而，紧密结合当代西方著名经济学家、伦理学家对于资本的当代存在形式与样态的研究，以辩证唯物主义和历史唯物主义为基本理论入口，对当代西方学者语境中的资本话语进行伦理学视角检视，以推动资本伦理研究的进一步发展。然而，从当前的国内外关于资本伦理研究状况来看，这些研究虽然将资本伦理或资本伦理学进行了初步探讨，但是从根本上看，还没有将资本伦理学上升到一门学科的层次和高度来理解，尤其是未能从资本牵动的复杂而变化的社会关系角度来研究资本逻辑的道德性及其道德界限问题。因此，这是一个需要进一步讨论和研究的重要问题。

三、马克思资本伦理思想研究

马克思究竟有无伦理精神？马克思主义作为一种学说究竟是否蕴含着伦理道德思想？针对这一问题，中外学者展开了研究与阐释。法国著名哲学家、“结构主义马克思主义”的奠基者阿尔都塞（Louis Althusser）与其学生巴里巴尔（Etienne Balibar）在《读〈资本论〉》（Reading Das Capital，1965）中认为，将马克思的《资本论》当作一部伦理学著作是极其荒唐的和不充分的，是一种“儿戏化”的“构想”[14]159。英国苏塞克斯（Sussex）大学哲学和社会科学教授在其“毕生之作”《超越资本：关于一种过渡理论（上、下册）》中首先以洛克、黑格尔等一些著名哲学家为例证，阐释了这些哲学家对资本的解读以及对资本主义社会的认识，同时，还论证了马尔萨斯、哈耶克等一些典型的西方自由主义的思想，以及他们关于资本的立场与认识。《超越资本：关于一种过渡理论（上下册）》明确指出，资本与资本主义是两个指向不同的概念，马克思研究的对象不仅仅是资本主义社会，毋宁说是资本。资本有其自身的内涵与外延。作者指出，由于资本的存在形态是多样的，因此，所谓资本制度既是指私人所有制，也是指后来苏联类型的“后资本主义”。所谓资本的全球性扩张的研究自然也就包括了对苏联瓦解进行的解读，并在此基础上提出了如何超越资本、走向未来共产主义社会的战略与设想[15]。

国内学者宋希仁在《马克思恩格斯道德哲学研究》中对《资本论》的道德哲学进行了解析与论证，指出《资本论》中蕴含着一定的伦理道德思想[16]。田海平在《资本剥削的经济——伦理体系及其终结的命运》中指出，马克思的《资本论》不仅是政治经济学批判，其实还是一种经济—伦理批判，它立足于历史唯物主义的基本立场，通过经济范畴的“人格化”做法，实现了政治经济学批判的经济伦理批判，最终也宣告了资本剥削体系终结的历史必然性命运[17]。谭智奇在《马克思资本伦理思想研究》中运用文本研究、历史与逻辑相统一、唯物辩证法和比较研究法等对马克思的一系列经济学手稿及《资本论》中的资本伦理思想的来源、逻辑思路和基本内容进行了解读，并探讨了马克思资本伦理思想对中国当下社会主义市场经济的启示[18]。王德峰在《论马克思的资本批判的原则高度》中指出，从根本上看，资本批判是马克思主义理论的本质性的思想，因此，深入理解马克思的资本批判理论的意义，对于理解马克思主义科学的批判理论，就显得尤为重要。在当前的学术界，存在着对马克思资本批判的误解，这些误解导致了我们不能很好地理解马克思的资本批判理论以及马克思主义理论，从而阻碍了马克思主义研究的进步[19]。王晓升在《马克思是反（或非）道德主义者吗》中针对一些学者依据马克思关于道德是建立在经济基础之上、认为马克思是非（或反）道德主义者的观点进行了反驳，指出这些观点从根本上是依据康德的道德理论来否定马克思的道德观，然而，马克思的道德观是在批判康德的道德观的基础上建立起来的。马克思吸收了亚里士多德主义传统的美德伦理学并把它和康德伦理学结合起来，提出了以人的尊严、自由和自我实现为核心的道德观念，赋予这些概念以自己的独特含义，这也使马克思的道德观在伦理学史中具有独特的地位[20]。

四、资本与社会主义和谐社会的内在关联性研究

从外表上看，资本似乎是资本主义社会的特有与存在，与资本主义社会相伴而行。然而，不可否认的是，社会主义市场经济条件下的资本不仅是存在的，而且其重要性也是不容忽视的。合理利用与控制资本，不仅能够为推动社会主义市场经济的进一步繁荣发展贡献力量，而且从根本上看，资本已经成为社会主义市场经济不可或缺的根本要素。万俊人教授认为，当前中国公共权力存在腐败问题，对整个社会思想、价值观念和道德信念产生了消极影响。腐败的本质即公共权力或公共资源的私有化或私人资本化。孙承叔在《资本与社会和谐》中提出了资本与社

会和谐的问题，指出现阶段对资本依赖的现实性，但资本的恶又成为社会不和谐的根源[21]。杨志在《论资本的二重性——兼论我国公有资本的本质》中揭示出了资本的二重性，指出社会主义市场经济要充分发挥公有资本的作用[22]。陈宝在《资本·现代性·人》中提出，资本在马克思那里是一个经济哲学的范畴，并在此基础上深入解读了资本在西方经济学层面上的内涵，以及马克思主义理论层面上资本的内涵，还深入现代性的话语语境中，阐释了资本与现代性的生成问题以及发展问题等等[23]。陈学明在《人类超越资本不但是必要的，而且是可能的》中也指出，正因为当前资本的作用与形态，资本主义陷入深重的危机之中，而这种结构性危机使得资本的统治方式不得不发生着深刻的改变，因而为人们选择社会主义创造了条件。由资本的存在所带来的一系列问题，使得人们思考走向社会主义的问题。尽管当前还存在着种种困境，但是人类既不能轻易跨越资本主义走向社会主义，又不能选择不走向社会主义[24]。

五、结语

通过概览当前资本伦理研究的成果，我们发现，始于20世纪七八十年代的资本伦理研究发展到今天取得了一定的成绩，特别是进入21世纪以来，随着资本的内涵不断得以深化，资本的外延不断得以展开，以及全球化背景下资本在运行过程中的诸多问题都受到了伦理审视和道德考量，这是毋庸置疑的基本事实。然而，我们也必须看到，在经济全球化不断深入、由资本在全球流动所引发的诸多现实问题日益暴露的今天，与经济伦理研究的其他领域相比，资本伦理的研究在总体上还显得非常薄弱，尤其是资本的全球流动对不发达国家的影响问题、资本的全球市场争夺所带来的气候、环境、能源与生态问题、社会主义市场经济条件下的资本利用与控制问题，等等，都是亟待深入研究的重大而现实的问题。因此，在当前情况下，无论是关于资本伦理的视角还是关于资本伦理内容的深度，抑或是关于资本伦理研究的方法上，都有着巨大的亟待研究的空间与领地，因而需要更多人的更多时间的艰苦努力。

【注释】

[1]［德］马克斯·韦伯．新教伦理与资本主义精神［M］．龙婧，译．合肥：安徽人民出版社，2012.

[2] Jack Barbalet，Weber，Passion and Profits，Cambridge University

Press, 2008.

[3] 万俊人．道德之维——现代经济伦理学导论［M］．广州：广东人民出版社，2000.

[4] 曹孟勤，卢风．资本、道德与环境［M］．南京：南京师范大学出版社，2012.

[5] 王露璐．道德与资本的冲突与整合［J］．哲学研究，2011，(9)．

[6] 王小锡，郭建新．道德资本论［M］．北京：人民出版社，2005.

[7] 刘福森．道德不是什么［N］．社会科学报，2012-10-12.

[8] 方春英，刘抗强．论市场经济的资本精神——对资本的伦理思考［J］．武汉科技学院学报，2001，(4)．

[9]［美］金黛如．地方智慧与全球商业伦理［M］．北京：北京大学出版社，2005.

[10] 阮超群．资本运行中道德的在席与缺席［J］．道德与文明，2010，(6)．

[11] 张祖华．论道德的“经济价值”与资本的“道德属性”［J］．中央社会主义学院学报，2014，(1)．

[12]［德］彼得·科斯洛夫斯基．资本主义的伦理学［M］．王彤，译．北京：中国社会科学出版社，1996.

[13] 余达淮，程广丽．资本伦理及在中国经济伦理发展中的地位［J］．理论探讨，2012，(6)．

[14]［法］阿尔都塞等．读《资本论》［M］．李其庆，冯文光，译．北京：中央编译出版社，2001.

[15]［英］梅扎罗斯．超越资本：关于一种过渡理论（上、下册）［M］．郑一明等，译．北京：中国人民大学出版社，2003.

[16] 宋希仁．马克思恩格斯道德哲学研究［M］．北京：中国社会科学出版社，2012.

[17] 田海平．资本剥削的经济——伦理体系及其终结的命运［J］．天津社会科学，2011，(5)．

[18] 谭智奇．马克思资本伦理思想研究［B］．广西师范大学硕士学位论文，2009.

[19] 王德峰．论马克思的资本批判的原则高度［J］．江苏社会科学，2005，(6)．

[20] 王晓升．马克思是反（或非）道德主义者吗［J］．伦理学研

究，2012（1）.

［21］孙承叔．资本与社会和谐［M］．重庆：重庆出版社，2008.

［22］杨志．论资本的二重性——兼论我国公有资本的本质［M］．北京：经济科学出版社，2002.

［23］陈宝．资本·现代性·人——马克思资本理论的哲学意蕴及其当代意义［M］．合肥：安徽人民出版社，2008.

［24］陈学明．人类超越资本不但是必要的，而且是可能的——读梅扎罗斯的《超越资本》一书［J］．天津行政学院学报，2007，（3）.

（程广丽，原作发表于《怀化学院学报》2014 年第 6 期）

第二章

资本伦理的思想渊源

德国古典哲学以来的经济伦理思想及其对马克思的影响

在马克思的经济学著述中，包含着大量的经济伦理范畴的演绎，对经济主体伦理命运的关怀，对资本主义伦理关系的分析、批判，对未来社会经济伦理制度和经济伦理关系的描画。这些经济伦理思想有着复杂的理论渊源。而对德国自古典哲学以来的思想进行探讨，分析其对马克思的影响，是其中一条重要线索。

一、德国古典哲学中的经济伦理思想

德国古典哲学始于康德（1724—1804）。在一般人的眼中，康德是一个行步如钟的刻板教授，事实上，康德虽然足不出户，但他对法国大革命、英国的工业发展都十分关注。康德不独要为人类的知识寻求纯粹理性的普遍法则，还要为人类情感和伦理设立判断力和实践理性的法则。就伦理学而言，康德同意休谟的观点，认为道德原理并非知性原则演绎而来，但康德同时反对休谟过于倚重情感设立道德原则，而认为自由意志是道德法则的条件。自由或自由意志如何可能？在康德看来，世界由时空的先验形式和因果律等被认识，按照必然的规律来安排，如果这时间、空间和因果律规定的是实在的世界，那么自由就不可能；只因为那呈现给人类感官的物质世界不是实在的世界而是现象界，因此，自由是可能的，因为意志自由，给人澄明一个无时间、无空间的宇宙。一个人由道德法则所统率，他的自由体现在他不受冲动、自私自利的嗜欲所支配。康德审视了英国经验主义者提出的自然权利和实践观念，像洛克一样，康德也强调财产权是一项天赋权利，但是要使这种天赋权利受到保护，必须脱离自然状况，依靠强制性法律，进入一个公民联合体。“在这其中，每人根据法律规定，拥有那些被承认为他自己的东西，对他的占有物的保证是通过一个强大的外部力量而不是他个人的力量。”[1]然而进入契约社会，并不意味着卢梭所说的那样同时放弃个人财产私有权。在康德看来，人是目的，他说，“每个有理性的东西都须服从这样的规律，不论是谁在任何时候都不应把自己和他人仅仅当作工具，而应该永远看作自身就是目的。”[2]因此，保障个人的财产、个人的利益，是建立人们经济伦理关系的出发点。

康德政治经济伦理的原则，实际上是规定人的自由的责任和道德义务。康德伦理学本质上之所以是道义论的，而非功利论的，“一条道德强制性的法则，一条通过对法则的敬重以及出于对其职责的敬畏而决定有限的理性存在者的法则。其他的主观原则不应当被看作是动力。”[3]显然，自律的实践理性即德性，是行为的动力。在康德看来，其他的原则，比如欲求或幸福的主观原则，不能作为道德行为的原则。康德在伦理学中提出了德性与幸福的“二律背反 ”，他反对在德性与幸福之间建立因果关系，因为德性属于自由领域，而幸福属于自然领域，风马牛不相及，德性和幸福不应该是构成现实世界人们行为操守的实在的关联因素，而只能是宗教世界抚平人们心灵伤痕的信仰的关联因素。

康德虽然没有明确探讨过经济社会的伦理原则和交往规则，但他应该是反对自利观念和功利主义的。康德认为应该用道德法则抑制我们的一切禀好，他说“一切禀好共同（它们也能够归入尚可容忍的体系，而它们的满足便称作幸福）构成利己主义。”[3]康德设立了自由的道德法则，从而确立经济社会个人行为的自主权。但他提携这种自由，赋予这种个人自由一种职责的至上价值。康德说：“一个国家若要成为强国，就需要财富，但没有自由就不会出现任何可能创造财富的活动。”[4]可见自由通向富国之途。

费希特（1762—1814）的哲学表达了以心灵或精神为实在的原则、使人从机械或物质世界中解放出来的善良愿望，其整个体系都染有伦理理念的色彩。就经济伦理思想来说，费希特以他爱国热忱和正义、平等作为国家基础的理想，投射了一种浓厚保护色彩的国家资本主义思想。他将自给自足作为他在1800年出版的《封闭的商业国家》的目标，认为“为了保证国内控制的有效和保持货币的价值，国家必须也调节国际经济关系。”[5]费希特把国家作为一种“自然秩序”的产物，但他不像古典经济学家那样，得出民主和个人利益优先的结论，而是强调每一个人必须“与整体融为一体”[6]，所以，“每一个人都应该视自己为从事劳动的社会成员，都应该为公共福利而牺牲自己尘世的财产，只有靠公共福利才能实现终极的目的。”[7]费希特也谈个人思维与自我，但正如海涅所言，“费希特式的自我却不是个体的自我，而是变成了意识的、普遍的世界自我。”[8]

令人惊讶的是，在康德提出了“人是目的”的口号之后，费希特还坚持“人是工具”的思想。他说，“我把自己看作是合理的目的的工具，仅仅把自己作为工具而尊重和钟爱自己。我只用这个目的来衡量世界上一切事情。我整个的精神都贯注在思索这个目的上。我处于极为明智和至善的世界之中，这个世界毫无差误地贯彻执行它的计划，我安于这种信念而享有幸福。”[7]虽然费希特在这种工具的认识论中实际上赋予了个人精神追求和内心安宁的内涵，但这与人就是目的的思想还是根本不同的；这只能解释为与他的民族主义和国家主义的思想观念一脉相承。

作为德国古典哲学的集大成者，黑格尔（1770—1831）虽然是从臆想的人类精神的一般发展规律来理解法的关系、经济的关系，进而解释“市民社会”的形式与结构，但是在他那里，精神形式的演绎并非是脱离现实世界纷繁驳杂的现象的。黑格尔很赞赏斯密、萨伊、李嘉图的政治经济学能从复杂的、杂乱无章的物质需要（普遍需要如吃、喝、穿）的各种现象中找出规律性、必然性的东西，认为政治经济学“使思想感到荣幸”[9]，是从“需要和劳动的观点出发、然后按照群众关系和群众运动的质和量的规定性以及它们的复杂性来阐 明这些关系和运动的一门科学。”[10]黑格尔显然受到古典经济学的影响，它对“市民社会”的研究也是从“需要”体系开始的。黑格尔也像斯密一样提出了“劳动价值观”，不过他的劳动价值观着重点不在“劳动作为价值的源泉”，而在劳动作为市民社会个人具体性存在的原则，要向另一个原则，即“普遍性的形式”过渡。黑格尔首先摆出个人的“特殊性 ”的意义，他说：“特殊性的更具体的意义就是福利，即需要的满足。”[11]但他显然立意不在特殊性上；在《耶拿现实哲学》中，黑格尔说：“每个人的劳动就其内容来看是一种为一切人的需要的普遍的劳动……也就是说，劳动具有一种价值（Wert）；他的劳动和财产（Besitz）并非对他个人来说的那样的意义，而是对一切人来说的那种意义。需要的满足是一切人相互之间的一种普遍的依赖性。”[11]

黑格尔对“劳动 ”的认识体现了辩证思维的特点。一方面，黑格尔肯定劳动创造价值的意义，并且认为劳动中科学和技术作为重要生产力是人类的骄傲。[11]但是，如前所述，黑格尔还认为这种劳动价值中个人需要的满足从属于普遍性。他是从关系的角度论述的。他认为，市民社会中每个人的主观特殊性的满足都跟“别人的需要和自由任性”有关系，“满足需要的可能性是被安放在社会的联系之中的。”[11]这种社会联系就构成了市民社会的普遍性。实际上，这个伟大的有时又显得可笑的形而上学家的思辨话语隐含着这样的台词，即个人劳动的利益并非仅仅由个人妄为，这也是德国精神哲学家与古典经济学家的一贯区别。另一方面，黑格尔也注意到了劳动的消极方面。虽然在《精神现象学》中黑格尔通过主奴关系的论述，肯定了奴役关系中的积极因素，但奴役关系最终将因为占有关系而被扬弃。实际上黑格尔已注意到了劳动异化问题，这种异化是由劳动分工引起的，他说，“劳动变得越来越冷漠无情，这里没有为知性考虑的多样性。劳动者的依赖性是工厂的一个结果，它们使精神在劳动中迟钝了，他们变得完全不自主，他们变成完全片面的、从而几乎没有别的办法维持生计，因为他们只专心于这一个工作中，只习惯于它，他们变成各方面都是最不自主的人，精神沉寂了。”[11] “劳动分工越广泛，就变得越缺乏精神，越机械，越加贬低人的地位。”[11]

在经济秩序问题上，黑格尔表现了他“宫廷哲学家”御用的一面。他反对将自由等同于公民参与公共事务，同时反对将自由等同于对政府权力实行限制；相反，“他认为自由是有意识地对国家权威的遵从；国家的权力与道德结合起来。事实上，黑格尔接近于将法律与自由等同起来；每一种法律如果是真实的，就是有理由的并具体表现了自由。”[5]

总起来说，德国古典哲学蕴藏着如下几个方面的经济伦理观念资源。一是它虽然基本上是精神和观念范畴的演绎，但是在形而上学和辩证法的形式之下，反映出德国社会的经济关系、伦理关系和法的关系，有时在颠倒的形式之下深刻地洞悉了这些关系的现实发生的本质。二是古典哲学强调了人在经济社会的主体地位，赋予经济社会关系中人身自由及平等以崇高价值。三是古典哲学家大多从塑造德意志民族精神的角度，高标国家伦理主义，提倡民族利益大于个人经济利益，体现了与古典经济学不同的经济利益观。

二、德国历史学派的经济伦理思想

经济学德国历史学派以弗里德里希· 李斯特（1789—1846）、布鲁诺· 希尔德布兰德（1812—1878）、威廉·罗雪尔（1817—1894）、古斯塔夫·冯施穆勒（1838—1917）等为代表。德国历史学派兴起的现实背景是德国作为一个发展中的弱的资本主义国家，不甘心仅仅作为“思想的巨人，行动的矮子”受制于英、法等强国建立起来的市场经济的运行制与规则，它的基本理论宗旨是用适合民族发展的原则阐释社会政治经济的应然性，弗里德里希·李斯特是一位几乎与马克思同时的德国经济学家，是历史学派的主要先驱者。其主要著作为1840年出版的《政治经济学的国民体系》。就经济伦理思想而言，李斯特的学说与斯密学派的观点形成了鲜明的对比。正如埃里克·罗尔所说，“如说在英国，资本主义有比较长久的历史和较为巩固基础，使斯密和李嘉图成为自由贸易的鼓吹者，那德国的落后状态促使李斯特成为经济民族主义的道士。”[6]

李斯特的经济伦理思想主要如下：

第一，精神生产力是经济发展的重要因素。或许李斯特是提出精神生产力概念的第一人。他把斯密、萨伊等人的经济学称之为流行学派。他对流行的经济学力图将经济现象从整体社会现象中剥离出来的做法不满，他提出“究竟是物质力量超过了精神力量作用还是后者的影响超过了前者，究竟是社会力量支配着个人力量还是后者影响了前者，这些都是不易肯定的。但这一点是可以肯定的，两者之间存在互为因果的关系，是互相起着作用与反作用的，即这一组力量有了增长时就足以促使那一组跟着增长，而这一组力量有了削弱时，另一组也难免不被波及。”[12]为了阐明他关于文化与精神因素在精神发展中的重要作用的思想，他重新审视了生产力概念。李斯特认为，不能把经济归结为现有的物质财富和交换价值，不能把“财富 ”和作为财富产生的原因的“生产力”混为一谈；尤其反对把经济学视为“交换科学”的那种“物质第一主义”。在他看来，“财富的生产力比之财富本身，不晓得要重要多少倍。”[12]作为财富的原因的生产力，既包括“物质资本”形成的生产力，也包括“精神资本”形成的生产力。精神资本是长期历史形成的科学与艺术、智力培养、道德品质、国家与社会制度以及许多世代的发现、发明和改进的积累的结果。据此，李斯特反对斯密和萨伊把不直接生产物质财富的精神劳作排斥在生产力之外，并称之为非生产性劳动的主张[13]。李斯特认为在经济发展的最高阶段，尤其要重视精神或道德资本的作用，因为“精神的生产者的任务在于促进道德、宗教、文化和知识，在于扩大自由权，提高政治制度的完善程度……”[12]

第二，民族经济利益优先于个人经济利益。在李斯特看来，经济伦理的基础是民族利益。这种民族利益并不否定个人对于经济利益的追求，但是却优先于个人利益。“只要同社会利益无所抵触，一般说来，个人自由是好事；同样的道理，个人事业只有在与国家福利相一致的这个限度上，才能说在行动上可以不受限制。”[12]反之，则必须受到限制和约束。在李斯特看来，斯密将自利作为经济伦理的心理基础，并由此推演到互利的社会公益合成论，即个人对于经济利益的追求可以通过“看不见的手”的作用，自动地转化为公共利益是荒谬的。在他看来，国家作为一个政治实体是由道德的纽带联系起来的。在信件体的《美国政治经济学大纲》里，他说，“为了普遍的福利，国家必须限制和控制个人的活动，因为个人只能从社会的强大中得到力量。”[14]因此，在经济利益的伦理考虑上，民族永远优先于个人。李斯特认为，斯密的“原子主义”（Atomism）忽视了民族利益，而无民族利益，个人利益也无所依附。李斯特沿袭了德国古典哲学国家伦理主义的传统，他的民族利益有时又等同于国家利益。他说，“多亏国家，个人……获得文明、教育、进步、社会和政治制度以及艺术和科学发展所带来的利益。如果国家衰落，个人就得承担其败落的灾难性后果。”[14]

第三，反对自由放任，坚持保护主义。李斯特将政治经济学“看成是一种研究各个民族经济发展的特殊道路的科学”[15]。他睿智地指出，应当根据不同的国情制定不同的民族经济政策。经济发展的最高阶段虽然在英国是通过自由放任政策实现的，但不等于其他国家可以如法炮制。他说：“如果就目前世界形势来说，世界上已经有了一个国家处于强有力地位，并且早已在它自己领域以内有着周密的保护，处于这样的形势，在自由竞争下一个一无保护的国家要想成为一个新兴的工业国已经没有可能。”[12]他认为，农业、制造业和商业之间的平衡不是自发形成的，国家在此过程中不是毫无作为的。正因为如此，自由竞争为李斯特所不取。他说，“只有个人利益与国家利益决不冲突时，自由放任，自由通行这一原则才行得通。”[12]他认为，像德国这样的国家，最终实现与繁荣的农业相一致的工业化，则需要关税保护和其他保护政策。李斯特完全认识到这种保护是有代价的。他说：“的确，保护关税在初行时会使工业品价格提高；但是同样正确的，而且也为流行经济学派所认可的是，经过相当时期，国家建成了自己的充分发展的工业以后，这些商品由于在国内生产成本较低，价格是会低落到国外进口品价格以下的。因此，保护关税如果使价值有所牺牲的话，它却使生产力有了增长。”[12]李斯特的经济伦理思想，其哲学基础、研究方法和基本观点都显示出不同于古典经济学派的特点。正如埃里克·罗尔所说：“在经济制度的根本原则的理解上，李斯特远不能和斯密与李嘉图相提并论。不过要是适当考虑到经济环境的差别，李斯特的社会和政治意义也颇与他们的相似。”[6]

罗雪尔的经济伦理思想主要包括两个方面：

第一，与历史主义相联的经济发展观。罗雪尔在其著作《历史方法的国民经济学讲义大纲》中认为："国民经济学是关于国民经济发展规律的科学"[16]。罗雪尔将历史方法的原理归纳为：1）通过记述各国的经济发展史，解决"如何才能更好地增进国家富强这个问题"[16]，并认为"这样的记述同有关国民经济生活的其他科学，特别是同法制史、政治史以及文化史紧密地结合起来，才能做到"[16]；2）过去文化阶段的"任何一种情况，都是现代一切未发达国民的最好教师"[16]；3）对各个国家的经济发展史作比较，"如果新的国民经济表现出一种同过去的国民经济相类似的倾向，我们在认识这种倾向时就可以从这种类比关系中得到极为宝贵的启示"[16]；4）中性地对待任何制度，因为"经济学的任务在于指出：为何以及如何逐渐发生'从合理的变为不合理的''从幸福的变为有害的'"[16]。只有深刻地了解制度的变迁过程，才能把握制度变迁规律。显然，罗雪尔认为经济发展与文化密切相关，他与希尔德布兰德有一个相同的观点，即认为道德、宗教、习俗都是影响经济行为的因素，国家、人民的富裕与文化历史阶段的要求相结合。他认为，经济发展到一定的阶段会因既得利益阶级的阻碍和国民精神的衰落而衰落。[17]推迟衰落的主要手段是提高国民素质，他说："一国国民构成愈是以技能较高的人居多，衰落就愈是不会急促地到来。"[18]

第二，经济行为的动力并非完全由利益驱使，而是"为很不相同的和非经济的动机所驱使，并且是归属于完全一定的民族、国家和时代。"[18]罗雪尔研究了亚当·斯密的经济学，同美国经济学家凯里（1793—1879）一样，他也提出《道德情操论》中的同情心和《国富论》中的自利心有矛盾，这就是所谓"斯密难题"。实际上，罗雪尔自己的观点是明确的，人们经济行为的动机是复杂的，获利并不是唯一的因素，他似乎更愿意用一种外在的精神因素制约人们的经济行为。

三、青年黑格尔派的经济伦理思想

费尔巴哈（1804—1872）作为德国古典哲学的"终结者"，他以质疑神学原理和反对黑格尔的唯心主义而享有盛名。就经济伦理思想而言，他的一个重要的观念就是，人们之间的现实伦理精神实质其实已通过宗教信仰投射出来，不是物质利益决定人们的伦理关系，而是所谓的爱的原则决定了人们的伦理关系。费尔巴哈指出宗教不过是人的本质的异化的一种形式。他说，"上帝之中也存在着人的精神的概念或观念。"[19]费尔巴哈发现上帝的神性其实就是人性。他说："我的目的在于证明：人在宗教中所崇拜所畏惧的那种力量，他甚至不惜以人作牺牲去供祭，以便求得其恩典的那些力量，不是别的，正是人自己的不自由的、畏怯的精神和无知的、愚昧的理智的产物。"[20]那么，人的本质不是上帝，又是什么呢？费尔巴哈认为，是使人复归于人，归于一种爱的联系的本体特征，他说："在实践上，最多的和首要的原则，也必须是人对人的爱。"[20]

作为青年黑格尔派主要代表人物之一的鲍威尔（1809—1882）则从费尔巴哈的异化思想中察觉并引申了一个重要的具有批判意义的经济伦理观念，即资本主义社会的人与人关系具有异化特征。鲍威尔同意费尔巴哈把人对上帝的异化看成基于人性的想象，"但是他并不像费尔巴哈那样认为宗教信仰仅仅是人类本质的一个投影，因而只要人把他创造的对象重新收回给自己就行了。"[21]鲍威尔的观点更进一步，既然人的状况是扭曲的，因而人的思想、人的愿望、人的上帝也都是扭曲的；还原到人还不足以消除异化、罪恶。鲍威尔循着黑格尔的路径，把宗教看作是意识的一种分裂，他认为异化不是外在的，而是"自我异化"（Selbstentfremdung）。他写道："自我现在成了一切，但又完全是空虚的；它成了一种普遍力量，但又处在世界废墟之上，勉力对付自身的惊恐，为自己的失败而悲叹；这个空虚的自我，尽管吸收了一切，但并没有足够的勇气把自己看成是一种普遍力量。"[22]

鲍威尔还研究了作为经济伦理范畴的自由观念，他说，"神学和宗教的自由是敌视自由的……它的自由是以特权为基础的自由，它的研究是以极度权利为基础的研究，即是真正自由和真正研究的总的对立面。它们是封建主义的、野蛮的真理和自由。"[23]鲍威尔提出了他的实践观，他写道："我们的实践是必不可少的，它将消除宗教所创造的关于它自身的一切幻觉。"[23]

青年黑格尔派另一代表人物赫斯（1812—1875）则通过对资本主义经济伦理思想的批判，提出一种现实生活理想的经济伦理新秩序。他主张一种反对资产阶级社会新奴役的共产主义"自由行动"，因为他发觉资产阶级"自由平等，它的抽象人权，仅仅是奴役的另一种形式。"[24]因而，赫斯设定一种"自由"的类本质，这种类本质包括两个重要环节，即现实的和实践的环节，而两个环节均以人们物质生产交往关系为前提，自由是这种关系的完 美表现。[15]

赫斯通过分析货币关系背后的奴役关系，揭示了异化劳动对人们美好的伦理关系的破坏。赫斯设想了共产主义社会伦理精神的一个重要特征是，消除劳动与享受的对立。他说共产主义应该是这样的社会机体，它“产生出使劳动完全变成一种享受的自由的合乎人性的各种职业”[25]。

四、上述思想对马克思的影响

马克思从德国古典哲学和德国经济学中批判继承了许多经济伦理思想。康德对于自由的论述，黑格尔、费尔巴哈对劳动异化的看法，都深刻影响了马克思思想的形成。早在《德意志意识形态》当中，马克思就说，“在康德那里，我们又发现了以现实的阶级利益为基础的法国自由主义在德国所采取的特有形式。不管是康德或德国市民（康德是他们的利益的粉饰者），都没有觉察到资产阶级的这些理论思想是以物质利益和由物质生产关系所决定的意志为基础的。因此，康德把这种理论的表达与它所表达的利益割裂开来，并把法国资产阶级意志的有物质动机的规定变为自由意志、自在和自为的意志、人类意志的纯粹自我规定，从而就把这种意志变成纯粹思想上的概念规定和道德假设。”[26]在1843年发表的《〈黑格尔法哲学批判〉导言》中，马克思说：“法的关系正像国家的形式一样，既不能从它们本身来理解，也不能从所谓人类精神的一般发展来理解，相反，它们根源于物质的生活关系。这种物质的生活关系的总和，黑格尔按照十八世纪的英国人和法国人的先例，概括为‘市民社会’，而对市民社会的解剖应该到政治经济学中去寻求。”[27]这就是说，马克思通过对黑格尔的分析与批判，得出结论：物质生活关系是理解市民社会，进而理解包括国家和法的关系、伦理关系等在内的整个资本主义社会关系的出发点。关于这一点，帕森斯就精确地看到了马克思对黑格尔头脚倒置的唯物主义转向，他说，“历史的动力在黑格尔所说的Geist（精神）的内在自我发展中是找不到的，而是在于一个不同的领域，即人们的‘利益’的领域中。”[28]在《评弗里德里希·李斯特的著作〈政治经济学的国民体系〉》一文中，马克思指出本国经济学家李斯特的思想实质是通过国家干预、保护关税等政策，发展民族经济；但马克思并未肯定李斯特的观点，指出他建立在中立性的生产力概念之上的政治经济学，似乎要摆脱别人对“同胞进行剥削”，实际上是他们自己的打着某种幌子的利益集团对自己同胞的“更加厉害”的剥削。[29]马克思没有被李斯特发展生产力的理论表象所蒙蔽，他说：“谈论自由的、人的、社会的劳动，谈论没有私有财产的劳动，是一种最大的误解。”[29]马克思意识到，在李斯特那里，看到的是连同资产阶级私欲一起发展的生产力，而非劳动者的真正发展的生产力。不过，李斯特的精神生产力的理论给了马克思很大启示。

如果说马克思在对康德、黑格尔、李斯特的哲学和经济学的批判中还未有充分展示自己的经济伦理思想，那么，在对费尔巴哈及青年黑格尔派的批判分析中，则鲜明地表现了他的经济伦理观点，同时可以发现其思想与上述思想的渊源关系。费尔巴哈及青年黑格尔派对马克思的影响，最明显地表现在马克思将他对于现实的伦理批判和未来社会的伦理理想建立在人本主义和异化思想的基础之上。

首先，从费尔巴哈那里，马克思找到了他表述自己经济伦理思想的两根拐杖，一是人本主义的视角和终极关怀，二是马克思已经认识到费尔巴哈脱胎于旧哲学的一个重要功绩，即“费尔巴哈把人与人之间的社会关系也当作理论的基本原则。”[30]这也是马克思面对资本主义经济运行过程和经济关系开始采用的基本方法。

其次，费尔巴哈和鲍威尔对宗教的批判和异化的观点，给马克思以深刻的影响，马克思对经济主体的伦理分析因之找到了理论参照系。鲍威尔将异化同政治历史紧密结合起来，这启发了马克思从劳动和经济关系中考察异化。此外，鲍威尔关于异化及异化的消除是区分人类社会历史阶段标准的思想，对于马克思用异化劳动及其扬弃来划分经济主体的阶段特征，有明显的启发作用。

第三，鲍威尔把以意识形态为基础的真理观作为幻觉以及他的实践观，使马克思特别意识到意识形态观念背后的经济基础。马克思研究了鲍威尔的自由观念，他也认为像自由这样的意识形态观念经常是作为思想家所共有的脱离现实的普遍幻觉而制造出来的，因而并非能脱离经济条件而发挥作用。马克思写道：“当旧制度还是有史以来就存在的世界权力，自由反而是个别人偶然产生的思想的时候，换句话说，当旧制度本身还相信而且也应当相信自己的合理性的时候，它的历史是悲剧性的。”[9]54

第四，费尔巴哈和赫斯关于“类本质”的思想，是马克思设定人的经济伦理终极目标的出发点。马克思接受了费尔巴哈的类本质的思想，但他认为这种类本质并不是人与人之间的爱这样一种联系，而是人与人的多种社会联系，劳动作为这种联系的中介，它的异化的或者超越异化的形式就是经济主体伦理特质的不同表现。从赫斯那里，马克思深刻地体会到金钱造成拜物教的作用。赫斯设定的“自由”的类本质，作为一种理想化的价值悬设，对于马克思设想未来社会经济主体的自由发展的个性有着决定性的影响。从费尔巴哈和赫斯那里，马克思在哲学人类学或经济伦理话语之下，对人类本质设定了双重规定，即个人主体的自由发展和人与人之间的非异化的社会伦理关系。

【注释】

[1]［德］康德．法的形而上学原理［M］．北京：商务印书馆，1991：138.

[2]［德］康德．道德形而上学原理［M］．上海：上海人民出版社，1986：86.

[3]［德］康德．实践理性批判［M］．北京：商务印书馆，1999：89、79.

[4]［德］康德．历史理性批判文集［M］．北京：商务印书馆，1990：73.

[5]［德］斯皮格尔．经济思想的成长［M］．北京：中国社会科学出版社，1999：360、358.

[6]［英］埃里克·罗尔．经济思想史［M］．陆元诚，译．北京：商务印书馆，1981：212、223、226.

[7]［美］梯利．西方哲学史（下）［M］．葛力，译．北京：商务印书馆，1979：213、215.

[8]［德］亨利希·海涅．论德国宗教和哲学的历史［M］．北京：商务印书馆，1974：118.

[9][10]［德］黑格尔．法哲学原理［M］．北京：商务印书馆，1961：205、20.

[11] 张世英．论黑格尔的精神哲学［M］．上海：上海人民出版社，1986：157、148、150、151、152、152.

[12]［德］李斯特．政治经济学的国民体系［M］．北京：商务印书馆，1961：50、118、140、151、128、134、128-129.

[13] 赵修义．试论李斯特的经济伦理思想［J］．华东师范大学学报（社会科学版），2000，(3)．

[14]［德］李斯特．政治经济学的自然体系［M］．北京：商务印书馆，1997：234、28.

[15] 张一兵．回到马克思——经济学语境中的哲学话语［M］．南京：江苏人民出版社，1999：319、111-131.

［16］［德］罗雪尔．历史方法的国民经济学讲义大纲［M］．北京：商务印书馆，1981：14、7、8、8、8、8.

［17］参见魏建．德国历史学派兴衰述评［J］．中国经济史论坛，2003-10-28（网）.

［18］［德］罗雪尔．政治经济学原理（第1册）［M］．亨利·霍尔特出版公司，1878：383、105.

［19］费尔巴哈哲学史著作选（第1卷）［M］．涂纪亮，译，北京：商务印书馆，1978：314.

［20］费尔巴哈哲学著作选集（下卷）［M］．北京：商务印书馆，1984：524、315.

［21］［英］麦克莱伦．青年黑格尔派与马克思［M］．北京：商务印书馆，1982：66.

［22］［德］鲍威尔．复类福音作者批判（第3卷）．德文版．资料来源：刘永佶．马克思经济学手稿的方法论［M］．郑州：河南人民出版社，1990：94-95.

［23］［波兰］兹维·罗森．布鲁诺·鲍威尔和卡尔．马克思——鲍威尔对马克思思想的影响［M］．北京：中国人民大学出版社，1984：222、222.

［24］［德］赫斯．行动的哲学［M］.//马恩列斯研究资料汇编（1981）［C］．北京：书目文献出版社，1985：438-439.

［25］［德］赫斯．哲学与社会主义文集（1837—1850）［M］．柏林，1980：71.

［26］马克思恩格斯全集（第3卷）［M］．北京：人民出版社，1960：213.

［27］马克思恩格斯选集（第2卷）［M］．北京：人民出版社，1995：32.

［28］［美］T. 帕森斯．社会行动的结构［M］．南京：译林出版社，1979：547.

［29］马克思恩格斯全集（第42卷）［M］．北京：人民出版社，1979：250、254.

［30］马克思．1844年经济学—哲学手稿［M］．刘丕坤，译．北京：人民出版社，1979：111.

（余达淮，原作发表于《伦理学研究》2005年第3期）

亚当·斯密经济伦理思想述评

古典政治经济学产生于17世纪后半叶，亚当·斯密（1723—1790）是继创始人威廉·配第之后最杰出的代表。斯密一生处于有秩序的与和谐的环境当中，1759年，斯密发表了具有经验心理学性质的《道德情操论》；1776年3月，斯密出版了具有深远历史意义的《国民财富的性质和原因的研究》（简称《国富论》），这部著作不仅创立了古典政治经济学的理论体系，而且开创了古典政治经济学居西方世界学术主流地位的时代。斯密在总结重商学派、重农学派经济伦理思想的基础上，在汲取当时自然科学思维和认识成果以及对社会政治、经济现实的热情关注下，开创了经济伦理思想的新时代。

一、亚当·斯密经济伦理思想的理论出发点

总体来看，斯密的经济伦理观有着下列方法论特点：首先是受自然科学影响，将自然和谐的思想运用到社会和道德哲学领域。牛顿力学的光辉曾在18世纪的思想家中激起一种巨大的热情，休谟在其《关于自然宗教的对话》中藉人之口说："看看周围的世界吧，琢磨一下它的整体和每一个部分，你会发现它什么都不是，只是一架庞大的机器，细分为数不清的较小的机器，它们还能进一步细分，直到人类的感官和能力无法分辨和解释的程度。所有这些各种各样的机器，甚至是其中最微小的零件，相互之间精确地调整，使曾经凝视着它们的所有的人由陶醉而至崇拜。世间万物，精确地相似，奇特地为达到目的而调整手段，这远远超乎人类智慧的产物所能及。"[1]这种自然和谐的思想肇始于宗教。如库萨的尼古拉就说过，"上帝把各种元素安置在一种令人赞叹的程序之中，因为他按一定数量、重量和度量来创造一切事物。"[2]在休谟看来，随着时代的推移，科学家则进一步用科学原理证明了这一思想的正确性。下一步是找到"自然的一般和谐"与"社会的和谐"之间的相似之处；沙夫兹伯里等人在进行这种努力时，自认为已经在人性的结构中发

现类似于牛顿在宇宙中发现的那样一种和谐的道德秩序，其中类似于“万有引力”的是“仁爱”；洛克等人也认为自己在社会经济领域中发现了一种类似的社会经济秩序，其中对应于“万有引力”的是“自利”。而亚当·斯密在其一篇《关于天文学史的论文》中写道，牛顿的体系是“人类曾经做出的最伟大的发现”，正是斯密，后来充分有效地把世界是一个和谐而有秩序的机械装置这一思想附会于社会和经济关系。

其次，由此所引申，确立天赋自由和自然权利、自然秩序的政治的经济伦理的理论基本点。早在斯密以前，洛克就论证了人的财产权和人身自由等天赋权利，他说，政府的“法律的目的不是废除或限制自由，而是保护和扩大自由”；人们“在他所受约束的法律许可范围内，随其所欲地安排他的人身、行动、财富和他的全部财产的那种自由，在这个范围内，他不受另一个人的任意意志的支配，而是可以自由地遵循他自己的意志。”[3]“这是在规则未加规定的一切事情上能按照我自己的意志去做的自由——如同自然的自由是除了自然法以外不受其他约束那样。”[4]这种天赋自由的观念同时也是对行将没落的君权神授思想的挑战，例如黄仁宇曾指出过，“从英国17世纪的历史看来，因为清教运动的关系，资本主义之发展牵涉到一个良心（conscience）上的主题。过去什么是‘合于良心’（conscionable），只有国王能作最后决定，这也就是特权法庭理论上的根据。经过弑君、复辟与光荣革命之后，习惯法庭广泛接受了一个平衡的原则。起先是否合于良心的观念，至此代之与是否公平（equitable）的考虑。”[5]换句话说，自由选择的新的公平观代替过去的公平观。在重农学派那里，所谓“自然权利”就是“每一个人都应当有可能在不侵犯别人的权利的条件下更好地安排自己的命运。”[6]有自由从事对自己最有利的工作，并取得这种劳动的果实的权利。魁奈认为：“人们只要能稍为加以考虑，就会清楚地感到，在至高的自然法则中，包含着经济秩序的根本原则。”[7]其中，“所有权的安全是社会经济秩序的主要基础——只有保证永久的所有权，才能导致劳动和财富使用在土地的改良和耕种上，以及工商业上。”[8]另一方面，自由也是每个人所享有的“自然权利”，也是经济秩序的一项根本原则。每个人对自己的利益所在知道得最清楚，而且也有能力自由选择和从事对自己最有利的工作，力争以最小的付出获得最大的享受。不论什么地方，只要人们能够享有经济自由和所有权安全，他们就会在那里聚居，并繁衍后代。因而只有自由和私人利益才能够使国家欣欣向荣。与重农学派相比，斯密没有把社会自然秩序视做脱离基本人性的东西，他继承英国启蒙学者的传统，把重农学派那种由上帝从外部加于人类社会的“秩序”转化成为从人的本性和自利行为中自然产生出来的秩序。这种秩序使复杂多样的个人活动遵循着市场竞争的逻辑运转，从而把个人对自身利益的追求引导到社会利益的轨道上去。

第三，创立了“经济人”假说，并由此设定了人的经济行为的社会心理机制和价值评判标准。在斯密那里，并没有“经济人”的概念，这一概念要到19世纪中叶以后才出现。所谓经济人假说，其思想出发点是想对人们逐利行为进行新的诠释。在前资本主义时期，西方社会同中国一样，也是抑商的；“商人的形象总是不光彩的、遭人鄙弃的，贱买贵卖被看作是最根本的不忠”[9]，就像莎士比亚戏剧所描写的那样。马克斯·韦伯还说：“把赚钱看作是人人都必须追求的自身目的，看作是一项职业，这种观念是与所有那时代的伦理情感背道而驰的。”[10]16世纪的“宗教改革”曾经把以谋利方式积累财富视为神的恩典的表示，并对早期商人的朴实、节俭、刻苦等美德给予高度赞扬。但这仍未能改善以谋利为本的商人及其资本家同伴的道德形象。新教主义只是把紧张的谋利活动视为拯救人的灵魂的一种手段，但这种活动本身是不能获得肯定的伦理价值的。17世纪资本主义迅猛发展之后，财富的追求才被剥除了其原有的宗教伦理涵义，而趋于和纯粹世俗的情欲相关联，“一种特殊的资产阶级的经济伦理形成了。资产阶级商人意识到自己充分受到上帝的恩宠，实实在在受到上帝的祝福。他们觉得，只要他们注意外表上正确得体，只要他们的道德行为上没有污点，只要财产的使用不致遭到非议，他们就可以随心所欲地听从自己金钱利益的支配，同时还感到自己这么做是在尽一种责任。”[11]在这种背景之下，斯密设定了其学术思想的人性的分析基础，人们经济行为的自利动机成了政治经济学研究的前提。从方法论的角度看，经济人抽象是对在理论经济学体系中充当分析基点作用的个人市场行为的一种假设，但绝不是随心所欲的虚构。在亚当·斯密那里，经济人的特质就是：经济人是自利的，追求自身利益最大化是驱动人的经济行为的根本动机。它不是基于对所有人类行为进行全面的经验上的概括，而是从分析学意义上定向强化人在市场中的行为的特定因素而抽象出来的。

二、亚当·斯密经济伦理思想的主要内容

1. 同情与自利：经济行为的心理基础与驱动力

与他那个时代的绝大多数哲学家和伦理学家一样，斯密也真诚地相

信，只有把握了人的永恒不变的本性，才能正确地解释社会、国家、政治、法律以及伦理道德问题。像霍布斯、沙夫兹伯里等人一样，斯密承认人总是表现出自利自爱的本性；但沙夫兹伯里以及斯密的教师哈奇逊进一步引申，出于自利的个人利益和每个人的作用，导向了社会普遍的利益，而且个人利益与社会利益之间自然统一，自利就像善良、勇敢一样是一种美德；这种观点受到《蜜蜂寓言》的作者孟德维尔的攻击。孟德维尔其实也认为个人追求最终达到社会普遍利益，所谓“私利即公益”，但是在孟德维尔看来，自利虽然是社会繁荣的养料，但并不是美德，不需要假惺惺地为其伪饰；他说，“一旦不再有恶，社会即使不完全毁灭，也一定要衰落。”[12] 斯密虽然不喜欢孟德维尔，但他也发现了沙夫兹伯里等人的矛盾性，于是斯密希望在更宽泛的意义上寻求人的行为的心理基础；他创立了“同情 sympathy”之说。同情之说是当时盛行的一种学说。休谟将“同情”视作“人性的本来的构造”或“心理功能”的重要组成部分，用以说明对象之所以能激起快感，往往由于它满足人的同情心。博克在《论崇高和美》里说，“由于同情，我们才关怀旁人的事物，才被感动旁人的东西所感动。同情应该看作一种代替，这就是设身处地在旁人的地位，在许多事情上旁人怎样感受，我们也怎样感受。主要地就是根据这种同情原则，诗歌、绘画以及其他感人的艺术才能把情感由一个人心里移注到另一个人心里。”[13] 斯密则在《道德情操论》开宗明义道：“无论人们会认为某人怎样自私，这个人的天赋中总是明显地存在着这样一些本性，这些本性使他关心别人的命运，把别人的幸福看成是自己的事情，虽然他除了看到别人幸福而感到高兴以外，一无所得。这种本性就是怜悯或同情，就是当我们看到或逼真地想象到他人的不幸遭遇时所产生的感情。我们常为他人的悲哀而感伤，这是显而易见的事实，不需要用什么实例来证明。这种情感同人性中所有其他的原始感情一样，决不只是品行高尚的人才具备，虽然他们在这方面的感受可能最敏锐。最大的恶棍，极其严重地违犯社会法律的人，也不会全然丧失同情心。”[14]

斯密还仔细地定义了“同情”（sympathy）的内涵：“‘怜悯’和‘体恤’是我们用来对别人的悲伤表示同感的词。‘同情’，虽然原意也许与前两者相同，然而现在用来表示我们对任何一种激情的同感也未尝不可。”[15] “引起我们同情的也不仅是那些产生痛苦和悲伤的情形。无论当事人对对象产生的激情是什么，每一个留意的旁观者一想到他的处境，就会在心中产生类似的激情。”[16] 上述论断表明，斯密借助于一般的推理方法，把同情放在人类普遍本性的基础之上，认为同情是人类本性中最基本，同时也是包含内容最广泛的道德情感。

在斯密看来，他已经在理论上发现了追求自身利益的动机与各种美德之间结合起来的心理机制，发现了化解个人利益与社会利益之间冲突的道德心理学基础，“同情”，亦即每个人设身处地想象的情感与在他人身上观察到的情感相一致时所具有的那种感受。斯密认为，这种“同情”是人类社会的黏合剂，是人们社会关系的纽带，能帮助人们形成适应社会要求的态度，并产生对行为的赞同与否定的道德评价。一个人的行为所引起的他人的赞同或反对，是一面镜子，从中可以看出自己的品性。由于几乎所有的人都喜欢得到别人的尊重，讨厌受到蔑视，从同情中产生出来的赞同与否定就会使社会规范趋向一致，无论是在行为上还是态度上，促使每个人不违背人们共同遵守的社会准则。

斯密实际上认为，人是受感情驱使的动物，既有利己心一面，又有利他心一面。这种双重性是人类普遍的“同情”，它既使人们相互斗争，又使人们创造社会制度来缓和两败俱伤的斗争，甚至把斗争变成共同利益，变成推动社会进步的强大动力。与上述“同情”相合宜的价值评价和道德标准，才是斯密所坚持的标准。由此可见，斯密的伦理思想并不存在所谓的“斯密难题”①。

2. 互利：市场经济最基本的伦理法则

虽然斯密承认人的自利追求具有促进公共利益和社会财富增长的动力作用，但他从来也没有把利己主义看作是市场经济最基本的道德准则，而是认为互利才是市场经济的最基本道德准则和应有的伦理秩序。在斯密的论著中，确实存在着充分肯定人的正当自利追求的思想。他这样说过：“我们每天所需的食料和饮料，不是出自屠户、酿酒家或烙面师的恩惠，而是出于他们自利的打算。”[17]“各个人都不断地努力为他自己所能支配的资本找到最有利的用途。固然，他所考虑的不是社会的利益，而是他自身的利益，但他对自身利益的研究自然会或者毋宁说必然会引导他选定最有利于社会的用途。”[18]斯密将人的自利追求视作推

① 美国经济学家凯里（1793—1879），德国历史学派代表希尔德布兰德（1812—1878）等，提出了有关斯密的《道德情操论》的同情心与《国富论》的自利之间存在矛盾的问题，认为前者安排道德世界，后者在经济世界主导人的行为，这就是亚当·斯密问题，经过近一个世纪的争论，此一问题或衍生，或转化，并无定论。西方学者如门格尔、老凯恩斯、斯皮格尔、阿马蒂亚·森等人，倾向于认为斯密的伦理学与经济学统一于理性制约的自利基础，同时强调经济人不过是一种假设。

动人类历史发展的动力。但是，正如阿马蒂亚·森所说的那样，“亚当·斯密在他的任何一部著作中都没有对自利的追求赋予一般意义上的优势。人们对自利行为的拥护有着特定的时代背景，尤其是当不同时代的政府所制定的贸易政策影响了贸易和生产发展的时候。”[19]斯密在批评重商主义时曾说过：“消费是一切生产的唯一目的，而生产者的利益，只在能促进消费者的利益时，才应当加以注意。这原则是完全自明的，简直用不着证明。”[20]斯密用一种历史主义的观点看待问题，他说：“别的动物，一达到壮年期，几乎全都能够独立，自然状态下，不需要其他动物的援助，但人类几乎随时随地都需要同胞的协助，要想仅仅依赖他人的恩惠，那是一定不行的。他如果能够刺激他们的利己心，使有利于他，并告诉他们，给他做事，是对他们自己有利的，他要达到目的就容易得多了。”[21]在论及劳动生产物的分配中，斯密同样认为应坚持贫者与富者互利的原则：“下层阶级生活状况的改善，是对社会有利呢，或是对社会不利呢？一看就知道，这问题的答案极为明显，各种用人、劳动者和职工，在任何大政治社会中，都占最大部分。社会最大部分成员境遇的改善，决不能视为对社会全体不利。有大部分成员陷于贫困悲惨状态的社会，决不能说是繁荣幸福的社会。而且，供给社会全体以衣食住的人，在自身劳动生产物中，分享一部分，使自己得到过得去的衣食住条件，才算是公正。”[22]斯密不仅指出了市场经济最基本的道德准则和伦理秩序是互利，还指明了引导人们由自利走向互利的桥梁——自由竞争的市场经济制度。他认为，人类由封建社会进化到最后的商业上互相依赖的新社会，就需要产生新的制度。这种制度便是自由竞争。由于自由竞争，社会中一切成员互相抵触的自利心理将转化为使大家互相得利的结果。因为某人假如只顾自己而不顾交换对方的利益，则他会看到，竞争者将乘虚而入，将他的生意夺走；因为社会上的每个人都具有追求和捍卫自身利益的自觉意识，在自由竞争制度下，任何人企图使产量、价格或某种报酬偏离市场所给定的标准，他就会受到自由市场机制的惩罚。所以，一个是自利观念，一个是自由竞争，彼此间相互作用，就完成了从自利到互利的转变。反之，若人为地限制和缩小竞争，则并不能保证追求私利的努力会导致增进社会公共利益的结果。海尔布罗纳对此评价道：“尽管20世纪的工业社会有它新的特性，而利己和竞争这两大原则，不管它怎样时而被冲淡，时而被回避，仍然是行为的基本准则。”[23]

3. 看不见的手：经济运行和管理的最佳秩序原理

萨缪尔森在阐述“主流经济学的成长”时指出：“亚当·斯密的最

伟大贡献在于他在经济学的社会世界中窥测到了牛顿在天空的物质世界中所观察到的东西：即自行调节的自然秩序。”[24]海尔布罗纳在《几位著名经济思想家的生平、时代和思想》中则进一步指出：斯密所提示的自然秩序就是市场经济的基本规律。

实际上，“自亚当·斯密起，古典经济学派都深信：人们在追求私人利益时，在‘看不见的手’的指引下，无形中就增进了公共利益。”[25]，从人的自利本能和天赋人权观出发，斯密一再指出，应该让每个人以自己的方式自由地追求自身利益。那么，每个人孜孜谋利的社会是如何得以避免因离心力的阻挠而陷于四分五裂的状态呢？公共利益何以得到保证？这种社会能否依靠个人的自利动机和行为来维持其秩序井然的运转呢？对诸如此类的问题，他的解释简洁而又深刻：在自由的市场体系内部，存在着一只“看不见的手”（An Invisible Hand），它会在“正义的法律”的基础上，化解经济人之间、经济人与社会之间的经济利益冲突，从而形成使个人和社会和利益都能够同时得到实现的一种“自然秩序”。

斯密分别在《道德情操论》和《国富论》里提到“看不见的手”，在《道德情操论》里，他写道：“富人只是从这大量的产品中选用了最贵重和最中意的东西。他们的消费量比穷人少；尽管他们的天性是自私的和贪婪的，虽然他们只图自己方便，虽然他们雇用千百人来为自己劳动的唯一目的是满足自己无聊而又贪得无厌的欲望，但是他们还是同穷人一样分享他们所作一切改良的成果。一只看不见的手引导他们对生活必需品做出几乎同土地在平均分配给全体居民的情况下所能做出的一样的分配，从而不知不觉地增进了社会利益，并为不断增多的人口提供生活资料。”[26]

在《国富论》里，“看不见的手”获得了更一般的经济学意义，用于解释为什么个人的自利行为会无意识地造成社会财富的增长。每个人都不断地努力为他自己所能支配的资本找到最有利的用途。他认为，若“利润均等或几乎均等”，出于安全的考虑，人们势必会把资本投资于国内产业，从而给本国居民提供大量的获取收入和就业的机会；“既以谋取利润为唯一目的”，自然会努力管理好其产业，以求其生产物达到最高价值，从而也就“必然使社会年收入得到尽可能的增大”。他写道：“每个个人——通常既不打算促进公共的利益，也不知道他自己是在什么程度上促进那种利益。……在这场合，像在其他许多场合一样，他受着一只看不见的手的指导，去尽力达到一个并非他本意想要达到的目的。……他追求自己的利益，往往使他能比在真正出于本意的情况下更有效地促进社会的利益。”[27]如果说在“看不见的手”架起的沟通自利与公共利益的桥梁中，“自利”代表经济人的行为动机，那么“看不见的手”本身则代表约束着经济人实现利益追求的行为的一种制衡力量，具体表现为自由市场制度中的经济机制。“看不见的手”是一种广泛地存在于市场竞争过程中的制衡力量。只要给“经济人”以必要的经济自由，那么，仅仅出于改善个人境遇这种自然的愿望，工人就会将自己的劳动力投入到他自己能可靠地得到最高工资、从而为整体创造最大价值的地方；资本家就会将自己的资本投到可以给他带来最高利润、同时产生最大效益的产业；土地所有者就会将自己的土地租给能向他提供最高地租的人。在所有这些方面，“看不见的手”都会显露出它的威力，协调在各个层次充当不同角色的经济人的行为，保证社会经济的各个部门和生产过程的各个程序能在时间、地点、数量、质量和其他一切有关方面做到互相配合，从而有效地促进经济的繁荣。这种思想，可以说是一种最早的控制论思想和社会均衡思想。

4. 放任：政府在市场经济活动中的道德规范

斯皮格尔在《经济思想的成长》中说，“斯密从未发展出一个成熟的政府理论，他对于政府职能的讨论没有受到任何一般原理的影响除了自由放任原则之外”[28]。斯密认为，政府对经济的管制取代垄断的工商业很可能会使已经很糟的情形变得更坏，而不是更好。因此，政府在市场经济中应遵守的伦理准则就是放任。他这样写道：“一切特惠或限制的制度，一经完全废除，最明白最单纯的自然自由制度就会树立起来。每一个人，在他不违反正义的法律时，都应听其完全自由，让他采用自己的方法，追求自己的利益，以其劳动及资本和任何其他人或其他阶级相竞争。这样，君主们就被完全解除了监督私人产业、指导私人产业、使之最适合于社会利益的义务。要履行这种义务，君主们极易陷于错误；要行之得当，恐怕不是人间智慧或知识所能做到的。按照自然自由的制度，君主只有三个应尽的义务——第一，保护社会，使不受其他独立社会的侵犯。第二，尽可能保护社会上各个人，使不受社会上任何其他人的侵害和压迫，这就是说，要设立严正的司法机关。第三，建设并维持某些公共事业及某些公共设施。”[29]斯密论证了要求政府遵守上述准则的可能性和必要性。

斯密主张的放任，不是对经济的绝对的放任自流。斯密为政府的放任行为设定了一个个人行为遵循法律的前提，在这个前提下，政府的放任行为才是可能的。他指出，为了使个人的各种权利得到公正的保护，任何一个市民政府的正义法律都应该建立在“自然法学”（natural jurisprudence）的原则基础之上。作为法律的理论基础，自然法学包括三项原则：（1）否决伤害原则（the negative harm principle），亦即每个人都有人身、名誉或人身自由不受损害的权利；（2）公平对待原则（the fair play principle），即每个人都有不忍受强加于其上的不公平机会或不公正待遇的权利；（3）有效权利原则（prefect rights principle），即每个人都有不侵犯他人的有效权利的义务。斯密从《法学演讲》（lectures on Jurisprudence）中所得出的“有效权利原则”，其目的就在于保护私人财产权和天赋人权。因为每个人都有完全的责任，不得损害他人，不得不公平地对待他人，以及不得侵犯他人的权利。强制实施这些责任的正义法律“也就是普遍地、严正地、平等地适用于每一个人”。《国富论》所说的“单纯，明确的天赋自由制度”实际上是以这种个人对法律的遵循为支柱，没有这个前提，则谈不上政府行为的放任自由。斯密又从两个方面论述了放任政策的必要性。首先，这是遵守基本人权的必然要求。他指出：“禁止人民大众制造他们所能制造的全部物品，不能按照自己的判断，把自己的资财与劳动，投在自己认为最有利的用途上，这显然是侵犯了最神圣的人权。”[30]他的这一思想是对英国著名思想家约翰·洛克的思想的继承和发展。1690年，洛克出版了《政府论》。洛克认为，从人类历史的发展来看，人类生活有两种状态，即自然状态和社会状态。“自然状态有一种为人人所应遵守的自然法对它起着支配作用；而理性，也就是自然法，教导着有意遵从理性全人类：人们既然都是平等和独立的，任何人就不得侵害他人的生命、健康、自由或财产。”[31]也就是说，洛克认为人的生命、健康、自由或财产是人的自然权力，国家的成立只是为了更好地保护人的自然权利而不是削弱它们。斯密将人的自由权视为最神圣的人权之一，以此来反对国家对经济自由的干预，在实质上与洛克一样，都是在为新兴的资产阶级取代守旧的封建阶级鸣锣开道。其次，这是实现资源的最佳配置的需要。斯密指出：“任何一种学说，如要特别鼓励特定产业，违反自然趋势，把社会上过大一部分的资本拉入这种产业，或要特别限制特定产业，违反自然趋势，强迫一部分原来要投在这种产业上的资本离去这种产业，那实际上都和它所要促进的大目的背道而驰。那只能阻碍，而不能促进社会走向富强的发展；只能减少，而不能增加其土地和劳动的年产物的价值。”[32]他认为，实现资源最佳配置的唯一有效杠杆，是个人的利害得失，“个人的利害关系与情欲，自然会使他们把资本投在通常最有利于社会的用途。但若由于这种自然的倾向，他们把过多资本投在此等用途，那么这些用途利润的降落，和其他各用途利润的提高，立即使他们改变这错误的分配。用不着法律干涉，个人的利害关系与情欲，自然会引导人们把社会的资本，尽可能按照最适合于全社会利害关系的比例，分配到国内一切不同用途。"[33]政府即使是出以公心，企图以人为的干预来增进社会资源配置的有效性，也往往是适得其反的，因为"关于可以把资本用在什么种类的国内产业上面，其生产物能有最大价值这一问题，每一个人处在他当地的地位，显然能判断得比政治家或立法家好得多。"[34]

三、马克思对亚当·斯密经济伦理思想的批判与继承

古典经济学是马克思经济伦理思想的一个重要思想来源，马克思指出：斯密的《国富论》标志着"政治经济学已发展为某种整体，它所包括的范围在一定程度上已经形成"[35]。斯密的经济伦理思想是为新兴资产阶级确立自己的统治服务的，它的社会功能就在于论证资本主义生产方式的合理性和永恒性，为资本主义市场经济寻求伦理原则和建立伦理秩序。斯密的经济伦理思想至少在以下方面引起马克思的关注或者使马克思受到启迪。

其一，斯密经济学研究的出发点是人，这个"人"在经济伦理上的原理或涵义正如斯蒂格勒所说，"斯密在他该成功的地方取得了成功，首先是在人的行为方面提供了一个几乎具有无限威力的原理，他创造了在竞争环境中追求自己利益的个人，这个创造就其普遍性而言可以与牛顿的创造媲美。"[36]这一创造或假设肇由斯密，正是斯密第一次把个人谋求自身利益的动机和行为系统清晰地纳入经济学的分析之中，并经典性地对经济人的行为如何导致整个社会丰裕的经济伦理机制进行了经济学的证明。换句话说，他第一次把最初以道德哲学问题形式出现的利己与社会利益之间的关系系统地转化为经济学的伟大主题。马克思深受古典经济学的影响，在《〈政治经济学批判〉导言》里，曾经开宗明义地指出政治经济学研究的出发点是人，是"在社会中进行着生产的个人——因而，这些个人的一定社会性质的生产——自然是出发点"[37]。但是，马克思不赞成古典经济学的经济人假设，在他看来，经济人是虚妄的，因为经济人伦理内涵的前提私有制本身就不是天经地义的，社会的经济伦理秩序也不是仅由自利而至整体利益和谐这么一条，更何况自利观是维护私有制的写照，并非是无产阶

级的道德操守。马克思首先考虑的是社会经济制度的合理性，他的政治经济学的方法必然超越斯密，他的经济伦理思想要在看似纯粹经济学概念的推理与演绎中展示，因而那种过于伦理化的假设必然被他所摈弃。

其二，斯密确立并分析了一些重要的概念，这些概念不仅包括直接具有经济伦理学意义的自由、竞争、公平等，也包括一般经济学概念，如资本、价值等等，并在此基础上形成较成熟的劳动价值学说。马克思对自由、公平、正义等作出了新的诠释，他认为自由、正义、公平等等的经济伦理含义并不在于这些名词的抽象形式上，而在于它所对应的生产关系的属性上，没有形式背后所隐含的社会生产关系的规定性，就不能展示社会公平、正义或自由的真正内涵。马克思在经济学研究中，更关注斯密经济学设立的价值、资本等概念和劳动价值学说。价值这一概念在经济学说史上虽然出现较早，但把劳动看作价值的源泉，以生产商品所消耗的劳动时间来衡量价值，这是英国古典政治经济学的一个重大成果。威廉·配第第一次提出了劳动价值论的基本观点，他认为“劳动是财富之父和能动因素，土地是财富之母”[38]。休谟在《人性论》中也说过，“世界一切事物均由劳动所购得。”[39]詹姆斯·斯图亚特提出了实际价值的概念，他指出实际价值决定于一个劳动者在一定时间内平均能够完成的劳动量，尽管他的实际价值的概念十分混乱，但正如马克思所说：“斯图亚特比他的前辈和后辈杰出的地方，在于他清楚地划分了表现在交换价值中的特有的社会劳动和获取使用价值的实在劳动之间的区别。”[40]亚当·斯密进一步推进了劳动价值论，他在《国富论》中，从各种劳动形式中抽象出一般劳动，认为投入任何一个生产部门的劳动都是财富的源泉。他明确区分了使用价值和交换价值，强调商品的交换价值的根源是劳动，“劳动是衡量一切商品交换价值的真实尺度，”斯密已经认识到了商品的交换实际上是凝结在商品中的劳动量的交换。但斯密的价值理论是不彻底的、混乱的，工资决定商品价值的意见常与劳动时间决定价值的意见混在一起，且彼此相互矛盾。正如马克思所说：“古典政治经济学的根本缺点之一，就是它从来没有从商品的分析，特别是商品价值的分析中，发现那种正是使价值成为交换价值的价值形式。恰恰是古典政治经济学的最优秀的代表人物，像亚当·斯密和李嘉图，把价值形式看成一种完全无关紧要的东西或在商品本性之外存在的东西。这不仅仅因为价值量的分析把他们的注意力完全吸引住了。还有更深刻的原因。劳动产品的价值形式是资产阶级生产方式的最抽象的、但也是最一般的形式，这就使资产阶级生产方式成为一种特殊的社会生产类型，因而同时具有历史的特征。因此，如果把资产阶级生产方式误认为是社会生产的永恒的自然形式，那就必然会忽略价值形式的特殊性，从而忽略商品形式及其进一步发展——货币形式、资本形式等等的特殊性。”[41]

通过对斯密等劳动价值论学说的梳理，马克思确立了自己的劳动价值学说。虽然斯密不会用劳动价值论建立为无产阶级服务的经济伦理体系和伦理原则，但马克思会。他在《1857—1858 年经济学手稿》中，已敏锐地觉察到，在“价值”概念研究中，“有必要对唯心主义的叙述方式作一纠正，这种叙述方式造成一种假象，似乎探讨的只是一些概念规定和这些概念的辩证法”[42]。因此，马克思在价值理论研究中，首先从价格的现象形态中揭示出价值的本质，从交换价值的外在形态中揭示出价值的内容；并在阐明价值是交换价值的物质承担者的基础上，明确了使用价值和价值都是商品这一物质存在和社会产物的两个因素。在《政治经济学批判》（第 1 分册）中，马克思进一步指出：“生产交换价值的是抽象一般的和相同的劳动，而生产使用价值的劳动是具体的和特殊的劳动。”[43]最后，在《资本论》第 1 卷中，马克思系统地阐述了劳动二重性学说。马克思十分珍重自己的这一理论创见，他认为，“商品中包含的劳动的这种二重性，是首先由我批判地证明了的。”[44]而且，还是他政治经济学理论中“最好的地方”[45]。由于劳动二重性理论的提出，使“劳动创造价值”这一古老命题从此有了崭新的含义。劳动二重性成了理解政治经济伦理关系的枢纽，成了马克思剖析资本主义经济关系的最重要的理论武器之一。

马克思对于劳动价值理论的继承，还表现在提出了“商品拜物教”的理论。马克思在劳动价值论的基础上，对“商品拜物教”的性质和实质，作了深入的阐释。在《1857—1858 年经济学手稿》中，马克思指出了“商品拜物教”产生的现实根源和理论根源：“经济学家们把人们的社会生产关系和受这些关系支配的物所获得的规定性看作物的自然属性，这种粗俗的唯物主义是一种同样粗俗的唯心主义，甚至是一种拜物教，它把社会生产关系作为物的内在规定归之于物，从而使物神秘化。”[46]然而，在资本主义商品经济中，商品拜物教取得了它的最高形式一资本拜物教。马克思在《政治经济学批判》（第 1 分册）考察了货币拜物教之后，在《1861—1863 年经济学手稿》中，就进一步指出了资本拜物教的实质。马克思认为，在资本主义经济中，“社会劳动的生产力和社会劳动的特殊形式，表现为资本的生产力和形式，即对象化劳动的，物的劳动条件（它们作为这种独立的要素，人格化为资本家，同活劳动相对立）的生产力和形式。这里，我们又遇到关系的颠倒，我们在考察货币时，已经把这种关系颠倒的表现称为拜物教。”[47]马克思的商品拜物教理论彻底克服了资产阶级古典经济学价值理论中非社会性和非历史性的致命弱点，揭示价值的社会性和历史性。马克思对商品拜物教、货币拜物教和资本拜物教转化序列的分析，揭示了资本和雇佣劳动之间的物化的外在化关系的实质，表明“资本不是物，而是一定的、社会的、属于一定历史社会形态的生产关系，后者体现在一个物上，并赋予这个物以独特的社会性质”[48]。

其三，斯密对资本主义社会阶级关系进行了经济分析，提出了符合资产阶级利益和伦理要求的效率原则、分配原则和秩序原则，马克思曾指出：“无论是发现现代社会中有阶级存在或发现各阶级间的斗争，都不是我的功劳。在我以前很久，资产阶级历史编纂学家就已经叙述过阶级斗争的历史发展，资产阶级经济学家也已经对各个阶级作过经济上的分析。”[49]这里指的就是英国古典经济学家。斯密第一次比较正确地描述了资本主义社会的阶级结构，他认为一国土地和劳动的全部年产物的价值，分解为土地地租、劳动工资和资本利润三部分，与此相适应，以地租收入为生的地主、以工资收入为生的工人，以利润为生的资本家，构成资本主义社会三个主要基本阶级。这里斯密第一次把资本家作为一个独立的社会阶级提了出来，并在一定程度上看到了资本家和工人在经济利益上的对立，他说，“哪里有巨大的财富，哪里就有巨大的不平等。有一个巨富的人，同时至少必有500个穷人，少数人的富裕，必定是以多数人的贫穷为前提。”[50]这种对私有制的质疑反映了斯密立场的某种断裂，同时它体现了斯密对阶级理论的一个重要贡献。

马克思遵循了斯密的这条研究路径，通过阶级分析法，展露和预示了不同阶级的经济伦理原则、规范和在不同社会制度中的作用，同时，马克思也指出斯密对阶级关系进行经济学分析的不彻底性，虚伪性。斯密更迫切的是想要为资本主义剥削制度进行辩护。“现在问题不再是这个或那个原理是否正确，而是它对资本有利还是有害，方便还是不方便，违背警章还是不违背警章。无私的研究让位于豢养的文丐的争斗，不偏不倚的科学探讨让位于辩护士的坏心恶意。”[51]马克思揭示斯密经济伦理思想终究是为统治者的利益服务。它的自由竞争、自由放任的伦理信条造成的后果就是社会两极分化。

【注释】

[1][28][39][50][美]斯皮格尔．经济思想的成长[M]．晏智杰等，译．北京：中国社会科学出版社，1999：191、222、179、204.

[2][德]库萨的尼古拉．论有学识的无知[M]．尹大贻等，译．北京：商务印书馆，1988：115.

[3][4][31][英]洛克．政府论（下篇）[M]．叶启芳等，译．北京：商务印书馆，1981：36、16、6.

[5][美]黄仁宇．资本主义与二十一世纪[M]．北京：三联书店，1997：194.

[6][7][8][法]魁奈．魁奈经济著作选集[M]．吴斐丹等，译．北京：商务印书馆，1980：393、332、333.

[9][英]哈耶克．不幸的观念[M]．刘戟锋等，译．北京：东方出版社，1991：127.

[10][11][德]韦伯．新教伦理与资本主义精神[M]．于晓等，译．北京：三联书店，1987：53、138.

[12] Mandeville, *The Fable of the Bees, or Private Vices, Public Benefits*. Liberty classics , 1988 , Vol. l. 333.

[13]朱光潜．西方美学史[M]．北京：人民出版社，1979：239.

[14][15][16][26][英]亚当·斯密．道德情操论[M]．蒋自强等，译．北京：商务印书馆，1997：5、7、7、231-232.

[17][21][22][英]亚当·斯密．国民财富的性质和原因的研究（上卷）[M]．郭大力等，译．北京：商务印书馆，1972：14、13-14、72.

[18][20][27][29][30][32][33][34][英]亚当·斯密．国民财富的性质和原因的研究（下卷）[M]．郭大力等，译．北京：商务印书馆，1974：25、227、27、253、153、252-253、199、27.

[19][印]阿马蒂亚·森．伦理学与经济学[M]．王宇等，译．北京：商务印书馆，2014：29-30.

[23][美]海尔·布罗纳．几位著名经济思想家的生平、时代和思想[M]．蔡受百等，译．北京：商务印书馆，1994：51.

[24][美]萨缪尔森．经济学[M]．高鸿业等，译．北京：中国发展出版社，1992：1273-1274.

[25] 乔洪武．探寻近代西方正义思想的原点——亚当·斯密正义观的真与谬 [J]．天津社会科学，2013 (2)：84.

[35] 马克思恩格斯全集（第 34 卷） [M]．北京：人民出版社，2008：182.

[36] 杨春学．经济人与社会秩序分析 [M]．上海：三联书店，1998：104.

[37] 马克思恩格斯选集（第 2 卷） [M]．北京：人民出版社，2012：683.

[38] [英] 威廉·配第．赋税论 献给英明之士 货币略论 [M]．陈冬野等，译．北京：商务印书馆，1963：66.

[40] [43] [46] 马克思恩格斯全集（第 31 卷）[M]．北京：人民出版社，1998：452、428、85.

[41] [44] [51] 马克思恩格斯全集（第 44 卷）[M]．北京：人民出版社，2001：98-99、54-55、17.

[42] 马克思恩格斯全集（第 30 卷） [M]．北京：人民出版社，1995：101.

[45] 马克思恩格斯文集（第 10 卷） [M]．北京：人民出版社，2009：268.

[47] 马克思恩格斯文集（第 8 卷） [M]．北京：人民出版社，2009：392.

[48] 马克思恩格斯全集（第 46 卷） [M]．北京：人民出版社，2003：922.

[49] 马克思恩格斯选集（第 4 卷） [M]．北京：人民出版社，2012：425-426.

（余达淮，原作发表于《阜阳职业技术学院学报》2015 年第 1 期）

试析马克思关于未来社会所有制及其伦理关系的思想

一、马克思关于未来社会所有制的理论

马克思关于未来社会所有制的理论，有两个直接的思想起点，一是对资本主义私有制的批判，他在刚刚涉足政治经济学的研究时，受恩格斯《国民经济学批判大纲》以及蒲鲁东《什么是所有权》的启发，把“私有制”列为批判资本主义经济关系的起始范畴。[1]他在《1844 年经济学—哲学手稿》第三手稿对私有制和共产主义的联系的研究中，指出“共产主义是私有财产即人的自我异化的积极的扬弃。”[2]二是通过对黑格尔、费尔巴哈等人历史观的研究、批判，使马克思确立了唯物史观，在对人类发展的社会进化的思想倾向中，马克思认为：“资本主义的私有制，是对个人的，以自己劳动为基础的私有制的第一个否定。但资本主义生产由于自然过程的必然性，造成了对自身的否定。这是否定的否定。”[3]

还在《德意志意识形态》中，马克思就确立了所有制研究的思路，马克思说：“分工发展的各个不同阶段，同时也就是所有制的各种不同形式。这就是说，分工的每一个阶段还决定个人与劳动材料、劳动工具和劳动产品的相互关系。”[4]分工作为社会生产力发展的结果，直接决定了各种所有制形式的性质及其演化关系。在 1847 年出版的《哲学的贫困》中，马克思在对资本主义私有制的批判中已经认识到，资本主义的所有权关系必须由资本主义生产的全部社会关系来描述。在此基础上，马克思在《<共产党宣言>草稿的一页》中指出：“共产党人不提出任何新的私有制理论。他们只是肯定这样一个历史事实：//生产资料//资产阶级生产关系，从而资产阶级所有制关系，不再//适应//社会生产力的//最发达的社会……//发展，因此不再//适应工业本身的发展//……”[5]这里马克思已经把变革私有制当作发达社会的一个基本问题。

在《1848年至1850年的法兰西阶级斗争》一书中马克思明确指出："劳动权就是支配资本的权力，支配资本的权力就是占有生产资料，使生产资料受联合起来的工人阶级支配也就是消灭雇佣劳动、资本及其相互间的关系。"[6]后来，恩格斯高度评价了马克思这一结论，认为马克思"在这里第一次提出了世界各国工人政党都一致用以概述自己的经济改造要求的公式，即：生产资料归社会占有"，从而"第一次表述了一个使现代工人社会主义既与形形色色封建、资产阶级、小资产阶级等等的社会主义截然不同，又与空想和自发的工人共产主义所提出的模糊的'财产公有'截然不同的原理。"[7]

在《1857—1858年经济学手稿》《1861—1863年经济学手稿》和1863年以《资本论》为名的手稿中，马克思通过对资本主义经济关系和无产阶级革命实践的分析、研究，真正建立了他的较成熟的未来共产主义社会所有制理论。马克思对这一理论的探讨主要包括三个方面[8]：

第一，对资本主义私有制向共产主义公有制过渡的历史必然性的探讨。他认为，随着社会生产力的巨大发展，资本主义经济中"个别人占有生产条件不仅表现为一种不必要的事情，而且表现为和这种大规模生产不相容的事情。"[9]资本主义生产方式发展中的这一"对立形式"，必然导致"社会的占有而不是作为各个私人的个人占有这些生产资料"的结果，从而"资本主义所有制只是生产资料的这种公有制的对立的表现，即单个人对生产条件的所有制（从而对产品的所有制，因为产品不断转化为生产条件）遭到否定的对立的表现。"[10]

第二，对未来社会公有制形式本质规定的探讨。他认为，构成未来社会所有制基础的是"共同占有和共同控制生产资料"，"共同的社会生产能力"成为"社会财富"，[11]占有和控制这些生产资料的主体则是"社会化的工人"，即"生产条件属于社会化的工人，工人作为社会化的工人进行生产，并把他们自己的生产作为社会化的生产从属于自己。"[12]

第三，对公有制在未来社会生产关系中的重要地位的探讨。他认为，生产资料公有制是未来社会经济关系的"基础"。在这一基础上，社会生产过程发生了本质的变化，不仅"劳动时间在不同生产部门之间有计划的分配"成为"首要的经济规律"，而且社会生产也成了"符合社会全部需要的生产"；同时，劳动者单个人的劳动也一开始就成了社会劳动，建立起"某种以单个人参与同共同消费为结果的劳动组织"；[13]最后，人再生产出自己个人的需要、才能、享用的普遍发展，人对自然力的统治的充分发展、人的创造天赋的绝对发挥等等，都成为以公有制为基础的社会生产发展的目的。在马克思看来，生产资料公有制不仅是未来社会经济关系的基础，而且也是整个社会发展的最重要的经济基础。

在《资本论》第一版及其各种修订版本中，马克思对未来社会所有制的性质作了更细致的考察，马克思说，资本主义“本身已经创造出一种新的经济制度的因素，它同时给社会劳动生产力和一切个体生产者的全面发展以极大的推动：实际上已经以一种集体生产为基础的资本主义所有制只能转变为社会的所有制。”[14]在表述上，马克思进一步明确了未来社会所有制的目标是“重新建立劳动者的个人所有制”。马克思说：“不是重建劳动者的私有制，而是在资本主义时代的成就的基础上，在协作和共同占有包括土地在内的一切生产资料的基础上，重新建立劳动者的个人所有制。”[15]所有制作为深层次的生产关系，指的是在直接生产过程中围绕着生产的物质要素和生产资源的归属、占有、支配、配置和劳动的技术组织形式（如分工）等问题所发生的人与人的关系。它不是简单的或表现为纯粹理念运动的人与人的关系。“不能还原为任何人类学意义上的主体间的关系”。[16]在马克思看来，所有制的主体可以是劳动者，可以是非劳动者或表现为资本人格化的资本家，可以是个人，也可以是集体、国家乃至整个社会。1872年，马克思在转交给第一国际曼彻斯特支部讨论会的论文《论土地国有化》中曾指出：“生产资料的全国性的集中将成为由自由平等的生产者的各联合体所构成的社会的全国性的基础，这些生产者将按照共同的合理的计划进行社会劳动。”[17]这里把国家当作所有制主体。这种想法在《哥达纲领批判》中也有表露。但是在更多的论述中，马克思认为，未来社会的所有制的主体是“自由人联合体”。正是这种主体，才能和谐对应于“个人所有制”。

目前国内理论界对“个人所有制”的理解分歧很大[18]，应当说，这与马克思手稿文本语义的模糊性有一定关系。但是我认为将“个人所有制”与它的主体形式即自由人联合体结合起来理解是正确的思路。马克思曾欣赏原始所有制下的个人所有制，他认为这种个人所有制比之后来的各类所有制形式要“崇高得多”。所以他提出重新建立个人所有制。尽管未来社会的所有制可以有无产阶级专政时期的过渡形式，因而与之相适应在生产方式的组织形式上可以采用国家所有制，但是在真正的共产主义社会，其生产方式的组织形式应该还是在社会公有名义下的个人所有制，国家形式只是个人所有制的过渡形式，而决不是相反。

二、“重建个人所有制”的伦理关系

马克思一再提出的自由人联合体，其伦理关系的实质就是，“在那里，每一个人的自由发展是一切人的自由发展的条件。”[19]

马克思所设想的未来（他认为并不遥远），也就是社会主义和共产主义，在那个时候，自由和联合，构成人们相互关系的两个基本原则。自由作为个体欲望和意志，它是人类伦理理想的真正体现，马克思多次强调过达到这种自由境界的前提，即社会物质资料的丰富性，社会制度供给的合理性（表现为私有制的废除）以及消灭分工，消灭阶级，消灭国家等等。另一方面，人的自由，是个人与集体关系的体现。生命和意志，思想和行为，都是通过社会来进行的，实现未来社会的组织生产，还不能脱离联合的伦理约束，同时，联合也不仅仅是一种约束，它是在更高层次上人类潜能的解放。

自由人联合体是马克思根据对资本主义所有制的批判而得出的伦理关系的新设想。这个设想，是从个体的自由发展出发的，但其重点，并不是论证个体如何去追求自由，而是探讨如何为所有的个体都能提供必要的物质及社会关系方面的自由发展的伦理条件。第二国际的马克思主义者鲍威尔理解了马克思这一思想的精髓，他说，“对自由的渴望会引导工人作为成熟而富于个性的个人走向真正的社会主义，这一点构成了社会主义的伦理基础。”[20]

那么，如何理解自由人联合体的伦理内涵呢？

首先，它明确了未来社会伦理关系的目的性，即争取人类解放和自由、全面发展。以人的自由发展为目的，而不是以资本增值为目的。这似乎只是词句上的差别，却有重要的意义，它涉及了社会生活的各个方面，并制约着集体和个体的发展。从经济到政治、到文化，都贯彻这个目的，由此而更充分地实现人的价值。

第二，自由人联合体作为未来社会所有制的主体，它所包含的个人与个人或个人与集体的伦理关系与资本主义所有制的伦理关系有着根本性质不同。在社会主义社会，劳动者既是文明的主体，也是文明和社会发展的目的，而在资本主义社会，劳动者作为与资本家主体对立的另一主体，却是资本主义资源配置的对象，资本才是目的，因而主体与主体之间，主体与目的之间相分裂。

第三，未来社会的伦理关系体现了人与人之间真正的平等，它是建立在不平等的素质、能力之上的最根本的平等，是政治权利、经济权利的全面平等。正如曼德尔所言："在一个无阶级的社会里，广大生产者支配他们自己的劳动。在设计者、管理者与直接生产者之间没有分裂。劳动的社会分工消亡了：'这样，全面发展的个人，他们的社会关系，作为他们自己共同的（gemeinschaftlich）关系，从属于他们自己共同的控制之下。'"[21]

第四，未来社会的伦理关系体现了社会个体思想和意志自由。思想和意志自由，是人类的基本权利，也是自由的基本规定。对思想自由的限制，源于少部分人的私利，只有靠暴力和财产的私有权来统治社会的人，才限制别人的思想自由。而对思想自由的限制，也就是对人的创造性的限制，是对文明的阻碍。社会主义作为自由人的联合体，个体的思想自由并不损害他人的利益，自由人联合体没有任何理由限制个体思想的自由，它只有一个义务，就是保证个人意志的充分发挥。

第五，未来社会的伦理关系与自然的融合统一，在自由时间的层次上展开。马克思认为，未来社会人的自由体现在自由时间的享用，人的自由时间越充裕，社会文明的程度越高。那时劳动成了人们真正的享受，人的本质力量体现在与自然的完全融合当中，人们伦理关系体现着人性自身的复归。

没有理由认为进行了《资本论》研究的马克思抛弃了他青年时代的人本主义思想，无论是经济学的视角还是哲学人类学的视角，无论是经济学的名词还是哲学的名词，马克思的思想都蕴含着道德关怀，这种道德关怀就是"社会责任感"和"对自由的热爱"。[22]虽然阿尔都塞说："把《资本论》归结为伦理学的构想是一种儿戏"[23]不失睿智，但从《资本论》中如果发现不了蕴藏的经济伦理思想，则是真真切切失去了睿智。

"重建个人所有制"除了主体方面的伦理关系特征外，它在主体与客体（包括生产资料、劳动力和它的表现——劳动、产品分配形式、劳动技术组织形式等）的联系上也表现出与资本伦理关系不同的特征。

资本主义伦理关系的不平等是由于在资本主义生产关系中资本对劳动的占有，资本主义所有制在否定以前各种公社所有制的个人所有制时，将劳动者个人所有这一条也否定了，从而使劳动力个人所有在资本主义所有制下徒具形式。当工人将劳动力出卖给资本家后，虽然劳动力通过协作的社会化大生产方式参与到资本主义生产当中，但此时作为主体的劳动者实际上相当于资本购买的物一样被资本本身配置和占有，劳动者不能分享自己的劳动产品，他的生存状态处于异化之中。而重建的劳动者个人所有制，其生产资料为自由人联合体共同所有，劳动者是自己劳动的主人，是自己劳动产品的所有者，他有条件超越公有制的个人的有限的圆满，也有条件超越资本主义的个人的片面的畸形的发展，从而实现人的全面发展。在未来所有制下，人的伦理关系将表现为优悠于物的超越性，摆脱交换关系的自由性，以劳动为享受的创造性，以自由时间换取生存空间和交往空间的生活丰富性。

三、社会主义分配形式中的伦理关系

在马克思看来，历史上一定生产和交换的方式是人们产品分配形式的前提，马克思曾指出："个人以雇佣劳动的形式参与生产，就以工资形式参与产品、生产成果的分配。分配的结构完全决定于生产的结构。"[24]马克思从这一论述中还引申道，分配形式的变化，将引起伦理关系的变化，分配形式的不平等，也将造成阶级间的伦理关系紧张甚至阶级斗争。

马克思是在道德意识的不同层次上论述社会的分配形式的，还在写作《德意志意识形态》时，出于对未来社会的朦胧设想，马克思就反对一些空想社会主义者按劳动或者按能力分配收入的观点，他写道："按能力计报酬，这个以我们目前的制度为基础的不正确的原理应当——因为这个原理是仅就狭义的消费而言——变为'按需分配'这样一个原理，换句话说：活动上，劳动上的差别不会引起在占有和消费方面的任何不平等，任何特权。"[25]在马克思看来，未来社会由于物质资料的极大丰富，可以满足人们的任何需要，因而社会的伦理关系表征应该是平等，而非特权和奴役。这种"按需分配"的思想其实是与像卡贝、德萨米、布朗等另一些空想社会主义者一致的。例如卡贝写道：共产主义社会"对一切人都适用同样的原则：人人都有义务按自己能力每天从事同等小时的劳动；又有权根据自己的需要从各种产品中领取平等的份额。"[26]367德萨米亦如是说，在未来社会，每个人都"本着自己的能力、知识、需要和个人才能参加共同劳动，并同样按着自己的全部需要来享用社会产品。"[27]布朗则把共产主义社会的分配原则归结为一句话："尽他的能力生产，依他的需要消费。"[28]

与这些空想社会主义者不同的是，马克思并不认为渗透在"按需分配"当中的伦理基础是平等和公平，相反，未来共产主义"按需分配"的原则，恰恰体现了人与人之间某种不平等和不公平，但是这种不平等和不公平又是建立在"自由人联合体"的社会主体的自觉意识之上的。

马克思在《资本论》第一卷德文第一版中，写道："用公共的生产资料进行劳动，并且自觉地把他们许多个人劳动当作一个社会劳动力使用。"[29]没有这种自觉意识，"个人所有制"无法凝聚强大的社会生产力，人与人之间的伦理关系也就不能超越简单公平关系，就可能纠缠于利益的个人所得上，而不享有那种"随每个人自己的心意，今天干这事，明天干那事。上午打猎，下午捕鱼，傍晚从事畜牧，晚饭后从事批判"[30]的生活方式。

1875年，马克思在《哥达纲领批判》中又一次在此层次上论述"按需分配"的思想，他说："在共产主义社会高级阶段上，在迫使人们奴隶般地服从分工的情形已经消失，从而脑力劳动和体力劳动的对立也随之消失之后，在劳动已经不仅仅是谋生的手段，而且本身成了生活的第一需要之后，在随着个人的全面发展生产力也增长起来，而集体财富的一切源泉都充分涌流之后，——只有在那个时候，才能完全超出资产阶级法权的狭隘眼界，社会才能在自己的旗帜上写上：各尽所能，按需分配。"[31]可见，按需分配的原则是与共产主义高级阶段相适应，同时与一般的资产阶级法权观点相区别的。

在马克思看来，不同阶段具有不同的分配形式，而不同的分配形式所制约的社会伦理关系也不尽相同。马克思在《哥达纲领批判》中实际上把共产主义社会分成了两个阶段，即资本主义社会到共产主义社会的过渡阶段和共产主义阶段，而共产主义阶段又可分为第一阶段（即列宁后来所说的社会主义阶段）和高级阶段。如果说"按需分配"是共产主义最高阶段的分配形式，那么过渡阶段以及共产主义第一阶段的分配形式又是什么呢？

答案是"按劳分配"。

马克思并没有使用过"按劳分配"这一专门用语，随着社会主义运动的深入，马克思重新开始重视一些社会主义者按劳动或按能力分配收入的观点。

马克思认为，由于社会主义是从资本主义社会中产生出来的。"因此它在各方面，在经济、道德和精神方面都还带着它脱胎出来的旧社会的痕迹。"[32]这种痕迹表现在尽管它已是"一个集体的、以生产资料公有制为基础的社会，"[33]但是，旧的分工仍然存在，生产者的劳动还仅仅是谋生的手段，还没有成为生活的第一需要，同时社会的财富也没有达到极大丰富的程度，这些经济条件决定了社会主义按劳分配原则存在的必然性。

所谓按劳分配，并不是拉萨尔式的“不折不扣的劳动所得”，而是在社会主义公有制基础上，为社会公益作了必要的扣除后，“以一种形式给予社会的劳动量，又以另一种形式领回来”[34]的分配形式，马克思认为，劳动时间是实行按劳分配的直接尺度，在这个意义上，按劳分配还体现着资产阶级的法权，因为劳动时间作为一种平等的尺度是抽象于主体的基本状况的，马克思说，“这种平等的权利对不同等的劳动来说是不平等的权利。它不承认任何阶级差别，因为每个人都像其他人一样只是劳动者，但是它默认不同等的个人天赋，因而也就默认不同等的工作能力是天然特权。所以就它的内容来讲，它像一切权利一样是一种不平等的权利。”[35]

马克思实际想要表达的意思是因为权利的本性是同一尺度，所以按劳分配只是徒具形式上的平等和公正。然而，虽然它从某种意义上讲又是不平等的，含有资本阶级法权意味的，但是在社会主义的现实条件下它又是合理的，必要的。在物质生产资料水平远没有到极大丰富的阶段，分配的形式只能把劳动者看作是一个抽象的主体，这是平等的基础。马克思不无遗憾地谈道：“把他们只当作劳动者；再不把他们看作别的什么，把其他一切都撇开了。其次，一个劳动者已经结婚，另一个则没有；一个劳动者的子女较多，另一个的子女较少，如此等等。在劳动成果相同、从而由社会消费品中分得的份额相同的条件下，某一个人事实上所得到的比另一个多些，也就比另一个人富些，如此等等。要避免所有这些弊病，权利就不应当是平等的，而应当是不平等的。”[36]这种遗憾只能在共产主义的高级阶段解决了。

那么，按劳分配的形式也就决定了社会主义阶段人们之间伦理关系的基本状况，社会主义人与人之间的平等是劳动的平等，并非结果的平等。人们之间的伦理关系是兄弟般的友爱和互助关系，而非奴隶关系。但是，由于个人的差别性，也将导致彼此伦理关系的矛盾和冲突。这种矛盾表现为个人与个人之间利益的差别以及社会与个人之间利益的差别问题。

【注释】

[1][2][5]马克思恩格斯全集（第42卷）[M]．北京：人民出版社，1979：3、102、385.

[3]马克思恩格斯全集（第23卷）[M]．北京：人民出版社，1972：832.

［4］［6］［18］马克思恩格斯选集（第1卷）［M］．北京：人民出版社，1995：68、409、294.

［7］马克思恩格斯全集（第22卷）［M］．北京：人民出版社，1965：594.

［8］吴易风，顾海良，张雷声，等．马克思主义经济理论的形成和发展［M］．北京：中国人民大学出版社，1998：386-387.

［9］［10］马克思恩格斯全集（第48卷）［M］．北京：人民出版社，1985：21、21.

［11］［13］［24］马克思恩格斯全集（第46卷·上）［M］．北京：人民出版社，1979：104、119、32.

［12］马克思恩格斯全集（第26卷）［M］．北京：人民出版社，1972：583.

［14］［29］马克思．资本论（第1卷）（据德文第1版翻译）［M］．北京：经济科学出版社，1987：731.

［15］马克思．资本论（法文版）第1卷［M］．北京：人民出版社，1983：209、15.

［16］［19］［23］［法］路易·阿尔都塞，［法］艾蒂安·巴里巴尔．读《资本论》［M］．北京：中央编译出版社，2001：209、209、159.

［17］马克思恩格斯选集（第3卷）［M］．北京：人民出版社，1995：130.

［18］许崇正．伦理经济学再论——经济选择与人的发展［M］．北京：中国财政经济出版社，2001：56-57.

［20］［奥地利］鲍威尔．布尔什维主义还是社会民主主义？［M］．上海：三联书店，1978：105.

［21］［比利时］厄内斯特·曼德尔．权力与货币［M］．北京：中央编译出版社，2002：103.

［22］［英］波普尔．开放社会及其敌人（第2卷）［M］．北京：中国社会科学出版社，1999：323.

［25］［29］马克思恩格斯全集（第3卷）［M］．北京：人民出版社，1960：637-638、37.

［26］［法］卡贝．伊加利亚旅行记（第2、3卷）［M］．北京：商务印书馆，1978：367.

［27］［法］德萨米．公有法典［M］．上海：三联书店，1958：10.

［28］［法］哈里·雷岱尔．社会主义思想史［M］．上海：黎明书

局，1934：352.

［30］马克思恩格斯文集（第1卷）［M］．北京：人民出版社，2009：537.

［31］［32］［33］［34］［35］［36］马克思．哥达纲领批判［M］．北京：人民出版社，1965：14、12、12、13、13-14、14.

（余达淮，原作发表于《探索》2002年第6期）

当代西方经济伦理思想的矛盾冲突与特点分析

一

可以说，在关于经济人的理论中，功利主义思想包括了自由、平等、效率和自由放任的思想，这是近代西方经济伦理思想的主要遗产。而当代西方的经济伦理思想又主要是在上述思想的社会实际运用过程的矛盾冲突中发展和衍变的。具体地说，在当代西方经济伦理思想中，表现出以下突出的矛盾。

1. 经济人假设的立论基础——“利己”与“利他”“个人主义”和“整体主义”的矛盾

经济人假设的历史背景是资本主义市场经济文明的出现。这一假设首先肯定了两个伦理前提：一是资本主义制度的合理性、正义性，因而肯定人们遵守这一制度是所谓理性的表现。二是追求自身利益最大化的合理性、正义性，因而肯定人们在道义上追求自身满足的天性。

在古典经济学那里，“经济人”假设下的“利己”准则与“利他”，个体效用最大化与社会整体效用最大化是统一的。到了20世纪，人们开始对经济人出于自私的利益最大化追求问题提出质疑。反对者认为，追求最大利润这一假定既不符合实际，也不可能实现。1947年，西蒙在《管理行为》中对经济人的假设提出更强烈的批评，他认为，与其说经济人的自私出发点和理性规定是人们真实行为的写照，还不如说它只是“具有很大的智慧和美学魅力”[1]的形而上玄想。

自从20世纪70年代琼·罗宾逊宣布“第二次经济学危机”以来，在重建经济学基础的争论中，经济人的立论问题又引起人们的关注。保罗·斯诺维克（Paul Slovic）和萨拉·利切坦斯泰因（Sarah Lichtenstenion），通过“偏好颠倒”（preference reversals）企图证明即使在最简单的人类行为中，也不存在任何最优原则。尼尔森和温特提出了有限理性的概念，阿马蒂亚·森则在80年代指出，如果重新考察亚当·斯密讲述的屠夫和面包师的故事，就发现古典经济学从未单独把自利作为经济人的立论假设，他说："亚当·斯密恰恰明确地站到了另外一边，他并没有满足于把经济拯救建立在某种单一的动机之上。"[2]

由经济人的争论还衍生了制度经济学关于人们接受经济伦理规范的个人主义或整体主义的方法论基础的争论。所谓方法论个人主义，是指人类个体行为是社会行为的前提和出发点，所有社会或集体现象，诸如制度，都有待内生制度和制度变迁。与此相对照，整体主义关注对个人行为发生的社会影响。个人被看成社会化的人，已经将自己身处其中的社会规范和价值内生化。整体主义者集中考察社会"力量"（制度、社会惯例）如何制约个人行为。方法论个人主义与整体主义的主要区别在于，前者将个人行为摆在第一位，而后者认为社会或制度整体高于一切。

尽管波普尔通常被看作是个人主义者，尽管他对整体主义的其他方面也有批评，但他仍指出，"社会群体大于其成员的单纯加总，也大于其任何成员任何时刻存在的诸多个人关系的简单总和……成员的个性可能对群体的历史和结构产生很大的影响，但这并不妨碍群体有它自己的历史和结构。也不妨碍该群体对其成员的个性产生强烈影响。"[3]这种方法论个人主义与整体主义的争论是十分激烈的，塔尔科特·帕森斯声称："个人主义者""要么根本不承认，要么从未公正对待过"下列事实，即经济行为发生"在一整套规则框架之内，不依赖于签约各方直接的个人动机"[3]。而海萨尼则反驳道，帕森斯的立场意味着"放弃根据个人目标和社会个体成员的利益来解释这些社会规范自身存在的任何可能"[3]。当然，这种方法论的个体主义与整体主义的区别也不是绝对的，布坎南曾说："在作为一种推导出社会组织原则的方法的个体主义与作为这种组织的一个描述性特征的集体主义之间，不存在任何逻辑上的不一致。……给定一些有关人类行为模式的基础性假设，以及一种特定的道德伦理立场，即可以根据个人选择的计算而将集体主义的政治经济秩序理性化。"[4]

2. 功利主义与非功利主义的诸正义形式伦理的矛盾

功利主义是经济学说史中最重要的伦理基础。熊彼特曾指出："首先，它是一种人生哲学，展示了有关'最终价值'的图式。……功利主义，特别是边沁的功利主义，是某种新东西，与旧体系是根本对立的。

……其次，功利主义是一种具有强烈法律倾向的体系。……在这一原则中，平均主义要素与幸福要素同样重要。”[5] 在熊彼特那里，功利主义受到了批判。他说，“第一，功利主义的假设对于解释经济史，对于解释经济的推动力毫无价值。第二，功利主义的假设对于解释所有涉及实际动机的问题，例如对于解释遗产的经济影响问题，要比没有价值更糟糕。第三，功利主义的假设实际上只对经济理论的一部分即通常所谓的‘福利经济学’具有根本性的意义，……第四，在最狭义的经济理论领域内，功利主义的假设不仅是多余的，而且是有害的。”[5] 熊彼特对功利主义的批评并非是全盘否定福利主义的经济伦理观念，而是认为这种功利主义过于工具理性化，并没有明确指明一种社会形态的合理的经济伦理理想。

功利主义最显著的特征之一表现为集合理论。为了使总体行为正确，不同的个人利益必须以产生全体人员的最大幸福或满意为目标而叠加到一起。功利主义者时常指出这一点作为其理论优越性的一方面。它所运用的是一种实践合理性的简单模式，由于这种模式是我们在个人层次上自然而然地接受的，所以可以恰当地转换到社会层次上来使用。

但是，批评者认为这种推论是荒谬的。罗伯特·诺齐克指出，“因为并不存在为它自己的利益而愿承担某种牺牲的有自身利益的社会实体。只有个别的人存在，只有各不同的有他们自己的个人生命的个人存在。”[6] 如果一个人决定牺牲某些自己的利益，那是因为他能够从中受益，因此这种牺牲可以被证明是合理的。然而，在功利计算中被弃之不顾的个人的利益只是一种牺牲，牺牲者往往得不到任何补偿。“人类”或“社会”并不是做这种决定的单一行为者，不是牺牲或受益的承受者。这样决定的结果只是一些人受损而另一些人受益。用罗尔斯的话来说，“功利主义观点的突出特征是：它直接地涉及一个人怎样在不同的时间里分配他的满足，但除此之外，就不再关心（除了间接的）满足的总量怎样在个人之间进行分配。”[7] 以罗尔斯一贯的观点，他认为功利主义无法最大限度地弥补社会个人由正义原则导致的差别，功利主义的最大幸福论既损害了社会正义的本质，又损害了个人的利益。

从功利主义与非功利主义的矛盾冲突中，还衍生了对福利经济伦理观点的批判。福利主义经济学并非没有确立伦理的基本出发点，问题在于福利目的的伦理出发点，反而损害了与经济学的结合，并由此忽略了伦理学，影响了自身的发展[2]。

尽管福利主义思想受到抑制和批评，但它却还在顽强地发展和发生影响。其中帕累托学派的福利经济伦理思想在第二次世界大战后期取得了重要的地位[8]。然而，即便是在适合帕累托最优实现的条件下，这一支撑福利经济学的重要概念，也忽视了公平。因为这里不考虑收益在社会成员间的分配状态，更不涉及公平与效率间的相互作用。正是这种传统与公平目标之间发生着深刻的冲撞。

3. 自由放任与国家干预的矛盾

1926年，凯恩斯发表《自由放任主义的终结》一文，批判了古典经济学自由放任主义的哲学基础——“看不见的手”的理论。他在批评自由放任的经济伦理原则的同时，又提出了国家干预的新主张。他说，“在我看来，资本主义在高度有效的管理下，与我们目前为止所看到的任何别一制度比较，的确能够更加有效地实现经济目的；不过就这一制度本身看来，有许多方面是极端要不得的，是应当反对的。我们的问题是，如何努力设计出一个社会组织，与我们所满意的生活方式的观念既不致发生抵触，而效能则可以尽可能地提高。”[9] 除了凯恩斯之外，20世纪30年代的社会主义经济学家也津津乐道着这样的一种理性假设：即“由于私人市场经济呈现不完善的特性，所以从效率的意义上说，中央计划经济能够对资本主义做出改进。”[10]

尽管自凯恩斯以来，国家干预的思想已经深入人心，但是它却受到哈耶克、斯蒂格勒等人的强烈反驳。哈耶克提出，“中央计划者没有得到必不可少的信息。为有效地配置各种资源所需要的价格和成本信息，只有通过市场过程本身的运转才能获得。实际上，在奥地利学派‘市场过程’模型中，‘成本’是主观的东西：它不是用来生产某种商品的看得见的货币支出，而是被放弃的从同样的资源的其他可选择的使用中生产出的价值。但是很明显，在经济过程中，只有行为者才知道这种选择。竞争市场的具有决定意义的优点在于，在这样的市场上，每个人仅须意识到影响他个人的事情；而从个人行为中产生出来的‘制度’不带有任何个人的意图，这种市场制度是未经设计而产生的社会制度的典范。”[10]

信奉国家干预者的理由是，一切完美的经济秩序必定是设计的产物，是理性合理化的过程。哈耶克则反驳说：“如果我们想取得进步，我们就必须为不断改进我们的观念和理想留出空间。”[11] 进步是不能事先进行计划的（能够进行计划的信念，正是理性主义狂妄态度的极端事例），一个不断进步的社会，肯定也是一个建立在自发秩序上的自由社会。

4. 经济公正与政治公正的矛盾

人类社会是一个由各种各样的规范、制度和原则构成的契约组织。这些规范、制度和原则中包含了法律的、经济的、文化的和道德的要求，并以此为基础形成人类的传统、历史和发展。所谓公正，是指等利（害）交换的行为，公正一开始就是与人类的经济活动相关联的，是人们经济利益分配的基本要求，罗尔斯反复强调："社会正义原则的主要问题是社会的基本结构，是一种合作体系中的主要社会制度安排。我们知道，这些原则要在这些制度中掌管权利与义务的分派，决定社会生活中利益和负担的恰当分配。"[7]

经济学家往往就事论事，他们所言公正和平等，可以是一次经济活动中的交易价格和交易机会，或者是由此在统计上归纳出来的制度和规则。但是哲学家往往反驳道，把公正定义为等利（害）交换，岂不将公正局限于经济领域，因而定义过窄？公正作为人与人平等的一个原则，只有当他得到他应得的，或别人欠他的，或他有权利索要的东西时，才算公正。

关于经济公正与政治公正的矛盾冲突，可以从罗尔斯和诺齐克的理论中窥见一斑。根据罗尔斯的看法，"社会是一种对于相互利益的合作的冒险形式，它却不仅具有一种利益一致的典型特征，而且也具有一种利益冲突的典型特征。"[7] "不平等在任何社会的基本结构中都不可避免"[7]，问题在于明确这些不平等怎样才算是公正的，或是否能够做到公正。罗尔斯认为绝对的平均是对效率的极大损害。但是他处心积虑建立的公正原则，是想在一般经济公正的基础上设定一些特殊的或优先的或称之为差别原则的前提；罗尔斯认为虽然经济不平等不可避免，但是公正的不平等则可以做到。因此，只有当更有能力的人也让更不幸的人获益时，他们从这种能力中获益才是公正的。

诺齐克则对罗尔斯公正的不平等提出质疑，他认为："任何国家制定的外在的规范必然侵犯人们的道德权利，因此，本质上说是不道德的。"[7]他反对哪怕是最小国家（minimal state）实行富人对穷人的再分配，认为那样侵犯了个人的权利。他的论证可以称之为经济公正论（the theory of economic justice），也称之为"资格理论"（entitlement theory）[11]。诺齐克从维护自由的伦理原则出发，强烈反对罗尔斯的正义补偿的预设性伦理原则。与罗尔斯相比，诺齐克的观点，表现了对资本权利和效率的更多的维护。

二

如果说20世纪七八十年代，作为学科形式的经济伦理学在欧美诞生，它的研究范围基本界定在经济学意识到在经济行为的伦理、文化的观点消失之后，因市场失灵而带来的道德限度问题，那么，20世纪末和本世纪初，企业伦理的社会契约论的问题，经济主体的超规范和道德自由限度，全球化和普世伦理的可能性、现实性，生态伦理和经济可持续发展等问题，扩展了当代西方经济伦理思想的理论研究范围，使西方经济伦理思想的固有矛盾冲突得以在更宽泛的社会现实背景下展开。

总体来说，当代西方经济伦理思想在上述矛盾与冲突中体现了如下突出的特点：

首先，上述矛盾冲突更明显地体现在企业这个经济主体层次上。在经济主体问题上，西方经济学作了拓展研究，由对狭窄的人、集团、阶级的研究发展到企业的研究。就企业而言，经济伦理学指的是为商品和服务的生产、交换过程中的适当行为确立界线的原则。作为经济主体，企业的伦理特性可以从两个方面表现，一是在社会契约中显示的独立性和主体性；二是企业的道德自由空间的限度。这一经济主体的拓展不仅仅带来固有矛盾范围的变化，同时也带来相应的道德冲突问题。许多经济学家发现，要想出一种能够明确地解决企业的伦理两难问题的办法十分不易。

其次，当代西方经济伦理思想的矛盾冲突在更宽泛的背景下展开，常常与法律、政治、文化的冲突交织一处。最近几十年，西方探讨经济伦理思想的矛盾冲突往往在综合的背景下展开，如贝克尔对家庭、婚姻、性别歧视等问题的经济学分析，布坎南的立宪民主的经济学研究，制度经济学对经济学中的伦理规则的研究和方法论基础的研究，伦理学家对伦理法的研究，罗尔斯、诺齐克等人的政治伦理思想在经济活动中的拓展研究，西蒙、福山等人对文化因素、管理因素在经济伦理思想冲突中作用的研究等等。尤其是文化沟通与文化信任问题，日益成为跨国公司的经济伦理战略组成。企业家和学者们都认识到文化差别造成经济主体遵守信用以及其展示道德自由空间的方式上的差别，例如弗朗西斯·福山看出，一个社会中的信任水平与积聚资本和有效地发展技术之间存在一种关系。他论证说：

“由于不信任而造成分裂的社会，以阶级、种族、亲属或其他因素为基础，在采取新的组织形式时会遇到额外的障碍。”[12]值得一提的还有经济伦理思想与法律的相关影响的研究，正如法律对伦理行为和道德准则的进化有明显的影响一样，有关道德的态度也可能经常间接地、有时甚至直接地影响法律准则的进化。

第三，虽然当代西方经济伦理思想存在着这样那样的矛盾冲突，但仍运行着社会普遍遵循的经济伦理规范。值得关注的是，在这些普遍经济伦理规范之上，在经济政治全球化的视野之下，西方社会有一种强要发展中国家认同的超规范理论倾向。而这些超规范说白了，就是所谓跨越主权的人权思想以及可持续发展的思想等。比如说关于剥削，西方经济学家仍然回避或淡化马克思剩余价值理论的结论，他们对于贫困线和贫困度量的研究，只是用人的生命权、自由权等抽象概念做一些超规范的警示。再比如效率超规范，它被用来指导现代企业面对的诸如环境问题、知识产权问题以及贿赂问题等，其中最明显适用的一个是环境问题。历史上对环境关怀感觉迟钝的企业，被保罗·斯泰德尔迈耶称为“前生态经济主义”，其特征在于相信技术，以及认为在生态与经济增长之间存在无法解决的冲突。这种态度把生态放在第二位考虑，显然与效率超规范的含义不符。前生态经济主义认定的正是效率超规范正式驳斥的东西，即效率仅仅根据国内生产总值的高度来衡量。相反，效率超规范意味着，在我们把供不应求的自然资源的价值计入经济大方程之前，我们对社会效率的衡量都是不充分的[12]。换言之，效率不仅仅要置于公正及一定社会的经济发展和伦理规范的权衡之下，而且要在更宽泛的超规范的普世伦理及可持续发展的视野之下。

三

从马克思经济伦理思想的角度来分析，首先，西方当代经济伦理思想依然具有为资本主义制度和资产阶级经济利益辩护的基本特性，马克思对庸俗经济学的批判依然适用于当代西方经济学，马克思说：“庸俗经济学所做的事情，实际上不过是对于局限在资产阶级生产关系中的生产当事人的观念，教条式地加以解释、系统化和辩护。”[13]资产阶级企图用一种超越性的同一关系解释经济伦理关系，似乎已有的伦理关系已经天然合理了。马克思批判道，“堕落的最新经济学，……它企图证明，经济关系到处都表示同一些简单规定，因而到处都表示交换价值相交换的简单规定中的平等和自由。……这种归结法是把包含着发展的差别抛掉，使一切都归结为一种现实的经济关系，单从这点来说，它至少在形式上也是不科学的；何况它是时而抛掉这一方面，时而抛掉那一方面，以便时而从这一方面，时而从那一方面来制造同一性。”[14]

其次，当代西方经济伦理思想的方法论有着明显的形而上学倾向。马克思虽然认为，在商品经济中，买卖双方只顾自己，使他们连在一起并发生关系的唯一力量，是他们的利己心，是他们的私人利益；但是马克思反对经济人的假设。在他设想的未来社会所有制形式下，人们之间的经济生产活动根本不受这种利欲之心的驱使。无论是方法论的个人主义还是整体主义，制度经济学的一个理论基本点是，由约束、规范社会成员的行为活动和交往关系等组成的制度是社会变迁的根本原因，这与韦伯将资本主义宗教伦理精神看作是资本主义发展的根本动力一样，都有马克思经济伦理思想中反复批判的“头脚倒置”的嫌疑，与马克思社会存在决定社会意识的唯物史观有着根本不同。当代西方经济伦理思想往往认为马克思主义经济学不过是体现一种“历史主义”或“经济决定论”；但是，正如恩格斯所说：“根据唯物史观，历史过程中的决定性因素归根到底是现实生活的生产和再生产。无论马克思或我都从来没有肯定过比这更多的东西。如果有人在这里加以歪曲，说经济因素是唯一决定性的因素，那么他就是把这个命题变成毫无内容的、抽象的、荒诞无稽的空话。但是对历史斗争的进程发生影响并且在许多情况下主要是决定着这一斗争的形式的，还有上层建筑的各种因素：阶级斗争的各种政治形式和这个斗争的成果——由胜利了的阶级在获胜以后建立的宪法等等，各种法权形式以及所有这些实际斗争在参加者头脑中的反映，政治的、法律和哲学的理论，宗教的观点以及它们向教义体系的进一步发展。”[15]恩格斯的话告诉我们，任何一种新的经济形态和经济制度的产生及形成，不仅有经济发展本身的因素，政治的、法律的和哲学的理论、宗教观念以及道德文化传统等也是促成其变化的重要原因。

第三，当代西方经济伦理的终极关怀和理想，是资产阶级的自由、平等。李普森曾说：“这两个理想是我们的基本观念，其重要性凌驾于其他任何理想之上。将生气勃勃的精神注入我们的民主政治，使它具有独一无二的特征以及使它与其他制度不同的，主要就是这两种价值观。如果要将民主制度的特征以最简单的话来概括，可以这样说：民主制度就是尽可能使其人民同时获最多的自由和最多的平等的政治制度。”[16]

马克思经济伦理理想并未排斥自由、平等，但与资产阶级相比，前提是不同的。马克思的经济伦理理想是建立在“重建个人所有制”基础之上的人的全面发展，这是自由、平等的新的社会经济制度基础。不揭示自由、平等的阶级立场，其图景必然是迥异的。

【注释】

[1]［美］赫伯特·西蒙．管理行为［M］．杨砾等，译．北京：北京经济学院出版社，1988：18.

[2]［印度］阿马蒂亚·森．伦理学与经济学［M］．王宇等，译．北京：商务印书馆，2000：28、86.

[3]［美］马尔科姆·卢瑟福．经济学中的制度［M］．陈建波等，译．北京：中国社会科学出版社，1999：35.

[4]［美］詹姆斯·M. 布坎南，戈登·塔洛克．同意的计算——立宪民主的逻辑基础［M］．陈光金，译．北京：中国社会科学出版社，2000：348.

[5]［美］约瑟夫·熊彼特．经济分析史（第1卷）［M］．朱泱，译．北京：商务印书馆，1991：204-205、206-207.

[6]［美］诺齐克．无政府、国家和乌托邦［M］．何怀宏，译．北京：中国社会科学出版社，1991：41.

[7]［美］罗尔斯．正义论［M］．何怀宏，译．北京：中国社会科学出版社，1988：23、50、2、5、13.

[8]［荷］汉斯·范登·德尔，本·范·韦尔瑟芬．民主与福利经济学［M］．陈刚等，译．北京：中国社会科学出版社，1997：33-34.

[9]［英］凯恩斯．劝说集［M］．谢受百，译．北京：商务印书馆，1962：242.

[10]［英］J. R. 沙克尔顿，G. 洛克斯利编著．当代十二位经济学家［M］．陶海粟等，译．北京：商务印书馆，1992：101、102.

[11]［英］迈克尔·H. 莱斯诺夫．二十世纪政治哲学家［M］．冯克利，译．北京：商务印书馆，2001：200、339.

[12]［美］托马斯·唐纳森、托马斯·邓菲．有约束力的关系［M］．赵月瑟，译．上海：上海社会科学出版社，2001：171.

[13]马克思：资本论（第3卷）［M］．北京：人民出版社，1975：23.

[14]马克思恩格斯全集（第46卷·上）［M］．北京：人民出版

社，1975：202-203.

［15］马克思恩格斯全集（第 4 卷）［M］. 北京：人民出版社，1972：477.

［16］［美］李普森. 民主的基本原理［M］. //张文显. 二十世纪西方法哲学思潮研究. 北京：法律出版社，1996：522.

（余达淮，原作发表于《江苏社会科学》2002 年第 5 期）

道家思想对东亚经济的影响及其伦理价值

一、问题的提出

20世纪初，马克斯·韦伯在分析为什么近代的资本主义首先出现在西欧时，对比中西经济文化的差异，断言儒家文化是中国现代化的障碍。在《新教伦理与资本主义精神》中，韦伯研究的是，新教伦理与西方资本主义发展的精神动力之间的生成关系，而在《儒教与道教》中，则研究的是儒、道思想与东方资本主义发展的精神阻力的生成关系。他说："中国人没有优秀的清教徒的那种受宗教制约的、中心的、内在的、理性的生活方法论，对于清教徒来说，经济的成功并非终极目标与自我目的，而是考验的手段。"[1]到20世纪70年代，亚洲四小龙经济奇迹的出现以及中国改革开放后经济持续高速度增长，使不少学者重新认识儒家文化在经济发展中的作用，从而使韦伯主义的"障碍论"遇到了前所未有的挑战，不独中、韩、日学者，西方学者也开始对韦伯提出质疑。如德巴里提出"后儒家时代挑战"的理论，试图阐释东亚地区的经济奇迹与传统文化的相互作用。又如美国学者 Dvaid R. Schiller 在《论语、希腊哲学与现代文明》中认为，儒家思想有可能避免制度的理性化发展违背人类现实精神价值需要的局面。资本主义这只虎，需要由儒学来驯服它。再如米策泽尔在《走出困境》一书中，也对韦伯的理论假设进行了批评和修正。尽管东亚金融危机的爆发又使"障碍论"的拥护者置疑"东亚经济模式"，但东亚经济半个世纪发展的事实说明：东亚地区工业化、现代化确实取得了很大成功，而且究其成功的因素除了改革开放、制度变革，积极学习西方之外，无可否认地渗入了东方文化的精神，从而使强调儒家文化是推动经济发展的重要因素的"有利论"逐渐为学术界所接受。

任何国家、地区的经济结构及模式的形成及发展，都不是单纯经济活动的结果，在它的背后，总是体现出一定时期社会文化的促进作用。东亚作为一个地理概念，大体包括中国、韩国、日本等及中国的香港和台湾等地区，这一区域在文化传统和渊源上深受中国儒家文化的影响，儒家传统作为一种文化积淀确实在很大程度上影响和制约了它所辐射的国家和地区。但现在的问题是：仅仅是儒家文化价值观影响了人们的经济行为吗？综观近些年来的研究，我们会发现，人们在谈论传统道德资源的时候，关注更多的是儒家伦理，是以儒家道德体系为立足点和基本资源进行现代伦理转换与道德建构，对儒家以外的，特别是道家伦理观的现当代意义和作用较少涉及，这不能不说是一种偏颇和疏忽。需要引起关注的是：道家思想作为一种文化资源，也有很多闪光的智慧，对于我们这个信息技术大发展和经济进一步全球化的新世纪，也有可资借鉴的经济伦理价值。

二、道家思想对东亚经济的影响

韦伯曾指出，在关于发展的经济理念问题上，儒教、佛教在中国的影响相对较小。这或许是因为儒、佛内含的道德禁欲思想抑制了中国自然经济的发展欲望。与儒、佛相比，道家则是提倡一种自然主义的自给自足的经济，这种类型的经济与西方商品经济可以说是背道而驰的。这两种不同的经济形态在经济发展问题上也完全没有可比性。就自然经济而言，自给自足的经济观念与“道法自然”的哲学观、伦理观是相得益彰的。事实上，在中国历史上，每当道家（道教）思想被认可的时期（例如唐初），经济的发展是较好的，社会是丰衣足食的。道家重生，不仅体现在看重个体生命，也体现在看重社会整体的生计发展。所以韦伯曾说，即使道家强调俭德，也不是西方天主教、基督教以及儒教、佛教的道德禁欲意义上的。

尽管我们说从道家的“小富即安”的经济理念中走不到资本主义道路上来，从这一点来说韦伯是对的；但是问题是资本主义制度的发生根本上不是思想的结果，而是生产方式的根本变革。韦伯论证了新教伦理的节欲勤俭、开拓进取的天职观念对于资本主义发展的促进作用，其实就是发现了这些伦理观念本身的生长性因素。而韦伯的错误在于，恰恰没有看到儒、道思想也内含着这种适应新的生产方式的生长性因素。错误还不仅仅如此，那些对儒、道思想影响东亚经济乃至世界经济发展持怀疑态度的人看到的更多的是儒、道思想与资本主义的过去相悖的因素，而看不到儒、道思想中与资本主义的未来相协谐的因素。

就道家思想对东亚国家的实际影响来说，在中国，儒、道互补由来已久，道家自然主义的经济伦理观是漫长的中国封建社会自然经济的思想根基。由道家演变而来的道教思想，虽然以宗教的形式造成了与儒家主流文化的距离，在文化表现形式上也处于边缘、神秘的位置，但正如荀子所说，“君子以为文，而百姓以为神”（《荀子·天论》），“神”其实还是被士大夫们以为“文”，其宗教伦理精神依然指导中国普通百姓的自给自足的经济生活。

在朝鲜，由于道教对于非本土从未表现过传教的态度，其影响是极为有限的。但也有学者认为，朝鲜神道和仙道世界观与道教思想基本一致。道家思想虽被退溪斥之为邪文乱贼，但栗谷却以儒解老，认为老子无为无欲的思想，对君子有所裨益。[2]

在日本，徐福东渡的故事，是道家早期宗教化倾向的一个域外例证[3]。虽然有人戏称日本只有三样东西没有从中国继承过去，就是裹脚、太监和道教。但是正如上田正昭所说，信奉佛教以前的日本，原始神道世界与道教是重合的。此外，从促进日本近代的町人伦理思想中，对于“知足安分”“俭约”的放弃，也从反面证明了道家思想曾在日本自然经济中发挥过作用。[4]

即便从20世纪50年代到80年代的日本、韩国的经济发展和改革开放后的中国经济发展现实来考察，道家思想对上述国家的影响也不是了无痕迹的。道家注重整体和谐的思想，是东亚国家群体主义企业文化和相关经济政策、制度制定的基础。这种群体主义思想不仅促进了东亚经济对世界经济的赶超，而且对东亚社会的经济平等和实质性贫困的减少也有积极作用。据世界银行的一份报告，发展中国家总体贫困线下人口百分比在1990年和2000年分别为29.7和24.1，南亚为49和36.9，而东亚仅为11.3和4.2[5]。这种对贫富差距的有效抑制，就有经济伦理思想的作用，而这与东亚持续几十年的经济高增长也是相辅相成的。

此外，道家和道教“秉要持本，清虚以自守，卑弱以自恃”（《汉书·艺文志》）。这种“尚虚”的人生观或方法论反映在企业层面，确实具有“术”的转换意义，所谓“将欲拾之，必古张之；将欲弱之，必古强之；将欲去之，必古与之；将欲夺之，必古予之”[6]（《老子帛书·道篇》36章）、“知其雄，守其雌”（《老子帛书·道篇）28章）等等，也是东亚国家商家、企业家经常选择的市场谋略，这方面的影响是不容忽视的。

当然，还应该指出，作用于商业实践的道家伦理思想，也有着如小关哲哉在分析儒家文化时指出的相类似的两面性[7]，既有促进经济发展或维护经济秩序的一面，在一定情境下，也可转化成像韦伯所强调指出的那种缺乏法律和行政机关的理性结构的一面。

三、道家思想的现代伦理价值

费雷德·希尔施颇具影响的《经济增长的社会极限》一书中“道德的重新获得”一章，即以“发现宗教信仰在经济功能上的作用”开篇，他认为，对于填补道德真空来说，“宗教义务继承了世俗的功能，而随着现代社会的发展，这种功能变得愈加重要而非越来越无足轻重。”[8] 1984 年《日本经济白皮书》指出：“在当前政府为建立日本产业所做的努力中，应该把哪些条件列为首要的呢？可能既不是资本，也不是法律和规章，因为这二者本身都是死的东西。……如果就有效性来确定这三个因素的分量，则精神应为十分之五，法规占十分之四，而资本占十分之一。”韩国全南大学社会学科崔锡万教授说：“对现在佛教的认真提问、儒教的大同思想和亲亲原则、道教的道和无为，这些思想也许能实现存在和物质、理性和感性、知识和智慧的调和，给未来的人类提示更为丰富的生活。”[9]看来，各国的思想家对于伦理和精神在经济发展中的重要性的认可是一致的，道家思想一个迷人的特征就是每当历史处于转型时期，它内含的生长性因素都会为解决现实问题提供极为重要的精神资源。就经济伦理而言，道家思想的现代价值体现在：

第一，在自然与经济发展的矛盾层面上，协调人与自然的关系，推动经济的可持续发展。道家十分关注人类赖以生存的自然环境，提出了“道法自然”“生而弗有”的生态伦理原则，体悟出“知常，明也”“知和曰明”的生态智慧，并进行了相应的环保实践。

老子在《道德经》中提出“人法地，地法天，天法道，道法自然”（《老子帛书·道篇》25 章），即人类要以地为法则，重视其安身立命的地球；地要以天为法则，尊重宇宙的变化；天则以道为法则，遵循客观规律。[10]认为天地万物既然都由道而生，人与万物在道的自然变化中就没有等级、优劣、贵贱的分别，人在自然世界中没有特别权利可以妄加一己之愿或群体需要去控制其他万物，只具有保护、维持天地万物的和谐、不遭受任意破坏的生态伦理责任。所谓“道之尊，德之贵也，夫莫之爵而恒自然也”（《老子帛书·德篇》51 章）。不仅如此，老子还提倡“生而弗有也，为而弗恃也，长而弗宰也”（《老子帛书·德篇》51 章）的道德原则，提醒人类在开发利用自然资源时，不要只顾眼前利益，人类面对自然所要做的就是辅万物之自然而不轻易作为。

万物都在兴起、发展。老子观察到，自然之物尽管变化万端，最终却返回到它们的本原。对于这样的规律，老子提出“知常明也。不知常，妄；妄作凶”（《老子帛书·道篇》16章，同茫，暗昧，茫然无知)。老子还得出，这样的规律就是和谐的规律，“和曰常，知和曰明”（《老子帛书·德篇》55章)，这是处理人与自然之间关系的又一伦理原则，体现了克服人类自负的极高的生态智慧。它引导人们重视万事万物相互联系、相互依存的统一性，维护事物的本根及和谐，这样人与自然才能长久共存。

与老子的思想相一致，庄子也主张同自然和谐相处。庄子说，“以道论之，物无贵贱”（《庄子·秋水》)。他还提出“同与禽兽居，族与万物并”（《庄子·马蹄》）的口号，体现了道家伦理思想中具有维护“生命物种平等”的理念，即我们今天所说的保持生态平衡的观念。在道家看来，动植物都有存在的独特价值。对动植物的保护，不仅仅是出于一种善良的关爱，而是关系着天地生育、万物共存的根本大计，因此，道家要求人们尊重和保护自然生态环境。

道教经典《抱朴子》还区分了对待自然的两种本质不同的态度：一是役用万物，一是效法自然。认为对人与自然关系了解浅薄的人，就役使万物，希图让自然物完全属于自己；而深知人与自然关系奥秘的人，不仅能善待自然，还能从自然之中悟出人类“长生久视”（《老子帛书·德篇》59章）的道理。滥用自然资源只会给人类带来灾难甚至毁灭。

当今世界，环境问题正越来越严重地威胁着人类的持续生存与发展。随着世界工业现代化步伐的加速，东亚经济也获得了极大的发展，但也带来始料不及的问题，如资源短缺、环境污染、生态破坏等，制约东亚经济的可持续发展。为了致力于东亚经济的可持续发展，就必须调整思想观念，而在这方面，两千多年前的老子以一种宝贵的直觉就已经预见到了今天人类文明的状态，为我们作了警示。

第二，在个人与社会经济利益的矛盾层面上，以“柔弱谦下”为秩序原则，推进社会的和谐共荣。道家对“天下熙熙，皆为利来；天下攘攘，皆为利往”（《史记·货殖列传》）的社会现实有着深刻洞悉，主张通过经济关系中的人与人关系的调整，缓解人在社会经济利益面前的冲突。

老子主张平等待人，“圣人亦弗伤也”（《老子帛书·德篇》60章），在道家看来，人无尊卑贵贱之分，作为自然界的一分子，人人都是平等的，应该互相尊重、互相关爱，不应以社会等级、贫富、亲疏、贵贱区别待人，而应对所有人都一视同仁，以善良、平等、同情的态度和平共处。

道家特别提倡“上德如谷”（《老子帛书·德篇》40 章）的精神，即是宽容和合之道，主张人的胸怀要像空旷的山谷一样，玄远博大，化育万物，包容一切。能宽容人，能原谅人，能团结人，老子认为这才是为人的最高德性和品德。老子标榜以“慈”为宝，主张对人以德以善、不计恩怨，“报怨以德”（《老子帛书·德篇》63 章），“善者善之，不善者亦善之”（《老子帛书·德篇》49 章）等，要人以曲求全，以退求进，这些思想可以在很大程度上从人的内心消除人与人之间利益的争执，破除人们内心对外界的紧张与不安，同时反映出道家对调和社会利益矛盾的一种主动精神，从而调整社会人际关系，维护社会稳定。这对于遏制恶性竞争、极端私欲都有重要的指导意义。

“贵柔”是道家很重要的处世哲学，其伦理意蕴在于崇尚“谦下”“不争”之德。“上善如水，水善利万物而有静，居众人之所恶，故几于道矣”（《老子帛书·道篇》8 章）。水随处而流，滋润万物而不争；依势而流，其性处下。“柔弱谦下”作为处世之道，要求“为而弗争”（《老子帛书·德篇》68 章），不与人争有、争多，而是先帮助别人、给予别人，其结果却是“既以为人，己愈有，既以予人矣，己愈多”（《老子帛书·德篇》68 章）。诸如此类观念构成了道家在伦理上“趋下”的伦理价值观，而事实上“趋下”的伦理价值观更容易获得个人内心的稳定与和谐。不可否认，社会的复杂性使“怨”的出现在所难免，道家伦理似乎在倾向于实现完美的“君子理想”，但历史一再证明，一个社会的伦理观念与操作规范，不可沉溺于纯粹现实主义，否则社会就会失去动力和信念，迷失发展方向。

人类的发展、文明的进步有赖于每个社会成员发挥出积极主动、不懈奋斗的精神，这是社会历史发展的主动力。但是，社会与时代的进步、发展，不仅要有功利的追求，还要有超越功利的精神平衡机制。否则，整个社会就会陷入恶性竞争和人际利益的无休止冲突之中，反过来又会影响与制约社会的有序发展。道家伦理富有社会道德内容，若能高扬道家的伦理准则，以及相关的道德规范，使之普及于民众之中，渗透到各类人际关系中，必将有助于缓解人与人之间的冷漠、对立乃至敌对的关系，进而有助于建立人与人之间的友爱、和谐和诚信的关系。从更深层次来考虑，如东亚在发展经济的同时能防止像欧美社会一样的社会秩序混乱和精神颓废，保持重视伦理和道德、遵守社会规则的良好风貌，就将成为继续发展的区域，最终将会掌握发展的主导权。

第三，在企业经济活动层面上，以协作精神和人本思想等，影响企业伦理品质，增强企业核心竞争力。在道家看来，保持个体生命的完整和维护个体人格的独立是最根本的人生价值取向，道家虽然推崇个体生命价值，但是并不完全否定群体价值，而是认为只有充分实现个体价值，才能保证群体价值的实现，个体价值的实现本身就包含着群体价值的实现。这种伦理观念扩展到经济领域给企业管理者的提示便是：企业寻求发展一定要重视为企业服务着的员工的价值。日本企业家认为："人才开发的利益大得无穷""只有人才才是企业活力的源泉"。日本企业进行员工教育培训主要从满足员工自我成就的需要出发，竭力使员工在受教育中增长才干，不断创造新的成就，使员工感到企业是自己实现理想的场所，自觉激发出为企业"尽忠效力"的内在动力。

老子提倡的"道法自然"，从政治角度而言，这一原则概指社会规则对自然规律的顺从。如他意味深长地提出："天之道，云有余而益不足；人之道，云不足而奉有余"（《老子帛书·德篇》79 章）；即要求统治者拨乱反正，而非自行其道。要建立符合自然规律的社会伦理规则，从而达到"我无为也，而民自化；我好静，而民自正；我无事，而民自富；我无欲而民自朴"（《老子帛书·德篇》57 章）的政治效果。社会的管理是这样，而企业的管理同样也要符合以人为本的原则。企业是人做出的，是否握住人心，往往关系到事业的成败。管理者最好不要有支使人为自己效劳的心理，而应该设法使大家体会出工作的乐趣，进而使部属把工作当成自己分内的事。在这种情况下，如果真的有员工违反纪律，他也会心甘情愿任罚，不会引起"基层"与"领导层"的矛盾。相反如果管理者做事不顾下属的情绪，一味教条地坚持规章法条，甚至采取高压手段，以命令来强制人，则容易引起员工的反感。作为一个管理者，最不能得罪的就是广大的人心。在企业经营活动中，只有赢得广大员工的支持，才能推动公司事业的发展。所以应该贯彻"道法自然""道恒无名"（《老子帛书·道篇》32 章）的精神，奉行"亡为而亡不为"（《老子楚简乙》48 章）的决策管理宗旨。

由道家发展而来的道教，吸取了墨家"兼相爱，交相利"（《墨子·兼爱》）的思想。所谓"兼相爱"，就是不分人我，不别亲疏，无有等差地爱一切人。所谓"交相利"，就是互助互利。道教在注重个人修养的同时，也提倡人们应该相亲相爱、互助互利、并力同心。"四时气阴阳与天地中和相通，并力同心，共兴生天地之扬利。孟仲季相通，并力同心，各共成一面……三人相通，并力同心，共治一家。君臣民相通，并力同心，共成一国。此皆本之元气自然天地授命。凡事悉皆三相通，乃道可成也。”（《太平经·恰相通决》）可见，并力同心，万事皆成，群体协作精神作为一种企业伦理品质将产生不可估量的价值。我们可从许多日韩企业发现这种“团队精神”，一种为群体牺牲个人的意识。企业不仅是一种获得利润的经济实体，而且还是满足企业成员广泛需求的场所。因此，企业管理应该十分强调员工对企业要有强烈的荣誉感和认同感，要与企业共存共荣，这样形成的命运共同体的格局，实现了劳资和谐，有利于更好地推动企业经营管理的改善和提高。

不管是过去和现在，老子的“崇俭”思想都是极为重要的。它早就凝聚于东亚各民族的精神之中。早在农耕时代，家庭是一种巨大的生产力，所以在东方社会，家庭作为社会的细胞，既是生产的组织者，又是社会福利的主要承担者。即使实现了工业化，也没改变这一格局。而且农耕生产方式对老天爷的依赖又很大，东亚又是多灾害区域，因而更加重了节约的倾向。这种节约主义的文化取向，在工业化、现代化的过程中，就表现出国民的储蓄率居高不下，从日本到东南亚，概莫能外。在东亚经济发展之初，东亚各国都处于资金短缺的局面。为了解决这一问题，各国政府都注意利用传统倡导勤俭的价值观念，不同程度地采取了高储蓄政策，加速资金积累。这在工业化前期，有利于资本的积累，有利于减少对外资的依赖。

从以上论述可以表明，道家思想对于解决当前社会的、经济的和环境的问题提供了宝贵丰富的精神资源。道家思想在中国以及东亚其他国家，虽长期处于隐性的位置，却与处于显性位置的儒家互为表里，互为补充，共同作用于该地区人们的行为意识之中。因此我们没有理由不关注。

【注释】

[1]［德］马克斯·韦伯．儒教与道教［M］．王容芬，译．北京：商务印书馆，1995.

[2]［韩］金白铉．老子栗谷注浅释［J］.//陈鼓应主编．道家文化研究（第15辑）［C］．三联书店，1999.

[3]［法］索安．西方道教研究编年史［M］．北京：中华书局，2002.

[4] 刘金才．町人伦理思想研究——日本近代化动因新论［M］．北京：北京大学出版社，2001.

[5]［美］乔治·恩德勒．面向行动的经济伦理学［M］．高国希等，译．上海：上海社会科学院出版社，2002.

[6] 周生春．白话老子［M］．西安：三秦出版社，1990.

[7]［日］小关哲哉．亚洲型资本主义走到了尽头［J］．//新华社编．东南亚金融危机评说．1998.

[8]［德］米歇尔·鲍曼．道德的市场［M］．肖君等，译．北京：中国社会科学出版社，2003.

[9]［韩］崔锡万．期待东方思想发挥能动作用——“东方社会哲学国际学术研讨会”祝辞［J］．中国儒学年鉴（2002）．

[10] 宝贵贞．出世与人世之间——论道教伦理之要义［J］．中国道教，2003，(3)．

［余达淮　银娟，原作发表于《南通师范学院学报》（哲学社会科学版）2004 年第 4 期］

第三章

马克思资本批判的伦理思想

马克思对古典经济学等经济伦理思想的批判与继承

一

古典经济学是马克思经济伦理思想的一个重要思想来源，马克思指出：斯密的《国富论》标志着“政治经济学已发展为某种整体，它所包括的范围在一定程度上已经形成”[1]。古典经济学的经济伦理思想是为新兴资产阶级确立自己的统治服务的，它的社会功能就在于论证资本主义生产方式的合理性和永恒性，为资本主义市场经济寻求伦理原则和建立伦理秩序。古典经济学的经济伦理思想至少在以下方面引起马克思的关注或使马克思受到启迪。

其一，古典经济学研究的出发点是人，这个“人”在经济伦理上的原理或涵义正如斯蒂格勒在《经济学家和说教者》中所说，“斯密在他该成功的地方取得了成功，首先是在人的行为方面提供了一个几乎具有无限威力的原理，他创造了在竞争环境中追求自己利益的个人，这个创造就其普遍性而言可以与牛顿的创造媲美。”[2] 这一创造或假设肇由斯密，正是斯密第一次把个人谋求自身利益的动机和行为系统清晰地纳入经济学的分析之中，并经典性地对经济人的行为如何导致整个社会丰裕的经济伦理机制进行了经济学的证明。换句话说，他第一次把最初以道德哲学问题形式出现的利己与社会利益之间的关系系统地转化为经济学的伟大主题。李嘉图虽然将经济学的研究对象抽象化，但他同意经济人的基本假设。马克思深受古典经济学的影响，在《〈政治经济学批判〉导言》里，曾经开宗明义地指出政治经济学研究的出发点是“在社会中进行着生产的个人，——因而，这些个人的一定社会性质的生产——自然是出发点”[3]。但是，马克思不赞成古典经济学的经济人假设，在他看来，经济人是虚妄的，因为经济人伦理内涵的前提私有制本身就不是天经地义的。马克思说，“国民经济学把社会交往的异化形式作为本质的和最初的形式，作为同人的本性相适应的形式确定下来了。”[4]社会的经济伦理秩序也不是仅由自利而至整体利益和谐这么一条，更何况自利观是维护私有制的写照，并非是无产阶级的道德操守。马克思首先考虑的是社会经济制度的合理性，他的政治经济学的方法必然超越古典经济学，他的经济伦理思想要在看似纯粹经济学概念的推理与演绎中展示，因而那种过于伦理化的假设必然被他所摈弃。

其二，古典经济学确立并分析了重要的概念，这些概念不仅包括直接具有经济伦理学意义的自由、竞争、公平、正义等，也包括一般经济学概念，如资本、价值等等，古典经济学还形成较成熟的劳动价值学说。马克思对自由、公平、正义等做出了新的诠释，他认为自由、正义、平等等的经济伦理含义并不在于这些名词的抽象形式上，而在于它所对应的生产关系的属性上，没有形式背后所隐含的社会生产关系的规定性，就不能展示社会公平、正义或自由的真正内涵。马克思在经济学研究中，更关注古典经济学设立的价值、资本等概念和劳动价值学说。价值这一概念在经济学说史上虽然出现较早，但把劳动看作价值的源泉，以生产商品所消耗的劳动时间来衡量价值，则是英国古典政治经济学的一个重大成果。威廉·配第第一次提出了劳动价值论的基本观点，他认为“劳动是财富之父和能动因素，土地是财富之母”[5]。休谟在《人性论》中也说过，“世界一切事物均由劳动所购得。”[6]詹姆斯·斯图亚特提出了实际价值的概念，他指出实际价值决定于一个劳动者在一定时间内平均能够完成的劳动量。尽管他的实际价值的概念十分混乱，但正如马克思所说：“斯图亚特比他的前辈和后辈杰出的地方，在于他清楚地划分了表现在交换价值中的特殊社会劳动和获取使用价值的实在劳动之间的区别。”[7]亚当·斯密进一步推进了劳动价值论，他在《国富论》中，从各种劳动形式中抽象出一般劳动，认为投入任何一个生产部门的劳动都是财富的源泉。他明确区分了使用价值和交换价值，强调商品的交换价值的根源是劳动，劳动是衡量一切商品交换价值的真实尺度。斯密已经认识到了商品的交换实际上是凝结在商品中的劳动量的交换。但斯密的价值理论是不彻底的、混乱的，工资决定商品价值的意见常与劳动时间决定价值的意见混在一起，且彼此相互矛盾。李嘉图既继承了斯密的价值理论，又克服了它的混乱和矛盾。他在《政治经济学与赋税原理》一书中比较正确地阐明了使用价值和交换价值的关系，认为在资本主义生产中商品的价值仍决定于耗费的劳动时间，并对此理论做了透彻的表述和发挥[8]。但是，正如马克思所说："古典政治经济学的根本缺点之一，是从来没有从商品的分析，特别是商品价值的分析中，成功地发现那使价值成为交换价值的价值形态。甚至亚当·斯密和李嘉图，古典政治经济学的最好代表，也把价值形态当作毫无关系、和商品本身的性质没什么联系的东西来看。他们会如此看，不仅因为价值量的分析已经完全吸引了他们的注意；还有更为深刻的理由。劳动产品的价值形态，不仅是资产阶级生产方式的最抽象的形态，并且也是它的最一般的形态。它把这个生产方式当作一种特别的社会生产而加上印记，同时还使它取得历史的特征。如果人们错误地把这种生产方式看作是社会生产的永恒的自然形式，人们就必然会把价值形态的独特性忽视掉，因此也把商品形态的独特性，把更进一步发展的货币形态、资本形态等等的独特性都忽视掉。"[9]

通过对资产阶级学者劳动价值论学说的梳理，马克思确立了自己的劳动价值学说[10]。虽然资产阶级学者不会用劳动价值论建立为无产阶级服务的经济伦理体系和伦理原则，但马克思会。他在《1857—1858 年经济学手稿》中，已敏锐地觉察到，在"价值"概念研究中，"有必要对唯心主义的叙述方法做一纠正，这种叙述方法造成一种假象，似乎探讨的只是一些概念的规定和这些概念的辩证法。"[11]因此，马克思在价值理论研究中，首先从价格的现象形态中揭示出价值的本质，从交换价值的外在形态中揭示出价值的内容；并在阐明价值是交换价值的物质承担者的基础上，明确了使用价值和价值都是商品这一物质存在和社会产物的两个因素，在《政治经济学批判》（第一分册）中，马克思进一步指出："生产交换价值的过去是抽象一般的和相同的劳动，而生产使用价值的劳动是具体的和特殊的劳动。"[7]最后，在《资本论》第一卷中，马克思系统地阐述了劳动二重性学说。马克思十分珍重自己的这一理论创见，他认为，"商品中包含的劳动的这种二重性，是首先由我批判地证明了的。"[9]而且，还是他政治经济学理论中"最好的地方"[12]。由于劳动二重性理论的提出，使"劳动创造价值"这一古老命题从此有了崭新的含义。"劳动创造价值"已精确为抽象劳动创造价值；而且，在社会商品再生产过程中，进一步精确为抽象劳动创造新价值和具体劳动创造使用价值并转移所消耗的生产资料中的旧价值这样两重性。这样，长期以来困扰劳动价值论发展的理论障碍已被排除，劳动二重性成了理解政治经济学的枢纽，成了马克思剖析资本主义经济关系的最重要的理论武器之一。

马克思对于劳动价值理论的继承，还表现在提出了“商品拜物教”的理论。马克思在劳动价值论的基础上，对“商品拜物教”的性质和实质，作了深入的阐释。在《1857—1858年经济学手稿》中，马克思指出了“商品拜物教”产生的现实根源和理论根源：“经济学家们把人们的社会生产关系和受这些关系支配的物所获得的规定性看作物的自然属性，这种粗俗的唯物主义是一种同样粗俗的唯心主义，甚至是一种拜物教，它把社会生产关系作为物的内在规定归之于物，从而使物神秘化。”[13]然而，在资本主义商品经济中，商品拜物教取得了它的最高形式——资本拜物教。马克思在《政治经济学批判》（第一分册）中考察了货币拜物教之后，在《1861—1863年经济学手稿》中，就进一步指出了资本拜物教的实质。马克思认为，在资本主义经济中，“社会劳动的生产力和社会劳动的特殊形式，表现为资本的生产力和形式，即物化劳动的，劳动的物的条件（它们作为这种独立的要素，人格化为资本家，同活劳动相对立）的生产力和形式。这里，我们又遇到关系的颠倒，我们在考察货币时，已经把这种关系颠倒的表现称为拜物教。”[14]马克思的商品拜物教理论彻底克服了资产阶级古典经济学价值理论中非社会性和非历史性的致命弱点，揭示价值的社会性和历史性。马克思对商品拜物教、货币拜物教和资本拜物教转化序列的分析，揭示了资本和雇佣劳动之间的物化的外在化关系的实质，表明“资本不是物，而是一定的、社会的、属于一定历史社会形态的生产关系，它体现在一个物上，并赋予这个物以特有的社会性质”[15]。

其三，古典经济学对资本主义社会阶级关系进行了经济分析，提出了符合资产阶级利益和伦理要求的效率原则、分配原则和秩序原则。马克思曾在致约·魏德迈的信中指出：“无论是发现现代社会中有阶级存在或发现各阶级间的斗争，都不是我的功劳。在我以前很久，资产阶级的历史学家就已叙述过阶级斗争的历史发展，资产阶级的经济学家也已对各个阶级作过经济上的分析。”[16]这里指的就是英国古典经济学家。斯密第一次比较正确地描述了资本主义社会的阶级结构，他认为一国土地和劳动的全部年产物的价值，分解为土地地租、劳动工资和资本利润三部分，与此相适应，以地租收入为生的地主、以工资收入为生的工人、以利润为生的资本家，构成资本主义社会三个主要基本阶级。这里斯密第一次把资本家作为一个独立的社会阶级提了出来，并在一定程度上看到了资本家和工人在经济利益上的对立，这是对阶级理论的一个重要贡献。李嘉图在探讨工资、利润、地租的分配形式时，比斯密更彻底。他把阶级利益的对立、工资和利润的对立、利润和地租的对立当作自己研究的出发点，揭示了利润与工资的反比例关系，揭示依靠地租为生的地主阶级同整个社会利益的对立及其经济根源。法国古典经济学的完成者西斯蒙第从生产和消费的矛盾中分析了资本主义社会的阶级关系，他认为，资本主义生产和消费的矛盾以雇佣劳动和资本的存在为前提，而这两者的存在及其发展意味着社会阶级的两极分化。西斯蒙第是第一个明确提出资本主义发展过程中社会阶级两极分化和无产阶级形成的经济伦理学家。他指出：工业化的结果是“中产阶级完全消灭了。社会中，除了大资本家和其雇佣外，没有其他阶级存在的余地。我们看到了一个前所未有的阶级——完全没有财产的阶级迅速成长”[17]。

马克思遵循了古典经济学的这条研究路径，通过阶级分析法，展露了不同阶级的经济伦理原则、规范和在不同社会制度中的作用，同时，马克思也指出古典经济学对阶级关系进行经济学分析的不彻底性、虚伪性，认为古典经济学几乎接触到事物的真实状况，但是没有自觉地把它表述出来，只要古典经济学附着在资产阶级的皮上，它就不可能做到这一点。资产阶级迫切需要为资本主义剥削制度进行辩护的理论。“现在的问题不再是这个或那个原理是否正确，而是它对资本有利还是有害，方便还是不方便，违背警章还是不违背警章。不偏不倚的研究让位于豢养的文丐的争斗，公正无私的科学探讨让位于辩护士的坏心恶意。”[9]马克思揭示出古典主义经济伦理思想终究是为统治者的利益服务。它的自由竞争、自由放任的伦理信条造成的后果就是社会两极分化。

除了对古典政治经济学价值理论合理因素的吸收和引申外，马克思还批判了马尔萨斯、萨伊、约翰·斯图亚特·穆勒、巴斯夏等人的庸俗观点。虽然马尔萨斯将人口问题同社会学、经济伦理学相结合，影响了马克思的政治经济学方法论，但是马尔萨斯将劳动的价值等同于工资，这是错误的。萨伊提出商品的价值由效用决定，这一在西方经济思想史家看来创造性的观点被马克思斥之为“陈腐的浅薄”见解，这些批判对于揭示资本主义生产关系的本质、生产的秘密、揭穿资产阶级经济伦理的虚伪性有着十分重要的意义。

二

马克思对16至18世纪的空想社会主义经济伦理思想进行了科学分析，他在赞扬了空想社会主义者的革命热情后，又指出：“随着这些早期的无产阶级运动而出现的革命文献，就其内容来说，必然是反动的。这种文献倡导普遍的禁欲主义和粗陋的平均主义。”[18]对圣西门、傅立叶和欧文的思想体系，马克思称之为：“批判的空想的社会主义和共产主义”[18]是“本来意义的社会主义和共产主义的体系”[18]。从伦理思想史的角度来说，各种空想社会主义体系，都对马克思经济伦理思想的形成发生了影响。恩格斯在讲到三大空想社会主义者圣西门、傅立叶和欧文的理论和贡献时说：“虽然这三位思想家的学说含有十分虚幻和空想的性质，但他们终究是属于一切时代最伟大的智士之列的，他们天才地预示了我们现在已经科学地证明了其正确性的无数真理。”[19]

空想社会主义的经济伦理对马克思的经济伦理思想影响主要在于两点，一是空想社会主义者对资本主义私有制的批判。马克思在《共产党宣言》中指出：“共产党人可以用一句话把自己的理论概括起来：消灭私有制。”[18]但是马克思的批判不同于空想社会主义者的批判，对于粗陋的共产主义，马克思指出他们追求的是私有财产的普遍化和平均化，他们用普遍的私有财产来反对资本主义私有财产，所以，他们“不仅没有超越私有财产的水平，甚至从来没有达到私有财产的水平”[20]。他们的极端平均化的要求，实际上是对整个文化和文明世界的抽象否定，是向贫穷、没有需求的人的非自然的单纯倒退。与空想共产主义不同，马克思用历史主义的态度肯定了资本主义私有制的作用。他说，“资产阶级在它不到一百年的经济统治中所创造的生产力，比过去一切世代创造的全部生产力还要多，还要大。自然力的征服，机器的采用，化学在工业和农业中的应用，轮船的行驶，铁路的通行，电报的使用，整个大陆的开垦，河川的通航，仿佛用法术从地下呼唤出来的大量人口，——过去哪一个世纪能够料想到有这样的生产力潜伏在社会劳动里呢?”[18]然而，私有制的历史作用并不能掩盖它的伦理关系的实质，即资本运动所揭示的剥削本质。只有揭示这一本质，才能对私有制进行真正的批判。二是空想社会主义者对未来社会的社会主义设想：空想社会主义者提出的新型社会经济伦理秩序，生产组织原则、分配原则和经济伦理理想给马克思留下深刻的印象。如前所述，圣西门以他的“实业制度”代替资本主义制度的社会组织，实业制度的唯一长远的目的，是运用科学、艺术和工艺的知识来满足人们的需要。在不取消私有制的前提下，人人都应当劳动，个人的收入同他的才能和贡献成正比。傅立叶设想了一种能使社会全体成员的情欲得到充分满足的“和谐制度”。欧文的设想更为激进，他设想的“新和谐公社”理想社会，是以公有制为基础的共产主义劳动公社的联合体。实行财产公有，在劳动公社中，不再有资产者和无产者的差别，劳动公社按需要分配。欧文不仅设想了他的理想社会，而且在欧洲和美洲进行了社会主义的实验。这些运动及思想财富对于马克思构想未来社会的自由人联合体和共产主义按劳分配、按需分配有着决定性的影响。[8]

三

马克思的经济伦理思想不仅是对古典经济学和空想社会主义的经济伦理思想的批判与继承，还是在批判西斯蒙第以及与魏特林、卡尔·海因岑、蒲鲁东等形形色色的社会主义和小资产阶级经济伦理思想的斗争中发展完善的。马克思在《剩余价值学说史》中说，“资产阶级的生产，由于它本身的内在规律，一方面不得不这样发展生产力，就好像它不是在一个有限的社会基础上的生产，另一方面又毕竟只能在这种局限性的范围内发展生产力，——这种情况是危机的最深刻、最隐秘的原因，是资产阶级生产中种种尖锐矛盾的最深刻、最隐秘的原因，中产阶级的生产就是在这些矛盾中运动，这些矛盾，即使粗略地看，也表明资产阶级生产只是历史的过渡形式。……这一点被例如西斯蒙第粗浅地但又相当正确地看成是为生产的生产同因此而排除了的生产率的绝对发展的分配之间的矛盾。”[1]1847 年马克思发表《哲学的贫困》，对蒲鲁东的经济伦理思想进行了猛烈批判。首先马克思批判了蒲鲁东经济伦理观立论的唯心主义哲学基础，蒲鲁东受黑格尔的影响，把规律、原理以及抽象的自由、平等等范畴看作是理性产物，是独立于现实经济关系之外的。马克思说：“既然我们忽略了生产关系（范畴只是它的理论上的表现）的历史发展，既然我们只希望在这些范畴中看到观念、不依赖实际关系而自生的思想，那么，我们就只得到纯理性的运动中去找寻这些理想的来历了。”[21]其次，针对蒲鲁东将自由竞争的经济伦理观奉为圭臬，并用竞争是人类本性加以论证的思想，马克思批驳道，竞争并非不可消除，关键在于消除产生竞争的社会条件。竞争是一定社会历史条件的产物，而不是出自人的本性，相反，人的本性却是由他们的整个生活方式所决定的。因此，马克思说：“蒲鲁东先生不知道，整个历史也无非是人类本性的不断改变而已。”[21]第三，马克思批判了蒲鲁东的平等理论。蒲鲁东将平等视为经济伦理的最高假设，最高的幸福，而分工、信用、工厂等一切经济关系仅仅是为了平等的利益才被发明的。在蒲鲁东看来，一切现实的经济关系都是由于实现经济范畴的好的方面即平等才存在的，把一切经济关系归结为一种平等的道德要求。平等成了天命，成了蒲鲁东范畴推演的手段，总之成了历史的动力。马克思反驳这种观点，指出平等的趋势是本世纪资本主义生产方式代替了封建生产方式之后才出现的。平等，是资本主义经济关系代之以封建经济关系的结果，而不是相反。马克思指出：“平等趋势是我们这个世纪所特有的。但是，说以往各世纪及其完全不同的需求、生产资料等等都是为实现平等而遵照天命行事，这首先就是把我们这个世纪的人和生产资料当做过去世纪的人和生产资料看待，否认世世代代不断改变前代所获得的成果的历史运动。”[21]因此，平等绝不是好或坏、善或恶的问题，而是封建时代的人和生产资料历史运动的结果。马克思对蒲鲁东的批判，始终表现出在经济伦理问题上的历史唯物主义立场。

四

马克思从德国古典哲学和德国经济学中也批判继承了许多经济伦理思想。康德对于自由和自由意志的论述，黑格尔、费尔巴哈、鲍威尔对劳动异化的看法，都深刻影响了马克思思想的形成。早在《德意志意识形态》当中，马克思就说，“在康德那里，我们又发现了以现实的阶级利益为基础的法国自由主义在德国所采取的特有形式。不管是康德或德国市民（康德是他们的利益的粉饰者），都没有觉察到资产阶级的这些理论思想是以物质利益和由物质生产关系所决定的意志为基础的。因此，康德把这种理论的表达与它所表达的利益割裂开来，并把法国资产阶级意志的有物质动机的规定变为‘自由意志’、自在和自为的意志、人类意志的纯粹自我规定，从而就把这种意志变成纯粹思想上的概念规定和道德假设。”[22]这实际上批判了康德将人们之间的伦理关系与物理利益相脱节。马克思在1843年发表的《〈黑格尔法哲学批判〉导言》中说：“法的关系正像国家的形式一样，既不能从它们本身来理解，也不能从所谓人类精神的一般发展来理解，相反，它们根源于物质的生活关系。这种物质的生活关系的总和，黑格尔按照十八世纪的英国人和法国人的先例，概括为‘市民社会’，而对市民社会的解剖应该到政治经济学中去寻求。”[23]这就是说，马克思通过对黑格尔的分析与批判，得出结论：物质生活关系是理解市民社会，进而理解包括国家和法的关系、伦理关系等在内的整个资本主义社会关系的出发点。在《评弗里德里希·李斯特的著作〈政治经济学的国民体系〉》一文中，马克思指出本国经济学家李斯特的思想实质是通过国家干预、保护关税等政策，发展民族经济。但马克思并未肯定李斯特的观点，指出他建立在中立性的生产力概念之上的政治经济学，似乎要摆脱别人对“同胞进行剥削”，实际上是他们自己的打着某种幌子的利益集团对自己同胞的“更加厉害”的剥削。[4]马克思没有被李斯特发展生产力的理论表象所蒙蔽，他说：“谈论自由的、人的、社会的劳动，谈论没有私有财产的劳动，是一种最大的误解。”[4]马克思意识到，在李斯特那里，看到的是连同资产阶级私欲一起发展的生产力，而非劳动者的真正发展的生产力。不过，李斯特的精神生产力的理论给了马克思很大启示。

费尔巴哈和鲍威尔对宗教的批判和异化的观点，给马克思以深刻的影响，马克思对经济主体的伦理分析因之找到了理论参照系。费尔巴哈指出宗教不过是人的本质的异化的另一种形式和存在方式，“上帝之中也存在着人的精神的概念或观念。”[24]鲍威尔同意把这种异化看成基于人性的想象，“但是他并不像费尔巴哈那样认为宗教信仰仅仅是人类本质的一个投影，因而只要人把他创造的对象重新收回给自己就行了。”[25]鲍威尔的观点要前进一步，既然人的状况是扭曲的，因而人的思想、人的愿望、人的上帝也都是扭曲的，还原到人还不足以消除异化、罪恶。鲍威尔循着黑格尔的路径，把宗教看作是意识的一种分裂，他认为异化不是外在的，而是“自我异化”（Selbstent fremdung）。他写道：“自我现在成了一切，但又完全是空虚的；它成了一种普遍力量，但又处在世界废墟之上，勉力对付自身的惊恐，为自己的失败而悲叹；这个空虚的自我，尽管吸收了一切，但并没有足够的勇气把自己看成是一种普遍力量，也就是说，它依然属于宗教精神范畴，而且通过发挥它那种与自身相对立的普遍力量的作用来完成异化，把普遍力量看作是要以恐慌来对待的生疏的、异己的力量，以使它们能为自己的存在和赎罪起作用。自我把耶稣看作这种存在的保证，因为耶稣代表了实际上是自我本身所具有的那些属性；认为普遍的力量是这样一种力量，它不仅包含一切自然观，而且对道德精神、大众精神、国家生活和各种艺术见解也能从道义上进行区分。”[26]鲍威尔将异化同政治历史紧密结合起来，这启发了马克思从劳动和经济关系中考察异化。此外，鲍威尔关于异化及异化的消除是区分人类社会历史阶段标准的思想，对于马克思用异化劳动及其扬弃来划分经济主体的阶段特征，有明显的启发作用。

【注释】

[1] 马克思恩格斯全集（第26卷）［M］．北京：人民出版社，1972：181、86-87.

[2] 杨春学．经济人与社会秩序分析［M］．上海：三联书店，1998：78.

[3] 马克思恩格斯选集（第2卷）［M］．北京：人民出版社，1972：86.

[4] 马克思恩格斯全集（第42卷）［M］．北京：人民出版社，1979：25、254.

[5]［英］威廉·配第．赋税论 献给英明之士货币略论［M］．北京：商务印书馆，1962：66.

[6]［美］亨利·威廉·斯皮格尔．经济思想的成长．晏智杰等，译［M］．北京：中国社会科学出版社，1999：179.

[7] 马克思恩格斯全集（第13卷）［M］．北京：人民出版社，1962：48、24.

[8] 庄福龄主编．马克思主义史（第1卷）［M］．北京：人民出版社，1996：55.

[9] 马克思．资本论（第1卷）［M］．北京：人民出版社，1962：98、55、17.

[10] 吴易风等．马克思主义经济理论的形成与发展［M］．北京：中国人民大学出版社，1998：282-285.

[11] 马克思恩格斯全集（第46卷·上）［M］．北京：人民出版社，1979：97.

[12] 马克思恩格斯全集（第31卷）［M］．北京：人民出版社，1972：331.

[13] 马克思恩格斯全集（第46卷·下）［M］．北京：人民出版社，1980：202.

[14] 马克思恩格斯全集（第48卷）［M］．北京：人民出版社，1985：36.

[15] 马克思恩格斯全集（第25卷）［M］．北京：人民出版社，1974：820.

[16] 马克思恩格斯选集（第4卷）［M］．北京：人民出版社，1972：332.

[17]［瑞士］西斯蒙第．政治经济学论丛（第2卷）［M］．巴黎：

1838：124.

［18］马克思恩格斯选集（第 1 卷）［M］．北京：人民出版社，1972：283、265、232.

［19］马克思恩格斯全集（第 18 卷）［M］．北京：人民出版社，1964：566.

［20］马克思．1844 年经济学—哲学手稿［M］．刘丕坤，译．人民出版社，1979：72.

［21］马克思恩格斯全集（第 4 卷）［M］．北京：人民出版社，1958：140、174、153.

［22］马克思恩格斯全集（第 3 卷）［M］．北京：人民出版社，1960：213.

［23］马克思恩格斯选集（第 2 卷）［M］．北京：人民出版社，1995：32.

［24］费尔巴哈哲学史著作选（第 1 卷）［M］．涂纪亮，译．北京：商务印书馆，1978：314.

［25］［英］麦克莱伦．青年黑格尔派与马克思［M］．北京：商务印书馆，1982：66.

［26］刘永佶：马克思经济学手稿的方法论［M］．郑州：河南人民出版社，1990：309-310.

（余达淮，原作发表于《道德与文明》2005 年第 2 期）

马克思恩格斯对资本主义的道德批判

对马克思主义及其道德学说，西方学者一直存在两种截然不同的对立观点，一是认为马克思恩格斯学说不是严整的科学，他的思想是道德化的，宣扬无产阶级对资产阶级的仇恨；一是如宋巴特所说，“在马克思主义中没有一点儿伦理学，而只有经济的规律性。”[1]两种观点实际上都隐含着偏见：前者抹杀马克思恩格斯学说的科学价值，后者尽力消除马克思恩格斯学说的社会批判和道德批判的意义。马克思恩格斯学说，尤其是马克思恩格斯的经济学，体现着经济学的根本属性即政治经济学的属性。事实上，无论在对资本生产的动态的生产过程、流通过程、总过程的分析中，还是在对相对静态的剩余价值，资本积累，货币、分工、协作、竞争、机器或科学应用的生产力理论等经济范畴的分析中，马克思恩格斯都在严密科学论证当中，对资本主义不遗余力地进行着政治批判、文化批判、道德批判。对资本主义的道德批判丝毫也不影响马克思主义的科学价值。

马克思恩格斯对资本主义的道德批判包括：对资本主义所有制实质的批判，资本主义生产关系对马克思恩格斯对资本主义的道德批判无产阶级道德的损害及其后果，资本主义生产条件下人与人的异化关系，资产阶级道德原则批判，资本主义社会自由、平等、信用、服务等道德范畴批判，资本主义政治伦理、婚姻伦理、经济伦理批判等。

本文论述以下三个部分，即：资本主义生产关系对无产阶级道德的损害及其后果，资本主义所有制的实质，资本主义生产条件下人与人的异化关系。

一、资本主义生产关系对无产阶级道德的损害及其后果

马克思恩格斯认为，虽然资本主义生产是过去一切生产方式中最有生产效率的，但它本质上包含着生产关系的对立，也就同时包含着生产的界限，生产不是作为人的生产率而发展，而是作为与人的个性发展相

对立的物质财富的生产，这样的社会经济运动揭露了“最勤劳的工人阶层的饥饿痛苦和富人建立在资本主义积累基础上的粗野的或高雅的奢侈浪费之间的内在联系，……在这方面，任何一个公正的观察者都能看到，生产资料越是大量集中，工人就相应地越要聚集在同一个空间，因此，资本主义的积累越迅速，工人的居住状况就越悲惨”[2]。马克思说：“资本主义生产——在一定程度上，如果我们撇开流通的全部过程以及在交换价值这一基础上产生的极其复杂的商业和货币交易——是最节省已实现的劳动，即实现在商品中的劳动的。但同时，资本主义生产比其他任何一种生产方式都更加浪费人和活劳动，它不仅浪费人的血和肉，而且浪费人的智慧和神经。实际上，只有通过最大地损害个人的发展，才能在作为人类社会主义结构的序幕的历史时期，取得一般人的发展。”[3]

资产阶级在通过资本增值获得财富的同时，站在统治阶级的立场上，指责工人阶级的道德堕落。“酗酒、纵欲、粗暴以及对私有财产的不尊重，这就是资产者加在工人头上的一些主要罪名。”[4]对此，恩格斯反驳说：“一个付出了艰辛的劳动却只能得到极少的报酬和肉体的享乐的阶级，难道能够不盲目而贪婪地投入这些享乐中去吗？既然谁也不关心这个阶级的教育，既然他们的命运要受各式各样的偶然事件的支配，既然他们的生活朝不保夕，那么他们又有什么理由，又有什么兴趣使自己成为有远见的人，过‘踏踏实实的’生活，并为了将来的享乐而牺牲眼前的享乐呢？……对于一个只能受到现存社会制度敌视的阶级，难道还能要求他们尊重这个社会秩序吗？这未免太过分了！”[4]“如果人们被置于只适合于牲口的状况里，那么他们除了起来反抗或者真的沦为牲口，是没有其他道路可走的。更何况资产阶级自己，甚至他们中的一些正派人物都直接助长了卖淫呢？每天晚上充塞于伦敦街头的4万个妓女中有多少是靠道德高尚的资产阶级为生呵！为了不得不向每一个过路人出卖自己的肉体以免饿死，她们当中有多少人应当感谢她们的第一个引诱者——资产者呵！最没有权利责备工人淫荡的就是资产阶级，这难道还不明显吗？”[4]恩格斯批判道，在有教养的资产阶级眼中，所谓无产阶级的道德堕落，不仅是十分自然的，甚至也是合理的。

恩格斯指出，这种所谓的道德堕落其实是资产阶级对无产阶级的道德损害。其原因也是由于资产阶级的自私自利。尽管他们不承认这种自私自利，相反地，“他用最可耻的伪善的假面具把它遮盖起来。”[4]至于资产阶级对无产阶级道德损害的后果，马克思有过这样一段话：“在一极是财富的积累，同时在另一极，即在把自己的产品作为资本来生产的阶级方面，是贫困、劳动折磨、受奴役、无知、粗野和道德堕落的积累。”[2]而问题的症结所在，“在资产阶级看来，世界上没有一样东西不是为了金钱而存在的，连他们本身也不例外，因为他们活着就是为了赚钱，除了快快发财，他们不知道还有别的幸福，除了金钱的损失，也不知道还有别的痛苦。”[4]恩格斯归结道：“在这种贪得无厌和利欲熏心的情况下，人的心灵的任何活动都不可能是清白的。”[4]

二、资本主义所有制的实质

马克思恩格斯对资本主义所有制的伦理批判，最初是从对私有财产的批判开始的。马克思一开始就发现国民经济学的一个隐蔽的前提，即私有制的合法性的前提。马克思像普鲁东、西斯蒙第和其他空想社会主义者一样反对这个前提，但同时他也反对普鲁东将资本主义所有制关系全部归结为道德关系。尽管在《1844 年经济学—哲学手稿》当中，马克思是将私有财产和异化放在一起来分析的，但其对私有财产的批判却不完全是一种抽象的伦理批判，而是受恩格斯的启示，将其对私有制的批判建立在一种自为活动的现实基础之上。马克思揭示了私有财产制度下人类的生存状况。他说，“人变成了对自己说来是对象性的，同时变成了异己的和非人的对象，他的生命表现就是他的生命的外化，他的现实化就是他失去现实性，就是异己的现实。”[4]马克思揭示了私有制条件下人的片面性问题：“私有制使我们变得如此愚蠢而片面，以致一个对象，只有当它为我们拥有的时候，也就是说，当它对我们说来作为资本而存在，或者它们被我们直接占有，被我们吃、喝、穿、住等等的时候，总之，在它被我们使用的时候，才是我们的。”[4]由此，“一切肉体的和精神的感觉都被这一切感觉的单纯异化即拥有的感觉所代替。人的本质必须被归结为这种绝对的贫困，这样它才能够从自身产生出它的内部的丰富性。”[4]马克思认为，必须积极地扬弃私有制，“为了人并且通过人对人的本质和人的生命、对象性的人和人的产品的感性的占有，不应当仅仅被理解为直接的、片面的享受，不应当仅仅被理解为占有、拥有。人以一种全面的方式，也就是说，作为一个完整的人，占有自己的全面的本质。”[4]这将是“人的一切感觉和特性的彻底解放”[4]，因为这些感觉和特性“无论在主体上还是在客体上都变成人的”[4]。进而，“只有当对象对人来说成为人的对象或者说成为对象性的人的时候，人才不致在自己的对象里面更丧失自身。只有当对象对人说来成为社会的对象，人本身对自己说来成为社会的存在物，而社会在这个对象中对人说来成为本质的时候，这种情况才是可能的。”[4]

恩格斯在《英国状况》中，从人的本质的角度对英国资本主义制度进行了深刻的剖析和审视。在恩格斯看来，资本主义制度的基础不是纯粹人类道德生活关系，而是私人利益。而“在利益仍然保持着彻头彻尾的主观性和纯粹的利己性的时候，把利益提升为人类的纽带，就必然会造成普遍的分散状态，必然使人们只管自己，彼此隔绝，使人类变成一堆相互排斥的原子”[4]。既然资本主义社会是把与人性的准则相反的天然的、冷酷无情的准则即私人利益准则捧上宝座，这就意味着资本主义制度不仅不是人性的，反而更加远离了人性。所以，他提出应该创造建立在纯人类道德生活关系基础上的新世界。在《德法年鉴》上的《政治经济学批判大纲》一文中，恩格斯对资本主义私有制进行了尖锐的批判。他说：“由于私有制把每一个人孤立在他自己的粗鄙的独特状态中，又由于每个人和他周围的人有同样的利害关系，所以地主敌视地主，资本家敌视资本家，工人敌视工人。正是由于利害关系的共同性，所以在这种共同的利害关系的敌对状态中，人类目前状况的不道德达到了登峰造极的地步，而竞争就是顶点。”[4]资本主义的竞争使得个人利益高于一切，而社会的利益是要使每一个人所占有的都相等。所以，资本主义社会造成的必然是社会利益与个人利益的直接对立。恩格斯嘲笑资产阶级道：“你们在什么时候做事情是纯粹从人道的动机出发，是从公共利益和个人利益之间不应存在对立这种意识出发的呢？你们什么时候讲过道德，什么时候不图谋私利，不在心底隐藏一些不道德的自私自利的邪念呢？”[4]在以后的研究中，马克思开始从生产关系的角度分析私有制造成的人的片面性。马克思认为无产阶级在私有制下的不平等的伦理命运是由资产阶级占有无偿劳动所决定的，资本主义生产的根本目的必将造成人的片面性的进一步扩大。然而，马克思同时辩证地分析了私有制对工人道德的积极因素。早在1847年12月写的《工资》这篇手稿中，马克思专门列出一节谈雇佣劳动的积极方面。马克思认为，资本主义大机器、自由竞争、世界市场为无产阶级解放和建立新社会创造出物质条件，马克思指出，就劳动力成为商品这个最不道德的方面来说，也包含积极因素：一、封建宗法的东西消失了，金钱成为人们之间的唯一联系；二、旧社会的一切关系脱去了神圣外衣，一切高尚的如艺术等均成了交易对象；三、生产力得到发展，使未来社会的劳动变得轻松；四、工人摆脱了对封建关系的依附，可以自由支配自己的钱了。[5]。可见，私有制造成的无产阶级与资产阶级的伦理关系的对立最终将导致新的伦理关系的产生。

三、资本主义生产条件下人与人的异化关系

实际上，围绕着资本这条主线，马克思提出了资本主义社会人与人之间三个方面的异化关系。

1. 从资本与其支配者的关系来说，劳动是一种异化劳动

在《第一手稿·异化劳动》当中，马克思对“异化的人”的伦理特性作了四个方面的具体分析：(1)“工人同自己的劳动产品的关系就是同一个异己的对象的关系。因为根据这个前提，很明显，工人在劳动中耗费的力量越多，他亲手创造出来反对自身的、异己的对象世界的力量就越强大，他本身、他的内部世界就越贫乏，归他所有的东西就越少。”[4]即劳动者同自己的创造物之间形成了一种敌对的社会伦理关系。(2)“异化不仅表现在结果上，而且表现在生产行为中，表现在生产活动本身中。”“劳动对工人说来是外在的东西，也就是说，不属于他的本质的东西，因此，他在自己的劳动中不是肯定自己，而是否定自己，不是感到幸福，而是感到不幸，不是自由地发挥自己的体力和智力，而是使自己的肉体受折磨、精神遭摧毁。”[4]所以，劳动的异化表达了劳动者这样的伦理命运：社会劳动是他首先确保自身生存的手段，而决不是创造性活动的满足。(3)“异化劳动，由于①使自然界，②使人本身，他自己的活动机能，他的生命活动同人相异化，也就使类同人相异化；它使人把类生活变成维持个人生活的手段。第一，它使类生活和个人生活异化；第二，把抽象形式的个人生活变成同样是抽象形式和异化形式的类生活的目的。”[4] (4)“人同自己的劳动产品、自己的生命活动、自己的类本质相异化这一事实所造成的直接结果就是人同人相异化。当人同自身相对立的时候，他也同他人相对立。凡是适用于人同自己的劳动、自己的劳动产品和自身的关系的东西，也都适用于同他人、同他人的劳动和劳动对象的关系。”[4]

在归结了生产者作为异化的人的四个方面的伦理特质之后，马克思提出了问题：“如果说劳动产品对我说来是异己的，是作为异己的力量同我相对立，那么，它到底属于谁呢?”[4]紧接着他作了这样的回答：“如果劳动产品不属于工人，并作为一种异己的力量同工人相对立，那么，这只能是由于产品属于工人之外的另一个人。如果工人的活动对他本身来说是一种痛苦，那么，这种活动就必然给另一个人带来享受和欢

乐。不是神也不是自然界，只有人本身才能成为统治人的异己力量。”[4]这个统治人的人就是资本家。资本家与工人构成资本主义社会一对重要的伦理关系。在这种关系中，资本家是工人不自由的前提。马克思在这个论断中所涉及的问题不仅仅是对资本家与工人的经济关系的精确的、伦理的描述，而且联系着这种关系作为具有独特性质的生产方式的具体现实，体现着资本主义社会对抗的伦理关系结构，为他对资本主义制度的伦理批判打下了基础。

2. 从资本与所有者的关系来说，资本家是资本的“人格化”

在论述了劳动者的异化后，马克思还指出，作为统治人的资本家，其在“物的依赖关系”的社会形态当中也是异化的，就像教士异化为上帝的代表，从而湮灭了自己的人性一样，资本家拥有了资本，自以为成了社会的统治者，并可以为所欲为时，却忘记了，他实际上只是资本的人格化，是以自己的意识和行为履行资本的某种职能。资本家在使工人的劳动异化的同时，也使自己异化了。他放弃了自己做人的本质活动——劳动，从而将自己异化为物的工具和手段，而他们本人也因此丧失了真正的自由与价值。

在对资本家的经济伦理特性的描述中，马克思提出了一个著名命题，即人是自己的社会关系的“人格化”。马克思指出：“资本家和雇佣工人，本身不过是资本和雇佣劳动的体现者，人格化，是由社会生产过程加在个人身上的一定的社会性质，是这些一定的社会生产关系的产物。”[6]人是社会关系的产物，是马克思逐渐强化的一个历史唯物主义命题。人的现实伦理特质即是对自然特质的超越。所谓人是社会关系的人格化，就是说任何人都不单单属于自己，还属于他人，群体。就资本家而言，他是“人格化的资本”[2]，资本不是物，不是物的天然属性，而是一种以物为媒介的人和人之间的社会关系。

资本要想在生产中实现增殖，就必须有一定的人对它关心，承担它的运转，实现它的增殖，就是说使人成为资本的化身和代表，这就是一般意义上的资本人格化，“资本不人格化，就没有灵魂。”[7]作为资本的人格化，资本家忠实地、有效地执行了自己的职能，也正是在他自愿地将自己的意志和意识异化为资本的意志和意识，将自己的行为全部纳入资本运行的轨道时，资本家开始了自己的异化。

首先，是资本家人的本质的异化。他要将人的本质属性中的人性这个因素，交给资本，去执行物的资本所不能行使的人的职能。这样，不仅资本家的劳动异化了，而且他的需要和交往也被异化了。“资本家作为资本家所要完成的、恰好使他同工人相区别、相对立的特殊职能，被表现为单纯的劳动职能。在这个过程中，执行职能的资本家与工人相比，不过是在进行另一种劳动。因此，剥削的劳动和被剥削的劳动，二者作为劳动成了同一的东西。剥削的劳动，像被剥削的劳动一样，是劳动。”[6]

第二，资本家是资本拜物教的体现者和崇拜者。资本拜物教，作为一种扭曲了的生产关系，作为对这种关系的歪曲的反映，首先体现于资本家身上，而资本家也自觉地痴迷于这种物统治人的宗教狂热。马克思指出：“以资本家的形态而存在的过去劳动和价值的独立化和人格化，构成资本实质的过去劳动对活劳动的统治，此外，工人就他作为客体化的存在来说不过转化为物质劳动能力，转化为商品，转化为资本生产性的（源泉）——所有这一切，都不表现为社会生产关系的结果，而是相反，社会生产关系倒表现为作为生产过程各特殊要素的上述各种东西和劳动之间的物质关系的结果。在作为关系的资本中——即使撇开资本的流通过程来考察这种关系——实质上具有特征的是，这种关系被神秘化了，被歪曲了，在其中主客体是颠倒过来的，就像在货币上所表现出来的那样。由于这种被歪曲的关系，必然在生产过程中产生出相应的被歪曲的观念，颠倒了的意识，而这些东西由于流通过程本身的变形和变态而完成了。然而资本家作为资本家，无非是资本本身的这种运动。他在现实中是怎样的，他在意识中也是怎样的。”[8]

第三，资本家之间因资本之间的冲突，而处于相互矛盾的状态。资本的增值欲是无限的，而随着生产的发展，资本间的竞争又是相当激烈的。小至两个企业，大至若干资本集团，甚或国家之间，总是在相互猜疑、敌视，乃至斗争中交往着。有时是和平共处，从经济上争利益，有时则爆发战争，将工人的劳动再异化成战火，以工人的生命换取资本的增殖。资本家在相互的对立中又统一着，结合为一个阶级，这是他们共同利益的表现。而作为一个阶级，又是与另一个阶级相对立的，这是更大范围的对立。

3. 从资本与交换者的关系来说，人与人之间的物化关系不可避免

从交换的角度来看，资本是商品和商品交换发展的产物，是货币发展的高级形式。从表面上看，资本就体现为商品和货币，但是，资本绝不仅仅是一种物，绝不是作为产品的物本身，也不是作为金钱的金银或纸币本身，而是一种关系，是一种体现在商品和货币之中的劳动与劳动的关系、人与人的关系。这种关系，是人们在劳动过程中创造的，又是人们在交换过程中实现的。

正是在资本主义市场经济当中，为了交换价值的生产，人与人之间的关系颠倒地表现为物与物的关系，这种“物的依赖性”成为资本主义社会形态人类主体性的基本状况。由于交换价值成为目的，一切的一切都必须转化为交换价值，这是个人通向现实社会的唯一通道。并且，交换价值又必然从一般等价物发展到货币。马克思在分析即将转化为资本的货币时指出：“货币在这里首先表现为目的本身，商品交易和交换只是为实现这一目的而服务的。”[8]相对于过去那种人与人的直接交往关系，现在资本主义社会中人与人的关系经过交换中介的物化（颠倒）就不可避免。马克思写道：“活动的社会性，正如产品的社会形式以及个人对生产的参与，在这里表现为对于个人是异己的东西，表现为物的东西；不是表现为个人互相间的关系，而是表现为他们从属于这样一些关系，这些关系是不以个人为转移而存在的，并且是从毫不相干的个人互相冲突中产生出来的。活动和产品的普遍交换已成为每一单个人的生存条件，这种普遍交换，他们的互相联系，表现为对他们本身来说是异己的、无关的东西，表现为一种物。在交换价值上，人的社会关系转化为物的社会关系；人的能力转化为物的能力。”[8]这样，颠倒和物化就发生了：“为什么人们信赖物呢？显然，仅仅是因为这种物是人们互相间的物化的关系，是物化的交换价值，而交换价值无非是人们互相间生产活动的关系。”[8]

马克思指出：“一种社会生产关系表现为一个存在于个人之外的物，这些个人在社会生活的生产过程中所发生的一定关系表现为一个物品的特殊属性，这种颠倒，这种不是想象的而是平凡实在的神秘化，是生产交换价值的劳动的一切社会形式的特点。”[9]马克思揭示了资本主义社会物化关系的悲剧现实，在强大的经济力面前，个人如此微不足道，以致于成为物的奴隶，成为社会生产实现利润的工具。

【注释】

[1]［德］彼得·科斯洛夫斯基．伦理经济学原理［M］．北京：中国社会科学出版社，1997：13. 修正主义者伯恩斯坦也引用此话暗中攻击马克思学说没有革命意义。

[2] 马克思恩格斯文集（第5卷）［M］．北京：人民出版社，2009：358、594、744.

[3] 马克思恩格斯全集（第32卷）［M］．北京：人民出版社，

1998：405.

［4］马克思恩格斯文集（第1卷）［M］．北京：人民出版社，2009：62、72、94、157、159、162、163－164、164、165、189、190、191、440、442、443、594、564.

［5］马克思恩格斯文集（第6卷）［M］．北京：人民出版社，2009：659-660.

［6］马克思恩格斯文集（第7卷）［M］．北京：人民出版社，2009：430、995.

［7］宋希仁．商品交换中的伦理关系——《资本论》经济伦理思想［J］．湘潭师范学院学报（社会科学版），2002，（1）．

［8］马克思恩格斯文集（第8卷）［M］．北京：人民出版社，2009：51、54、427、455.

［9］马克思恩格斯全集（第13卷）［M］．北京：人民出版社，1962：38.

（余达淮　李克明　吴静，原作发表于《江苏社会科学》2016年第5期）

马克思恩格斯《共产党宣言》的伦理思想

一、《共产党宣言》的唯物史观与对无产阶级的道德热情

早在《1844年经济学—哲学手稿》当中，马克思就阐明了他对无产阶级的道德立场，“……他在自己的劳动中不是肯定自己，而是否定自己，不是感到幸福，而是感到不幸，不是自由地发挥自己的体力和智力，而是使自己的肉体受折磨，精神遭摧残。因此，工人只有在劳动之外才感到自在，而在劳动中则感到不自在，他在不劳动时觉得舒畅，而在劳动时就觉得不舒畅。”[1]马克思对无产阶级的阶级地位给予了道德同情，对工人所处的“劳动”进行了道德批判，这种“折磨人”“摧残人”的异化劳动来源于工人阶级不能自己掌握自己从事劳动的生产资料，工人与自己的劳动以及劳动产品相对立，这就直接导出了这种异化劳动的根源在于私有制；所以马克思恩格斯在《共产党宣言》中说：“共产党人可以把自己的理论概括为一句话：消灭私有制。”[2]这里马克思恩格斯似乎提出了一种认识资产阶级的道德理论，这种道德理论基于马克思恩格斯对无产阶级受剥削的命运的同情和对资产阶级奴役他人劳动的权力而坐享其成的愤慨而提出，基于马克思恩格斯认为资本主义是一种不人道的剥削制度，而且这种制度应该被共产党人发动工人成为阶级并谋求阶级利益用暴力推翻资产阶级而消亡。然而，马克思恩格斯对无产阶级满怀厚望的道德热情并未使他们否定历史唯物主义的世界观，事实上马克思恩格斯认为道德是一种意识形态，意识形态虽然可以有反作用，从观念和形而上学出发来规定世界的法则和行为的应该，但当“道德、宗教、形而上学和其他意识形态，以及与它们相适应的意识形式便不再保留独立性的外观了”[1]，这些意识形式因为“没有历史，没有发展”，根本上这种意识形式受制于生活本身，“发展着自己的物质生产和物质交往的人们，在改变自己的这个现实的同时也改变着自己的思

维和思维的产物。不是意识决定生活，而是生活决定意识。”[1]恩格斯早在《英国女工状况》中曾经表达自己对受贫困而被迫卖淫的女工阶层的同情，他指出“现在我们所谈到的这些消灭卖淫现象的努力都是徒劳的，主要错误在于不想抓祸害的根源；而这种祸害主要是产生道德问题的经济问题。”[3]在1883年《共产党宣言》德文版序言中，恩格斯说道：“每一历史时代的经济生产以及必然由此产生的社会结构，是该时代政治的和精神的历史的基础，因此（从原始土地公有制接替以来）全部历史都是阶级斗争的历史，即社会发展各个阶段上被剥削阶级和剥削阶级之间、被统治阶级和统治阶级之间斗争的历史；而这个斗争现在已经达到这样一个阶段，即被剥削被压迫的阶级（无产阶级），如果不同时使整个社会永远摆脱剥削、压迫和阶级斗争，就不再能使自己从剥削它压迫它的那个阶级（资产阶级）下解放出来。”[2]恩格斯特别强调这是马克思一人的思想。他在1888年《共产党宣言》英文版序言中又一次明确指出马克思是在“每一历史时代主要的生产方式与交换方式以及必然由此产生的社会结构，是该时代政治的和精神的历史所赖以确立的基础，并且只有从这一基础出发，这一历史才能得到说明”[2]。这样的唯物史观下写作《共产党宣言》的。直至1890年，恩格斯在致约·布洛赫的信中还说，“……根据唯物史观，历史过程中的决定性因素归根到底是现实生活的生产和再生产。无论马克思和我都从来没有肯定过比这更多的东西。”[4]

西方马克思主义一直以来有一个纠结，“马克思和马克思主义者都没有为我们提供马克思主义的伦理基础。”[5]在马克思恩格斯那里，“都是拒绝把社会主义建立在道德哲学或道德的基础之上。”[5]似乎马克思恩格斯是反对伦理学、反对道德的；我们认为这其中并没有深刻的矛盾；存在决定意识，但是意识具有反作用；马克思恩格斯一般情况下都反对资产阶级的意识形态，道德作为意识形态，当它不能把道德判断建立在事实的基础上的时候，它是虚假的，掩饰的，苍白无力甚至于反动的，但当道德判断建立在事实的基础之上，像恩格斯在《反杜林论》中所指出的那样，它具有进步意义；而且，道德的反作用是人们实践—认识—再实践—再认识过程中的一环，道德固然是对生活于其中的那个社会的特定生产关系的反映，道德信念就并非一定是不可论证的或者主观的。“无论如何善不是恶，恶不是善；如果把善恶混淆起来，那么一切道德都将完结，而每一个人都可以为所欲为了。”[6]还是列宁说得好，“只有把社会关系归结于生产关系，把生产关系归结于生产力的水平，才能有可靠的根据把社会形态的发展看作自然历史过程。不言而喻，没有这种观点，也就不会有社会科学。”[7]列宁说，“主观主义者虽然承认历史现象的规律性，但不能把这些现象的严谨看作自然历史过程，这是因为他们只限于指出人的社会思想和目的，而不善于把这些思想和目的归结于物质的社会关系。”[7]

二、基于这种唯物史观，马克思恩格斯指出资本的道德二重性

马克思恩格斯认为，资产阶级在历史上曾经起过非常革命的作用。资产阶级是资本的拥有者，资本家是资本的“人格化”。对于资本道德，马克思恩格斯首先从它的“交换价值”论证了资本趋利性的卑鄙的一面，资本的拥有者“资产阶级在它已经取得了统治的地方把一切封建的、宗法的和田园般的关系都破坏了。它无情地斩断了把人们束缚于天然尊长的形形色色的封建羁绊，它使人和人之间除了赤裸裸的利害关系，除了冷酷无情的‘现金交易’，就再也没有任何别的联系了。它把宗教虔诚、骑士热忱、小市民伤感这些情感的神圣发作，淹没在利己主义打算的冰水之中。它把人的尊严变成了交换价值，用一种没有良心的贸易自由代替了无数特许的和自力挣得的自由。总而言之，它用公开的、无耻的、直接的、露骨的剥削代替了由宗教幻想和政治幻想掩盖着的剥削。”[2]资本对全部社会关系进行改造、革命，“生产的不断变革，一切社会状况不停的动荡，永远的不安定和变动，这就是资产阶级时代不同于过去一切时代的地方。一切固定的僵化的关系以及与之相适应的素被尊崇的观念和见解都被消除了，一切新形成的关系等不到固定下来就陈旧了。一切等级的和固定的东西都烟消云散了，一切神圣的东西都被亵渎了。人们终于不得不用冷静的眼光来看他们的生活地位、他们的相互关系。”[2]接着，马克思恩格斯论述到资本的另一面，即资本文明、造福于人类的一面，“资产阶级，由于一切生产工具的迅速改进，由于交通的极其便利，把一切民族甚至最野蛮的民族都卷到文明中来了。它的商品的低廉价格，是它用来摧毁一切万里长城、征服野蛮人最顽强的仇外心理的重炮。它迫使一切民族——如果它们不想灭亡的话——采用资产阶级的生产方式；它迫使它们在自己那里推行所谓文明，即变成资产者。一句话，它按照自己的面貌为自己创造出一个世界。”[2]这是资本创造出文明的特征；“资产阶级使农村屈服于城市的统治。它创立了巨大的城市，使城市人口比农村人口大大增加起来，因而使很大一部分居民脱离了农村生活的愚昧状态。”[2]这是资本改变愚昧的特征；“资产阶级在它的不到一百年的阶级统治中所创造的生产力，比过去一切世代创

造的全部生产力还要多，还要大。自然力的征服，机器的采用，化学在工业和农业中的应用，轮船的行驶，铁路的通行，电报的使用，整个大陆的开垦，河川的通航，仿佛用法术从地下呼唤出来的大量人口，——过去哪一个世纪料想到在社会劳动里蕴藏有这样的生产力呢?"[2]这是资本创造出生产力，积累社会财富的特征。正因为马克思恩格斯是唯物主义者，资本本身在资本主义生产方式占据主导地位时表现出来的矛盾的二重性，带给他们几多欢喜几多愁，从历史唯物主义的观点出发，他们得出结论："随着大工业的发展，资产阶级赖以生产和占有产品的基础本身也就从它的脚下被挖掉了。它首先生产的是它自身的掘墓人。资产阶级的灭亡和无产阶级的胜利是同样不可避免的。"[2]换句话说，资产阶级利用资本的协调原则必然在"市场的局限性中显露出来"[8]。资本表现的"恶"最终超出资本表现的"善"，从而带给无产阶级困扰和反抗。又言之，在社会主义利用资本消灭资本的现实运动中，如何建构一种良性的道德秩序和价值导引，使资本在人的全面发展的道路上更多地成为"润滑剂"而不是羁绊，对资本"在场"的道德合理性进行追问，揭示资本与道德之间的关系"应当"如何，是一个特色社会主义理论与实践的重大课题。

三、《共产党宣言》对无产阶级道德解放的描述

无产阶级的道德解放首先是从"消灭构成个人的一切自由、活动和独立的基础的财产"[2]中获得的。"无产者没有什么自己的东西必须加以保护，他们必须摧毁至今保护和保障私有财产的一切。"[2]社会主义或者共产主义是一种丰裕社会，无产阶级在摧毁旧机器的同时，获得自身道德解放的物质前提。

其次，"法律、道德、宗教在他们看来全都是资产阶级偏见，隐藏在这些偏见后面的全都是资产阶级利益。"[2]无产阶级要想成为社会的主导阶级，应当获得教育的解放。马克思恩格斯说，"而你们的教育不也是由社会决定的吗？不也是由你们进行教育时所处的那种社会关系决定的吗？不也是由社会通过学校等等进行的直接的或间接的干涉决定的吗？共产党人并没有发明社会对教育的作用；他们仅仅是要改变这种作用的性质，要使教育摆脱统治阶级的影响。"[2]无产阶级不需要那种把人变成机器的教育，无产阶级通过社会实践获得新的认识，"宗教的、道德的、哲学的、政治的、法的观念等等在历史发展的进程中固然是不断改变的，而宗教、道德、哲学、政治和法在这种变化中却始终保存着。此外，还存在着一切社会状态所共有的永恒真理，如自由、正义等等。

但是共产主义要废除永恒真理，它要废除宗教、道德，而不是加以革新，所以共产主义是同至今的全部历史发展相矛盾的。”[2]

第三，无产阶级应当获得家庭解放。“我们的资产者装得道貌岸然，对所谓的共产党人的正式公妻制表示惊讶，那是再可笑不过了。公妻制无须共产党人来实行，它差不多是一向就有的。”[2]无产阶级的家庭绝非是所谓“公妻制”的资产阶级货色，早在《1844年经济学—哲学手稿》里，马克思就明确指出，消灭婚姻实行共妻制是粗陋的共产主义。这说明，马克思是反对消灭婚姻，反对共妻的。“我们的资产者不以他们的无产者的妻子和女儿受他们支配为满足，正式的卖淫更不必说了，他们还以互相诱奸妻子为最大的享乐。资产阶级的婚姻实际上是公妻制。人们至多只能责备共产党人，说他们想用正式的、公开的公妻制来代替伪善地掩蔽着的公妻制。其实，不言而喻，随着现在的生产关系的消灭，从这种关系中产生的公妻制，即正式的和非正式的卖淫，也就消失了。”[2]资产阶级一直把妻子看作生产工具，共产党人要把生产工具公有，人们自然就会想到妻子也要公有。这就想歪道上了，把共产党人的主张理解错了。其实，马克思恩格斯所代表的共产党人并没有这个意思。共产党人正是要使妇女不再处于生产工具的地位，这说明了共产党人的主张不是资产阶级想的那样，实行共妻制。共产党人说的无产阶级的家庭解放，是将建立在资本上的家庭消灭，是婚姻和爱情一并解放的充满同志和战斗友谊的解放。

第四，无产阶级应当组成“联合体”，在那里，“每个人的自由发展是一切人的自由发展的条件。”[2] “当阶级差别在发展进程中已经消失而全部生产集中在联合起来的个人的手里的时候，公共权力就失去政治性质。”[2]无产阶级组织成一种新社会，在那里，“可能随着自己的兴趣今天干这事，明天干那事，上午打猎、下午捕鱼，傍晚从事畜牧，晚饭后从事批判。”[1]充分实现“每个人的自由发展是一切人的自由发展的条件”这一伟大目标。资本主义把人与人之间的关系变成金钱关系，淹没在利己主义的冰水之中。共产主义要做出改变，不仅要消灭一切人剥削人、人压迫人的现象，而且要消灭工农之间、城乡之间、脑力劳动和体力劳动之间的差别，还要使社会的每个成员都能受到良好教育，思想道德素质和文化素质都极大提高。只有这样，人与人之间、人与整个社会之间的利益才能达到高度一致，社会和谐才能达到最高境界。那时，“让别人的生活由于你的存在而更美好”，“让别人的自由因为你的存在而更自由”将会成为每个人的生活信条，成为普遍的社会现实。

四、从《共产党宣言》到新时代中国特色社会主义的阶级担当力量

《共产党宣言》是无产阶级的《圣经》，无产阶级将是新社会的主人。但是要实现共产主义是一个非常漫长的历史过程。我们必须认清自己的使命，分析并洞察各种资本主义新变化、新现象的本质。我们应该看到，资产阶级和无产阶级的斗争从来就没有停息过。只是在新的历史时期，表现为新的形态而已。在十九大报告当中，习近平提出中国特色社会主义进入新时代的思想，意味着中华民族迎来了从站起来、富起来到强起来的伟大飞跃。习近平新时代中国特色社会主义思想的最大变化在于提出了当前国家的主要矛盾的变化，即“人民日益增长的美好生活需要和不平衡不充分的发展之间的矛盾”[9]。但是这一基于生产力与生产关系矛盾的新说法没有改变我们对社会主义仍处于初级阶段的判断，国际地位仍是世界最大发展中国家的判断。

构建社会主义和谐社会就是一个不断化解社会矛盾的持续过程。我们要坚定信心，不被当前世界形势和资本主义的表面现象所迷惑，更不为社会主义的现状而动摇。我国目前最大的困境就是仍处于社会主义初级阶段，但只要我们坚持走下去，未来将是美好的。无论处于何种环境下，我们都必须坚守心中的理想，着手现在，憧憬未来。

习近平说：“中国特色社会主义是改革开放以来党的全部理论和实践的主题。”还充分体现了马克思主义和中国革命实践相结合的时代性。中国特色社会主义不仅仅是马克思主义在新时代的发展与创新，也是社会主义经历500年艰难曲折发展变化的新高潮。其一，中国特色社会主义开创了社会主义市场经济；社会主义也可以运用资本、市场为人民办事谋利；中国经济、文化和国防等国力大幅度上升，在经历苏东变化、社会主义进入第二次低潮之后迅速聚积力量，发展壮大起来。其二，中国社会生产力发展神速，目前国民生产总值已位列世界第二，比第三日本超出一倍，很快赶上美国；尤其科技生产力发展迅速，目前在量子卫星技术（通讯）等方面世界领先；充分显示了社会主义集中精力办大事的优越性。其三，中国特色社会主义体现四个自信，其中的文化自信表明马克思主义在中国获得广泛的社会基础，社会主义的人民当家作主、共享发展、社会丰裕，日渐体现。其四，这是离我们实现中国梦最近的时代，中国特色社会主义，对于谋划实现“两个一百年”，最终实现“每个人的自由发展是一切人自由发展的条件”的共产主义，已经显示出强大生命力与创造力。

这个时候，当我们谈论社会主义的担当力量或者说社会主义的道德主体担当力量，应该属于意识形态对于社会主义新时代变化的积极的反作用或相对独立性。在理论上，以马克思列宁主义以及马克思主义中国化的优秀理论成果为“理论担当”，则凸显了在新时代发展马克思主义的时代任务。在实践中，以中国共产党作为习近平新时代中国特色社会主义思想的“领导担当”，在社会实践中直接承接并发展相关理论，也就是充分行使其“先锋队”的历史角色。而人民群众则是习近平新时代中国特色社会主义思想的“实践担当”，是习近平新时代中国特色社会主义思想实践的主体与基础，是实现共产主义人的自由全面发展的主流；这一道德主体是充分认识与尊重人民群众在社会历史发展中的巨大“推动力”的载体。

【注释】

[1] 马克思恩格斯文集（第1卷）［M］．北京：人民出版社，2009：159、525、537.

[2] 马克思恩格斯文集（第2卷）［M］．北京：人民出版社，2009：9、14、33-34、42、43、45、49-51、53.

[3] 马克思恩格斯全集（第45卷）［M］．北京：人民出版社，1985：185.

[4] 马克思恩格斯全集（第10卷）［M］．北京：人民出版社，1985：591.

[5]［加拿大］凯·尼尔森：马克思主义与道德观念［M］．李义天，译．北京：人民出版社，2014：36、39.

[6] 马克思恩格斯文集（第9卷）［M］．北京：人民出版社，2009：98.

[7] 列宁全集（第1卷）［M］．北京：人民出版社，1984：110.

[8]［德］科斯洛夫斯基．资本主义的伦理学［M］．北京：中国社会科学出版社，1996：56.

[9] 习近平：决胜全面建成小康社会，夺取新时代中国特色社会主义伟大胜利．人民日报，2017-10-18.

（余达淮，原作发表于《马克思主义伦理学第四届年会论文集》，清华大学出版社，2018年11月版）

《1857—1858 年经济学手稿》伦理思想探析

《1857—1858 年经济学手稿》是马克思“一生的黄金时代的研究成果”[1]，它的最引人注目的变化就是，马克思的经济学理论“开始由原来对现实的批判转变为对理论体系的批判”[2]。就经济伦理思想而言，在《巴黎笔记》《1844 年经济学哲学手稿》《德意志意识形态》等前期著作当中，马克思受黑格尔建立在哲学本体论上的理性价值观悬设的影响，也受费尔巴哈的类本质和异化观的影响，在他试图对经济现象和社会现象做出解释时，他把理论的重点放在扬弃劳动异化、消灭私有制、复归人的本质之共产主义理想的生存状态和终极目标上，也就是说采用了经济人类学的视角。而在《1857—1858 年经济学手稿》当中，马克思已经发现了商品、价值的经济学逻辑起点，通过对资本主义生产、交换、流通、分配的动态过程的分析，揭示了资本、货币、劳动、价值的本质。然而，这并不像宋巴特所说的，“在马克思主义中没有一点儿伦理学，而只有经济的规律性”[3]，而是经历了研究经济伦理的视角变化。马克思在经济运动过程、各种经济关系和经济范畴的分析中，始终没有忽视伦理的审视目光，始终没有放弃对资产阶级经济伦理关系的批判和对无产阶级伦理命运的关怀，无论是前期的偏重于经济人类学的话语，还是此时的严整的经济学理论演绎，都揭示了资本主义生产方式和其所包含的生产力与生产关系的深刻矛盾，从而揭示了这一矛盾引起的伦理关系的后果和不同阶级的不同的伦理命运；揭示了经济范畴及其运行的内在的关涉伦理与道德的关系；揭示出生产关系背后的伦理关系及其实质。如果说马克思在 40 年代的手稿、著述和大量的经济学笔记是对黑格尔、费尔巴哈、蒲鲁东、赫斯等人的人本学观念的重置的话，那么，《1857—1858 年经济学手稿》体现的思想基础，是对资本主义社会的现实历史观以及相关联的经济永恒规律思想的重置。对于前者来说，批判的话语可以是游离于经济学的，表现一种价值悬设的“应该”和道德义愤。对于后者，则只能是一种“是”的判断和预期，从而不能脱离经济过程和经济范畴本身，这也就是所谓经济伦理的视角。在这里，经济学与伦理学的结合完全不是拼图式的，而是有机的统一。

一、物的依赖关系是资本主义伦理关系的基础

经济主体的伦理分析是马克思经济伦理思想的主要内容之一。马克思认为，在特定的社会经济形态下，经济主体以特有的方式存在，体现特有的主体性。从人类主体活动的社会形式角度，马克思把人类社会分成三个形态，他说：“人的依赖关系（起初完全是自然发生的），是最初的社会形态，在这种形态下，人的生产能力只是在狭窄的范围内和孤立的地点上发展着。以物的依赖性为基础的人的独立性，是第二大形态，在这种形态下，才形成普遍的社会物质变换，全面的关系，多方面的需求以及全面的能力的体系。建立在个人全面发展和他们共同的社会生产能力成为他们的社会财富这一基础上的自由个性，是第三个阶段。第二个阶段为第三个阶段创造条件。”[4]这种社会形态的划分，以经济主体在对象化和社会实践过程中的主体性为基础。在第一种形态下，主体的自由度受主体的能力和对环境的控制度限制，个人受制于环境或受制于他人，个体缺乏独立性。在第二种形态下，经济主体获得了人身自由，通过物的交换关系获得形式上的独立性，但仍然受制于物。第三种形态是人与人自由联合，经济主体获得了真正的独立，他们的共同的生产能力以及社会财富的极大丰富成为个人自由活动的基础，个人能够驾驭社会生产，支配社会环境。

在《1857—1858年经济学手稿》中，马克思分析了与资本主义主体性相对应的“物的依赖关系”。“物的依赖关系无非是与外表上独立的个人相对立的独立的社会关系，也就是与这些个人本身相对立而独立化的、他们互相间的生产关系。”[4]在由物所制约的交换关系和所有关系当中，无论是资本家还是工人都获得了“人的独立性”。马克思对物的依赖关系作了这样的总的评价：“人们说过并且还会说，美好和伟大之处，正是建立在这种自发的、不依个人的知识和意志为转移的，恰恰以个人互相独立和毫不相干为前提的联系即物质的和精神的新陈代谢上。毫无疑问，这种物的联系比单个人之间没有联系要好，或者比只是以自然血缘关系和统治服从关系为基础的地方性联系要好，同样毫无疑问，在个人创造出他们自己的社会联系之前，他们不可能把这种联系置于自己支配之下。如果把这种单纯物的联系理解为自然发生的、与个性的自然

（与反思的知识和意志相反）不可分割的、而且是个性内在的联系，那是荒谬的。”[4]

我们对于物的依赖关系，要进行历史的客观的评价。一方面，必须肯定物的依赖关系是人类社会关系进步的一个重要历史阶段，在这个阶段，人们摆脱了地区性的自发联系，建立起普遍的劳动体系和社会交往关系。同时，个体与社会共同体的关系由个人直接从属于社会，发展为个人间接地依赖社会，为个性的成长、个人能力的发展提供了较大的余地。马克思说：“因为单个人不能摆脱自己的人的规定性，但可以克服和控制外部关系，所以在第二个场合他看起来享有更大的自由。”[4]个人受物的支配程度的大小，在很大程度上取决于他的主观努力，而不像在人的依赖关系中，社会环境对人的支配是宿命的，不可逆转的。所以，物的依赖关系培养着人的独立创造精神，促进个人发展。另一方面，我们又要看到，物的依赖关系造成直接的事实是：经济主体的伦理特质处于异化的状态。不独劳动者异化，作为统治人的资本家，其在“物的依赖关系”的社会形态中，也是异化的，就像教士异化为上帝的代表，从而湮灭了自己的人性一样，资本家在拥有了资本，自以为成了社会的统治者，并可以为所欲为时，却忘记了，他实际上只是资本的人格化，是以自己的意识和行为履行资本的某种职能。资本家在使工人的劳动异化的同时，也使自己异化了。他放弃了自己做人的本质活动——劳动，从而将自己异化为物的工具和手段，而他们本人也因此丧失了真正的自由与价值。

二、“剩余价值”是理解资本主义伦理关系实质的中心范畴

剩余价值理论是马克思一生中两个最伟大的发现之一，它的创立至少有三个方面的意义。一是剩余价值理论虽然受到资产阶级政治经济学的影响，但其概念和实质都已经脱胎换骨，它真正揭示了资本主义生产的实质。二是剩余价值理论没有脱离资本主义生产的整个过程来研究，它的所有经验的、实证的、抽象的、案例的方法都是与历史唯物主义统一的。三是剩余价值理论不仅是政治经济学的也是经济伦理学的。剩余价值理论揭示了资本主义生产关系的实质及其必然命运，揭示了资本主义生产关系的不平等的利益关系，因为资本的无限生产性还以“扩大的规模创造出资本主义关系”[5]，并日益显示出对立性，揭示了资本主义社会中资产阶级和无产阶级的伦理命运。

马克思在《1857—1858年经济学手稿》中第一次使用“剩余价值”

（Mehrwert，德文）一词，这一名词源于李嘉图的信徒英国社会主义者威廉·汤普逊的著作《最能促进人类幸福的财富分配原理的研究》一书。正如恩格斯所指出的，汤普逊用“剩余价值”（surplus value）来表示机器的资本家同手工劳动的手工业者相比而言获得的超额利润。同斯密、李嘉图等人从利润、地租等特殊形式来考察剩余价值不同，马克思从利润、地租中抽象出剩余价值这一内在的、本质的规定性。马克思在李嘉图使用利润这个名词的地方使用了“剩余价值”，表明了同古典经济学认识论断裂[6]的立场，这一革命性的名词从一开始就蕴含着资本生产中劳资双方不平等伦理关系的内涵。马克思指出：“在资本方面表现为剩余价值的东西，正好在工人方面表现为超过他作为工人的需要，即超过他维持生命力的直接需要而形成的剩余劳动。”[4] 在剩余价值生产过程中，资本在购买劳动力的同时却占有工人的剩余劳动，这样一方是被迫的出卖，另一方是口头上出于道德同情的购买，而实际上却是从剩余劳动中对剩余价值的攫取，势必造成资本主义伦理关系的内在冲突。

从剩余价值源于并恰好等于剩余劳动的事实出发，马克思揭示了资本家和工人阶级表面平等交换背后的不平等关系。对其中的不平等的伦理关系，马克思讽刺道：“资本家之间能够分配的不外是剩余价值。资本家之间分配这种剩余价值的比例——不论公平与否——丝毫改变不了资本和劳动之间的交换和这种交换的关系。”[4] 在马克思这里，剩余价值范畴是异化劳动的转化形式，它作为关系范畴，体现了资本主义剥削的本质、工资的本质、财富的本质、货币的本质、利润的本质。剩余价值归不同人所有，则体现不同的所有制关系和伦理关系双方的社会地位。剩余价值范畴是马克思经济伦理批判的基础，它体现着马克思对无产阶级伦理命运的关怀。可以说，没有剩余价值范畴，马克思的经济伦理思想就没有灵魂。

三、“自由”“平等”是资产阶级自说自话的正义幻象

在《政治经济学批判》草稿中，马克思对资产阶级社会视为永恒的自由、平等等经济范畴给予了伦理批判。在《〈政治经济学批判〉导言》中，马克思初步阐明了商品经济的生产、分配、交换、消费的辩证关系，指出生产的决定作用及其历史阶段性，并指出生产关系中应当包括交换关系、分配关系。正是在这个意义上，斯大林曾认为生产关系包括马克思所说的“互相交换其活动”的因素[7]。从唯物史观的立场出发，生产关系决定伦理关系，那么，一定社会的伦理关系中必然有一定生产

方式和交换形式的内容。在自然经济的形式下，“需求的满足无须依靠交换，因为这种以奴隶劳动为基础的自然经济一方面把越来越多的人口纳入其范围，另一方面则并不依靠市场而是以奴隶庄园本身的生产来满足奴隶的消费需要”[89]。可见，这种生产方式下的人际关系一般是不需要通过商品交换的，因而其伦理关系连形式上都毫无平等。商品交换是资本主义生产方式最普通的交往形式。在商品交换过程中，交换双方不仅是作为物的代表，也是作为有自觉意志的独立人格相互对待，这样，双方意识到一种超出物的关系的应该和要求，就构成商品交换过程中的伦理关系。相比于前资本主义的各种形式，资本主义生产关系在形式上确立了交换双方的平等，这等于名义上确立了商品交换过程中平等的伦理关系基础。在马克思看来，正是在这里第一次出现了人的法律因素以及其中包含的自由的因素。

马克思抛开资产阶级思想家本阶级道德立场上的自说自话，对自由、平等作了经济学发生的考察。马克思考察了商品交换者交换的形式，马克思承认这种交换在形式上是平等的。马克思说：“只要考察的是形式规定——而且这种形式规定是经济规定，是个人藉以互相发生交往关系的规定，是他们的社会职能或彼此之间的社会关系的指示器——那么，在这些个人之间就绝对没有任何差别。每一个主体都是交换者，也就是说，每一个主体和另一个主体发生的社会关系就是后者和前者发生的社会关系。因此，作为交换的主体，他们的关系是平等的关系。”[4]马克思指出，在这种平等的交换形式上有三种要素：一是“关系的主体即交换者，他们处于同一规定中”；二是“他们交换的对象，交换价值，等价物，他们不仅相等，而且必须相等，还要被承认为相等”；三是“交换行为本身即媒介作用，通过这种媒介作用，主体才表现为交换者，相等的人，而他们的客体则表现为等价物，相等的东西”[4]。

马克思说明了一个道理，即正是人们之间“在需要上和生产上的差别，才会导致交换以及他们在交换中的社会平等”[4]。他说：“如果个人A和个人B的需要相同，而且他们都把自己的劳动实现在同一对象中，那么他们之间就不会有任何关系，从他们的生产方面来看，他们根本不是不同的个人，他们两个人都需要呼吸，空气对他们两个人来说都是作为大气而存在，这一切都不会使他们发生任何社会接触。作为呼吸的个人，他们只是作为自然物，而不是作为人格互相发生关系。”[4]

在现实生活中，人的需要都是不同的，人的欲望也是没有止境的，尤其是资本主义社会分工造成交换的普遍性，那么在市场交换的特定条件下人与人的平等必然是十分必要的。“他们彼此不仅处在平等的关系中，而且也处在社会的关系中。”[4]

马克思进一步说，也由于个人之间以及他们的商品之间的自然差别，“是使这些人结合在一起的动因，是使他们作为交换者发生他们被假定为和被证明为平等的人的那种社会关系的动因，那么除了平等的规定以外，还要加上自由的规定”[4]。这也就是说，在交换过程中，“尽管个人A需要个人B的商品，但他并不是用暴力去占有这个商品，反过来也一样，相反地他们互相承认对方是所有者，是把自己的意志渗透到商品中去的人。因此，在这里第一次出现了人的法律因素以及其中包含的自由的因素。谁都不用暴力占有他人的财产。每个人都是自愿地出让财产”[4]，这是自由的最重要的现实基础。“每个人为另一个人服务，目的是为自己服务；每一个人都把另一个人当作自己的手段互相利用。这两种情况在两个个人的意识中是这样出现的：（1）每个人只有作为另一个人的手段才能达到自己的目的；（2）每个人只有作为自我目的（自为的存在）才能成为另一个人的手段（为他的存在）；（3）每个人是手段同时又是目的，而且只有成为手段才能达到自己的目的，只有把自己当作自我目的才能成为手段，也就是说，这个人只有为自己而存在才把自己变成为那个人而存在，而那个人只有为自己而存在才把自己变成为这个人而存在。”[4]“因此，如果说经济形式，交换，确立了主体之间的全面平等，那么内容，即促使人们去进行交换的个人材料和物质材料，则确立了自由。可见，平等和自由不仅在以交换价值为基础的交换中受到了尊重，而且交换价值的交换是一切平等和自由的生产的、现实的基础。作为纯粹观念，平等和自由仅仅是交换价值的交换的一种理想化的表现；作为在法律的、政治的、社会的关系上发展了的东西，平等和自由不过是双方的这种基础而已。而这种情况也已为历史所证实。”[4]至此，马克思从经济关系的形成中分析出平等自由的意义，指出了在交换关系下自由平等的资产阶级法权表面的合理性。

马克思承认了自由和平等在流通和交换过程形式上的合理性，但是他接着指出：“在现存的资产阶级社会的总体上，商品表现为价格以及商品的流通等等，只是表面的过程，而在这一过程的背后，在深处，进行的完全是不同的另一些过程，在这些过程中个人之间表面上的平等和自由就消失了。”[4]马克思分析道，首先，“交换价值作为整个生产制度的客观基础这一前提，从一开始就已经包含着对个人的强制”[4]。在资本主义商品交换中，个人的劳动力作为商品的一种，已含有社会关系不平等的因素。其次，马克思说："交换价值这个前提决不是从个人的意志产生，也不是从个人的直接自然产生，它是一个历史的前提，它已经把个人当作是由社会决定的人了。"[4]马克思还说，"在自由竞争情况下，自由的并不是个人，而是资本"[8]。因而，"平等地剥削劳动力，是资本的首要的人权"[9]。第三，马克思说，"在交换价值和货币的概念规定中已经潜在地包含着工资和资本的对立等"[4]。资产阶级通过经济关系的抽象规定掩盖了这种对立。马克思最后归结道："交换，交换价值等等最初（在时间上）或者按其概念（在其最适当的形式上）是普遍自由和平等的制度，但是被货币、资本等等歪曲了。或者他们断言，历史迄今为止企图以适合自由和平等的真实性质的方式来实现自由和平等的一切尝试都失败了，而现在他们，例如蒲鲁东，发现了用这些关系的真正历史来代替它们的虚假历史的真正秘诀。对于这些社会主义者必须这样回答：交换价值，或者更确切地说，货币制度，事实是平等和自由的制度，而在这个制度更详尽的发展中对平等和自由起干扰作用的，是这个制度所固有的干扰，这正好是平等和自由的实现，这种平等和自由证明本身就是不平等和不自由。"[4]

马克思通过平等自由形式背后的经济伦理批判，揭露了资产阶级在平等自由口号下对资本主义不平等伦理关系的掩饰，也批评了蒲鲁东等人认为排除货币、资本干扰就能维护交换的普遍平等和自由的幻想。马克思对自由、平等的分析具有现实意义。时至今日，当代西方经济伦理的终极关怀和理想，仍然是资产阶级的自由、平等。在与施特劳斯、麦金太尔、桑德尔等社群主义者的激烈论辩中日益发展的西方自由主义思想，坚持把自由、平等作为普遍原则，认为人类以自由、平等为原则的道德统一性可以超越特定的历史文化形式，它相信人类可以在自由、平等的最佳生活方式上达成理性共识，认为对所有人而言的最佳生活都是一样的。马克思的经济伦理思想并未排斥自由、平等，但与资产阶级相比，前提是不同的。马克思的经济伦理思想是建立在"重建个人所有制"基础之上的人的全面发展，这是自由、平等的新的社会经济制度基础。马克思关心的是无产阶级的伦理命运的解放，是在物质丰裕基础之上人的全面发展，不揭示自由、平等的阶级立场，否认其历史文化特性，其实质必然是南辕北辙的。

【注释】

[1] 马克思，恩格斯．《资本论》书信集［M］．北京：人民出版

社，1976：137.

［2］顾海良．马克思经济思想的当代视界［M］．北京：经济科学出版社，2005：25.

［3］［德］彼得·科斯洛夫斯基．伦理经济学原理［M］．北京：中国社会科学出版社，1997：13.

［4］马克思恩格斯全集（第46卷·上）［M］．北京：人民出版社，1979：104、108、110、111、193-197、200-201、287、412.

［5］马克思恩格斯全集（第48卷）［M］．北京：人民出版社，1985：75.

［6］［法］路易·阿尔都塞，［法］艾蒂安·巴里巴尔．读《资本论》［M］．北京：中央编译出版社，2001：171.

［7］斯大林选集（下卷）［M］．北京：人民出版社，1979：594.

［8］［德］马克斯·韦伯．民族国家与经济政策［M］．北京：三联书店，1997：159.

［9］马克思恩格斯全集（第46卷·下）［M］．北京：人民出版社，1979：324.

［余达淮，原作发表于《盐城师范学院学报》（人文社会科学版）2006年第4期］

马克思货币拜物教的基本观点及对和谐社会建设的启示

一、马克思关于货币拜物教的基本观点

1. 货币拜物教是社会劳动物化关系的颠倒形式

马克思没有使用过“拜金主义”的字眼。马克思用货币拜物教来说明资本主义社会“物神秘化”现象。在《1857—1858年经济学手稿》中，马克思指出了“拜物教”产生的现实根源和理论根源：“经济学家们把人们的社会生产关系和受这些关系支配的物所获得的规定性看作物的自然属性，这种粗俗的唯物主义是一种同样粗俗的唯心主义，甚至是一种拜物教，它把社会生产关系作为物的内在规定归之于物，从而使物神秘化。”[1]在《1861—1863年经济学手稿》中，马克思进一步指出了货币拜物教的实质。马克思认为，在资本主义经济中，“社会劳动的生产力和社会劳动的特殊形式，表现为资本的生产力和形式，即物化劳动的，劳动的物的条件（它们作为这种独立的要素，人格化为资本家，同活劳动相对立）的生产力和形式。这里，我们又遇到关系的颠倒，我们在考察货币时，已经把这种关系颠倒的表现称为拜物教。”[2]

2. 货币拜物教的谜就是商品拜物教的谜

马克思在商品拜物教、货币拜物教和资本拜物教三个序列上揭示社会劳动生产力主体与异化力量（商品、货币、资本）的颠倒关系。马克思发现，雇佣劳动的颠倒关系是从商品形式开始的。商品掩盖了劳动者之间的社会关系，表现为人们之间的物的关系和物之间的社会关系。“可见，商品形式的奥秘不过在于：商品形式在人们面前把人们本身劳动的社会性质反映成劳动产品本身的物的性质，反映成这些物的天然的社会属性，从而把生产者同总劳动的社会关系反映成存在于生产者之外的物与物之间的社会关系。由于这种转换，劳动产品成了商品，成了可感觉而又超感觉的物或社会的物。正如一物在视神经中留下的光的印

象，不是表现为视神经本身的主观兴奋，而是表现为眼睛外面的物的客观形式。但是在视觉活动中，光确实从一物射到另一物，即从外界对象射入眼睛。这是物理的物之间的一种物理关系。相反，商品形式和它借以得到表现的劳动产品的价值关系，是同劳动产品的物理性质以及由此产生的物的关系完全无关的。这只是人们自己的一定的社会关系，但它在人们面前采取了物与物的关系的虚幻形式。因此，要找一个比喻，我们就得逃到宗教世界的幻境中去。在那里，人脑的产物表现为赋有生命的、彼此发生关系并同人发生关系的独立存在的东西。在商品世界里，人手的产物也是这样。我把这叫作拜物教。劳动产品一旦作为商品来生产，就带上拜物教性质，因此拜物教是同商品生产分不开的。”[3]

货币作为体现人们交换关系的一种特殊的永久的商品，它的所有属性，即作为交换尺度、交换手段、商品代表等，并非是脱离人与人的关系的，相反，“随着生产的社会性的发展，货币的权利也在同一程度上发展”[4]。而且货币及其关系极力造成这样的趋势，即“交换关系固定为一种对生产者来说是外在的、不依赖生产者的权力。最初作为促进生产的手段出现的东西，成了一种对生产者来说是异己的关系”[4]。在资本主义社会，商品生产者必须握有货币这个“物的神经”，这个“社会的抵押品”，[5]“每个个人行使支配别人的活动或支配社会财富的权力，就在于他是交换价值或货币的所有者。他在衣袋里装着自己的社会权力和自己同社会的联系。”[4]可见，货币也从它自己的角度体现了异化劳动的性质。所以马克思说：“当一般等价形式同一种特殊商品的自然形式结合在一起，即结晶为货币形式的时候，这种假象就完全形成了。一种商品成为货币，似乎不是因为其他商品都通过它来表现自己的价值，相反，似乎因为这种商品是货币，其他商品才都通过它来表现自己的价值。中介运动在它本身的结果中消失了，而且没有留下任何痕迹。商品没有出什么力就发现一个在它们之外、与它们并存的商品体是它们自身的现成的价值形态。这些物，即金和银，一从地底下出来，就是一切人类劳动的直接化身。货币的魔术就是由此而来的。人们在自己的社会生产过程中的单纯原子般的关系，从而，人们自己的生产关系的不受他们控制和不以他们有意识的个人活动为转移的物的形式，首先就是通过他们的劳动产品普遍采取商品形式这一点而表现出来。因此，货币拜物教的谜就是商品拜物教的谜，只不过变得明显了，耀眼了。”[3]而这个谜的谜底就是通过物与物之间的社会关系掩盖了资本主义生产方式的剥削实质。马克思说：“一种社会生产关系采取了一种物的形式，以致人和人在他们的劳动中的关系倒表现为物与物彼此之间的和物与人的关系，这种现象只是由于在日常生活中看惯了，才认为是平凡的、不言自明的事情。”[6]

3. 一般形式的享受欲以及吝啬是货币拜物教的两种道德表现

马克思认为，货币拜物教影响到社会关系中人们的道德品质。马克思说：“随着金银被看作财富的物质代表和财富的一般形式，金银的积累怎样得到了真正的刺激。货币崇拜产生禁欲主义，节欲，自我牺牲——节俭和悭吝，蔑视世俗的、一时的、短暂的享受，追求永恒的财宝。”[4]节俭与奢华，并非是抽象的个人品质，它与人们所处的现实生产方式密切相关，与人们对货币的实践活动及其认识密切相关。马克思对此有过精辟的论述，他说，“古代人抱怨货币是万恶之源。一般形式的享受欲以及吝啬，是货币欲的两种特殊形式。抽象的享受欲要求有一个包含一切享受可能性的对象。货币在它作为财富的物质代表的规定上，使抽象的享受欲得到实现；货币在它单纯是一般形式的财富并同作为财富的特殊实体的商品相对立时，使吝啬得到实现。为了把货币本身保存下来，必须吝啬而牺牲掉对于特殊需要对象的一切关系，放弃这一切关系，以便满足货币欲本身的需要。”[4]马克思的话对那种美化资本家个人品质从而掩盖劳资矛盾的企图是最好的揭露。

4. 货币拜物教是资本主义根本的生活准则

如施蒂纳所说，货币是资产阶级“热恋的对象”[7]。在《德意志意识形态》中，马克思恩格斯就无情嘲讽了货币崇拜。他们引用了莎士比亚《雅典的泰门》中的台词：“金子，只要一点儿，就可以使黑变成白，丑变成美，错变成对，卑贱变成高贵，懦夫变成勇士，老朽的变成朝气勃勃……”[7]马克思恩格斯认为，货币拜物教的昌盛，与资产阶级追求的生活原则密切相关。“因为从货币身上看不出它是由什么东西转化成的，所以，一切东西，不论是不是商品，都可以化成货币。一切东西都可以买卖。流通成了巨大的社会蒸馏器，一切东西抛到里面去，再出来时都成为货币的结晶。连圣徒的遗骨也不能抗拒这种炼金术，更不说那些人间交易范围之外的不那么粗陋的圣物了。正如商品的一切质的差别在货币上消灭了一样，货币作为激进的平均主义者把一切差别都消灭了。但货币本身是商品，是可以成为任何人的私产的外界物。这样，社会权力就成为私人的私有权力。因此，古代社会咒骂货币是自己的经济秩序和道德秩序的瓦解者。还在幼年时期就抓着普路托的头发把他从地心里拖出来的现代社会，则颂扬金的圣杯是自己最根本的生活原则的光辉体现。”[3]

二、几点启示

以上马克思关于货币拜物教的思想是针对以往社会形态，特别是对资本主义社会形态中普遍存在的社会关系对抗性以及由此造成的人与人之间的物化关系所做的否定性批判的产物。马克思的这些思想，对今天我们构建社会主义和谐社会具有重要启示。

1. 构建和谐社会必须摈弃货币拜物教的生活原则

在马克思看来，货币拜物教是商品经济、市场经济发展的必然产物。只要劳动产品进行交换，只要抽象劳动转化为价值，就必然有货币拜物教存在的基础。正如有的学者所说，你拥抱了市场经济，你就要承受货币拜物教的“心跳”。

在当前现实的经济和社会生活中，我们能看到市场机制及其观念和规范的作用和影响。这中间既有自立、竞争、民主、开拓、效率等积极作用，又有拜金主义、享乐主义、自利主义等消极影响。所谓拜金主义，即指那种把钱看得高于一切，迷恋、崇拜金钱的思想意识。它是货币拜物教的现实表现。正如马克思所说，货币拜物教往往表现为享乐、悭吝这两种极端行为；作为资产阶级的生活准则和道德意识，货币拜物教或拜金主义不仅不能带来社会的和谐、繁荣，反而会带来更大的矛盾，引发更大的危机。就全球范围来看，当代资本主义出现了许多新的变化；在所有制问题上，经营权和所有权的分离既带来了利益相关者模式的积极变化，也悄悄发生着经营者资本主义企图取代业主资本主义的变化。但是这些变化并不影响资本家攫取剩余价值的欲望，大肆敛财和挥霍成了经营者资本家比业主资本家有过之无不及的生活方式。据美国《责任财富》2002 年 8 月组织的一项研究发现，23 家正在受到财务欺诈调查的公司的总裁们，在 1999—2001 年间，个人平均收入 622 万美元。而他们中有的人，一次生日晚会能花掉 210 万美元。[8] 在中国，上亿豪宅、千万元名车、数万元名表、私人飞机和游艇，早已不是什么新鲜事。根据安永事务所的一份报告，中国目前已经是世界第三大奢侈品消费国。每年的奢侈品销售额超过 20 亿美元，并正在以 20% 的年增长率不断增长。而荟萃了法国 69 家知名品牌的精品企业联盟“科尔贝委员会”更是提出，中国将在 2011 年前后成为世界第一大奢侈品消费国。[9] 从我国社会发展的环境需求来说，构建社会主义和谐社会的核心是研究并解决我国经济社会发展中出现的问题。改革开放以来，我国的经济、社会、文化取得了巨大发展，但同时也出现了一些问题，比如分配不均问题、劳资矛盾问题、贫富悬殊问题、教育医疗购房问题、三农和城乡差别问题、腐败问题等，这些问题如果解决不好不仅会给我国的发展带来阻碍，而且还可能产生更大的社会风险，解决这些问题和矛盾，消除不和谐因素，才是构建社会主义和谐社会的题中应有之义。因此，我们必须要有足够清醒的意识，坚决反对货币拜物教的意识形态。

马克思对货币拜物教的分析提醒人们注意拜物教的存在，人们只有自觉地克服了货币拜物教的影响，才能克服异化，真正成为社会的主人。自然，我们反对货币拜物教或拜金主义是为了更好地发展社会主义市场经济，而不是限制社会主义市场经济的发展。我们树立商品意识和市场观念，为的是通过市场竞争，提高生产效率，促进社会生产力的发展，实现共同富裕这一社会主义的本质要求。

2. 构建和谐社会必须努力使劳动成为生产使用价值的劳动

在资本主义市场经济中，为了交换价值的生产，人与人之间的关系颠倒地表现为物与物的关系，这种“物的依赖性”成为资本主义社会形态人类主体性的基本状况。由于交换价值成为目的，一切的一切都必须转化为交换价值，这是个人通向现实社会的唯一通道。在《政治经济学批判》中，马克思说道：“生产交换价值的劳动还有一个特征：人和人之间的社会关系可以说是颠倒地表现出来的，就是说，表现为物和物的社会关系……因此，如果交换价值是人和人之间的关系这种说法正确的话，那么必须补充说：它是隐蔽在物的外壳之下的关系。”马克思指出：“一种社会生产关系表现为一个存在于个人之外的物，这些个人在社会生活的生产过程中所发生的一定关系表现为一个物品的特殊属性，这种颠倒，这种不是想象的而是平凡实在的神秘化，是生产交换价值的劳动的一切社会形式的特点。”[6]马克思揭示了资本主义社会物化关系的悲剧现实，在强大的经济力面前，个人如此微不足道，以至于成为货币拜物教的奴隶，成为社会生产实现利润的工具。

今天，变化着的资本主义社会尽管在分配制度上有许多新的变化，工人在获取自己的劳动所得方面有了某些政治经济制度（例如股份制、工会劳资协商制度等）的保障，但是绝对化的贫困趋势依然存在。据《人类发展报告》说，1997 年世界上 225 名最富有的人的财富总和超过 1 万亿美元，几乎和全球最穷的 47% 的人的年收入不相上下。[10]这表明资本主义生产的本质没有改变，资本家获取剩余价值的欲望没有减退。虽然我们不时从媒体上可以看到有关个别资本家进行慈善活动的报道，但是资本的幽灵依然在显露着狰狞的面庞，资本在统治着人们之间的关系，这种关系并没有改变人们对于物的依赖。

马克思设想的未来社会，其生产的本质已经根本改变。货币拜物教现象在资本主义社会的经济生产中有其物质基础，而未来社会则从经济生产上消除了产生颠倒的异化现象的物质基础。资本主义社会的经济生产以交换价值为生产目的，以“单个人的独立生产”为前提，生产的社会性是通过交换才在事后确立下来的，因而它就需要交换和等价物作为生产实现其社会性的媒介，这种起媒介作用的等价物发展到一定程度就会获得一种虚假的独立性，并会反过来支配产生它的人类，这就产生货币拜物教现象。而未来社会的生产是以使用价值为生产目的，以“共同生产”为前提的，生产的社会性是在劳动一开始时就确立的，因而它根本就不需要以什么媒介来实现其生产的社会性，也就不会出现由媒介物独立而导致的货币拜物教。

对于今天的中国，由于处在社会主义初级阶段，马克思设想的社会主义生产还没有丰裕的物质基础，因而，必须认识到，和谐社会的真正实现还是未来时。但是，正是因为建设社会主义和谐社会是一个过程，我们更应该认识到它的迫切性。比如，中国的贫富差距目前已非常严峻，根据美林集团《2004 年度全球财富报告》，中国拥有 100 万美元以上资产的富人为 23.6 万人，这些富人的总资产已经超过 9690 亿美元，占 2003 年度 GDP 总量的近 70%。这一年度的居民人均收入的基尼系数已不低于 0.5。[11] 同时，社会上大量存在着为富不仁现象，存在着富者奢靡挥霍、贫困者仇富疑富现象，这种危险的社会阶层结构和社会心理隐含着不稳定因素，与邓小平“消灭剥削，消除两极分化，最终达到共同富裕”[12] 的社会主义理想还有相当距离。如中国共产党第十六届中央委员会第六次全体会议公报所说：“我们要始终保持清醒头脑，居安思危，深刻认识我国发展的阶段性特征，科学分析影响社会和谐的矛盾和问题及其产生的原因，更加积极主动地正视矛盾、化解矛盾，最大限度地增加和谐因素，最大限度地减少不和谐因素，不断促进社会和谐。”

3. 构建和谐社会必须以人的自由发展为根本目的

马克思恩格斯在《共产党宣言》中写道：“代替那存在着阶级和阶级对立的资产阶级旧社会的，将是这样一个联合体，在那里，每个人的自由发展是一切人的自由发展的条件。”[13] 马克思设计的未来共产主义社会本质上是自由人的联合体，这个自由人的联合体里面的人都是自由的人、全面发展的人。自由和联合，构成人们相互关系的两个基本原则。自由作为个体欲望和意志，它是人类理想的真正体现，马克思多次强调过达到这种自由境界的前提，即社会物质资料的丰富性，社会制度供给的合理性（表现为私有制的废除）以及消灭分工，消灭阶级，消灭国家等等。

自由人联合体是马克思根据对资本主义所有制的批判而得出的科学结论。这是从个体的自由发展出发的，但其重点并不是论证个体如何去追求自由，而是探讨如何为所有的个体都能提供必要的物质及社会关系方面的自由发展的条件。马克思关于未来和谐社会的本质是每一个人自由而全面发展的思想的论述，表明了我们在构建社会主义和谐社会过程中必须坚持“人的自由发展”的理念。拜金主义是以物役人，它的对立面就是以人为本。人的自由发展是构建社会主义和谐社会的本质和核心。因为人是构建和谐社会的主体、动力和目的，只有坚持人的自由发展，真正把人民群众的需要作为第一选择，把人民群众的利益作为第一考虑，把人民群众的满意作为第一标准，在经济发展的基础上不断满足人民群众日益增长的物质文化需要，切实维护和实现社会公平和正义，才能化解人与自然、人与社会、人与人之间的各种矛盾，最终达成社会和谐。

【注释】

[1] 马克思恩格斯全集（第46卷·下）[M]．北京：人民出版社，1980：202.

[2] 马克思恩格斯全集（第48卷）[M]．北京：人民出版社，1985：36.

[3] 马克思恩格斯全集（第44卷）[M]．北京：人民出版社，2001：90、112-113、155-156.

[4] 马克思恩格斯全集（第46卷·上）[M]．北京：人民出版社，1979：91、103、172、183．

[5] 马克思恩格斯全集（第23卷）[M]．北京：人民出版社，1972：15.

[6] 马克思恩格斯全集（第13卷）[M]．北京：人民出版社，1962：23、38.

[7] 马克思恩格斯全集（第3卷）[M]．北京：人民出版社，1960：254、465.

[8] 徐崇温．当代资本主义新变化[M]．重庆：重庆出版社，2005：319-320.

[9] http：//news. tom. com. 2006-5-3.

[10] Human Development Report. New York：Oxford University Press，1998.

[11] 李强．当前中国社会结构变化的新趋势［J］．经济界，2006，(2)．

[12] 邓小平文选（第3卷）［M］．北京：人民出版社，1993：373.

[13] 马克思恩格斯选集（第1卷）［M］．北京：人民出版社，1995：294.

（余达淮，原作发表于《马克思主义研究》2007年第4期）

马克思对剥削与贫困问题经济伦理意蕴的揭示

剥削与贫困问题虽然是政治经济学的论题，但实际上也具有经济伦理学的意蕴。剥削与贫困问题一般应从概念开始研究；事实上，无论从社会学、政治学、人类学、经济学、生态学各视角认识剥削与贫困的概念，都不能脱离一种道德的假设，内含一种价值倾向性。

资本主义的剥削实质如何？造成工人贫困的原因如何？改革开放促进中国社会财富的巨大增值，可是并没有消除贫困，那么社会主义还有没有剥削，这些问题需要我们回到马克思的思想中，并结合社会现实来寻求答案。

一、马克思对剥削与贫困问题的研究

英国从18世纪开始，就有人研究剥削与贫困问题，亚当·斯密曾含蓄地认为是资本家的贪得无厌导致了工人贫困，马尔萨斯虽然并不同情无产阶级，但是对资本主义社会的贫困问题寄予了理论关注。英国最早系统地进行贫困研究的是伊登（Eden），他于1797年写了《贫民的状况，或英国劳动者阶级的历史》，以后恩格斯和梅休调查了英国城区的穷人状况，1845年恩格斯写了《英国工人阶级状况》一书，在书中恩格斯从政治经济学的角度研究了工人的贫困化问题和人口过剩问题。在法国，西斯蒙第最早发觉私有制和财富之间的这种关系：即资本主义生产资料的私人占有决定着社会生产的方式，生产力越发展，资本与劳动之间的矛盾越大；他认为资本主义制度是造成人民贫困的内在原因。[1]法国的社会主义者欧仁·毕莱也研究过贫困问题，他写了《英国和法国劳动阶级的贫困》一书。在毕莱的这本书中，不仅有英国工人阶级的状况，也包括欧洲其他完成了工业革命的资产阶级社会国家劳动者悲惨生活的生动材料，包括不少官方统计资料和议会报告。对剥削的较系统的研究是托·登宁，他在《工联和罢工：它们的哲理和意义》一书中提出过“榨取血汗制度”[2]的概念。

马克思早在19世纪40年代就开始涉及工人贫困和剥削问题，在《评弗里德里希·李斯特的著作〈政治经济学的国民体系〉》一文里，马克思从一般道德原则批判了德国资产阶级对自己同胞的剥削。而在《资本论》及其手稿中，马克思对剥削的研究已经同政治经济学密切结合在一起。马克思关于剥削的思想主要有以下方面。

1. 剥削的形式随着生产方式的不同而变化

在马克思那里，剥削是指剥削劳动，即以不平等的方式支配和控制他人的剩余劳动。虽然在各个阶级社会中，剥削劳动都是固有的，但其形式随着生产方式的不同而有很大的区别。例如在奴隶社会，奴隶归奴隶主所有，因此，他或她的全部劳动和相应的净产品（即减除已耗费掉的生产资料后的产品）也显然为奴隶主所占有。但事实上奴隶也必须从这些净产品中取得一部分以维持其生命 。因此，其剩余产品（净产品减除为养活奴隶所必需的部分），也就是奴隶的剩余劳动，最终维持着奴隶主阶级。同样，在封建社会中，农奴和佃农的剩余劳动维持着地主阶级统治。但在这一社会中，剥削的形式有多种多样：有时是直接的，如农奴和佃农每年向地主、教会和国家所奉献的劳动和产品；有时是间接的，如缴纳的货币地租、什一税和国税，这些都需要农奴或佃农生产出剩余产品，售得现金以履行这种强加于他们的义务。马克思特别研究了向资本主义生产过渡的各种形式，在这些过渡形式中，实际生产者和剥削者之间形式上占统治地位的是买者和卖者的关系，这种关系中形式上是作为自由人互相对立的。马克思举了商业资本和高利贷资本（生息资本）为例，这两种形式中资本在其中表现为统治生产的关系，马克思认为，它虽然没有后来资本主义生产关系的形式，但恰恰在这种资本形式中表现出最严重的剥削。马克思说：“这里甚至还没有形式上的资本主义关系，更没有特殊的资本主义生产方式。而高利贷者不仅依然把农民创造的全部剩余价值，即用于他的必要生活资料的再生产以外的全部剩余产品攫为已有，高利贷者还从农民那里夺去一部分必要的生活资料，结果农民只是过着最可怜的日子。高利贷者直接占有他人劳动以增加他的资本的价值，就这一点而言，他的行为和资本家一样。”[2]这就是所谓“没有资本主义生产方式的资本主义剥削”[2]。值得注意的是，马克思认为，这种剥削会在资产阶级内部次要的领域和部门中再现出来，尽管在那里资本和劳动的关系不包含新的生产力发展的基础和新的历史形式的萌芽，但是，“在这些部门中还存在对劳动的最令人愤慨的剥削。”[3]

资本主义社会也有上述一般属性。它是一种阶级社会，其中资本家阶级的统治建立在对大量社会生产资料的占有和控制基础之上。另一方面，从完全相同的生产资料拥有权中被“解脱”出来的劳动者组成工人阶级，他们不得不依靠为资本家阶级劳动而生活。马克思精辟地指出这种关系的再生产的一般社会条件是整个工人阶级被使唤从事剩余劳动，因为这种剩余劳动构成资本家利润的基础，而这种利润使得资本家阶级乐于并得以继续雇用工人。正如资本主义历史所充分表明的那样，整个过程充满着两个阶级之间的伦理关系不平等，有时甚至是阶级斗争。

2. 资本主义剥削作为价值增值现象，它是贯穿资本主义生产、流通整个过程的，资本主义生产过程是劳动过程和价值增值过程的统一

马克思认为，资本主义剥削作为劳动剥削，最终表现为对剩余价值的占有上，而剥削并不局限于剩余价值生产的领域，也包括剩余价值的流通领域。马克思说：“直接剥削的条件和实现这种剥削的条件，不是一回事。二者不仅在时间和空间上是分开的，而且在概念上也是分开的。前者只受社会生产力的限制，后者受不同生产部门的比例和社会消费里的限制。……这个消费力还受到追求积累的欲望的限制。”[4] 把剥削限定在直接生产过程，并把直接生产过程中的剥削看作唯一重要的矛盾，忽视了形成资本主义剥削的特殊性的那些规定，忽视了这种剥削是由生产和流通、剩余价值生产和剩余价值实现等一系列矛盾为中介的。直接生产过程中的剥削并不是价值增值的唯一重要的源泉。马克思使用过下面的公式来表示价值增值过程：G－W－P－W′。价值增值在这个公式里被把握为生产和流通的统一。在整个价值增值的链条中，商品的实现是与生产同等重要的环节 。

3. 资本主义剥削关系虽然被交换关系的表面现象所掩蔽，但其内在的矛盾必将激化

乍看起来，工人和资本家之间的交易是完全公平的。前者出卖劳动力，后者付给一定的工资，双方同意后就成交了。但这一阶段完成后我们所看到的就不是自由和公平，而是进入了“生产的秘密角落”，这里隐藏着人们所熟悉的剩余劳动的奥秘。我们在这里所看到的是一个存在着等级的和不平等、命令和服从、主人和奴仆的世界，其中，工人阶级受命为雇主生产产品而劳动。在总产品中，相当于耗费的全部材料和折旧费用的那部分为资本家自己所购买，以重置耗去的生产资料。第二部分由工人用雇主先付的工资所买去。如果这两部分构成产品的全部，资本家就仅够支付其生产费用（物资、折旧和工资）。那就不会有利润的积累。因此，要使资本主义生产得以顺利进行，即产生资本主义利润，就必须使唤工人从事比生产其自身的消费资料所必需的时间更长的劳动。换言之，他们必须在剩余劳动时间干活，以生产出成为利润基础的那部分剩余产品。由于剩余产品的量可通过上述方法增大，因此，统治阶级的直接利益所在就是尽量把剥削率提高到社会和历史的极限。而被统治阶级的直接利益所在就是不仅要反抗他们这种行为，还首先要和造成这种对抗的社会条件作斗争。阶级社会的剥削基础使它成为一种根本对立的人类生存方式，突出地表现为统治者和被统治者之间不断升级的对抗，到一定时候就出现动乱、反抗和暴动。马克思说："随着那些掠夺和垄断这一社会进化时期的全部利益的资本巨头不断减少，贫困、压迫、奴役、退化和剥削的程度不断加深，而日益壮大的、由资本主义生产机制本身所训练、联合和组织起来的工人阶级的反抗也不断增长，资本的垄断成了与这种垄断一起并在这种垄断的庇护之下成长、繁荣起来的生产方式的桎梏。劳动的社会化和劳动的物质资料的集中已经达到了它们的资本主义的外壳不能再容纳它们的地步。这个外壳就要炸毁了。资本主义所有制的丧钟敲响了。剥夺者自身就要被剥夺了。"[5]

4. 剩余价值率是劳动力的剥削程度的正确表现

与资产阶级学者用利润率［它的公式为 $P=m/(c+v)$］来掩盖剥削针锋相对，马克思认为只有剩余价值率是劳动剥削程度的正确表现。剩余价值率有两种表现形式：一是剩余价值对可变资本的比率 m/v；另一种是剩余劳动对必要劳动的比率，即$\frac{剩余劳动}{必要劳动}$。这两个比率是将同一关系用不同的形式——前者是对象化了的劳动，后者是流动的劳动来表示。剩余价值率和劳动力的剥削程度，只不过是基于同一关系的不同的表现形式或表现方法，只要了解了剩余价值率和它的变动情况，便可明确劳动力剥削程度及其变动情况。它不限于只是个别资本和特别产业部门的问题，而且也是科学地解释总资本对总劳动的、即资本对工人阶级的剥削及其矛盾的关键。

正如斯密所指出的不同产业部门劳动力剥削率存在着差别。但是，同时并存的各种生产部门的利润率，即使劳动力的剥削程度相同，也会由于①资本有机构成的不同，②资本运转周期的不同而有所差别。不过，这些不同的利润率也会由于资本的竞争而化为平均利润率。如果不变资本的价值已定，那么这一平均利润率就依存于总资本对总劳动的剥削程度。资本对工人阶级的剥削，在这里成了资本家关注的焦点，当然这种关心只限于取得特殊利润这一点。马克思指出："我们在这里得到了一个像数学一样精确的证明：为什么资本家在他们的竞争中表现出彼此都是虚伪的兄弟，但面对着整个工人阶级却结成真正的共济会团体。”[4]另一方面，资本为了获得超过平均利润的超额利润，努力争取生产方法的进步和发达，通过这种生产力的进步提高了资本的构成。但是，一般利润率会因此而表现出逐渐下降的趋势。这种所谓利润率的趋向下降同剩余价值率——从而劳动力的剥削程度的趋向增大联系在一起。资本一方面在所得到的劳动量中把尽可能多的部分转化为剩余价值；另一方面在同投入资本的比率中企图尽可能少地使用劳动。换言之，允许劳动剥削程度增大的各项原因会禁止用同样的总资本剥削和以前等量的劳动。这种关于劳动力的剥削相互矛盾的趋势正是在使剩余价值率增加的同时，使一定资本所产生的剩余价值量进而利润率下降的根本原因。利润率趋向下降的真正的秘密就在这里。

在研究资本主义剥削的同时，马克思也研究了资本主义生产的一个政治性后果，即无产阶级贫困化的问题。马克思对贫因问题的研究可以分成动态和静态两个视角，所谓静态视角，就是从资本主义生产的条件方面去观察、分析。马克思指出：“在自由工人的概念里已包含着这样的意思：他是赤贫，潜在的赤贫。按照他的经济条件来说，他不过是活的劳动能力而已，因而也有生活的需要。有一切方面的需要，而没有客观条件来作为劳动能力实现自己。假使资本家不需要工人的剩余劳动，那么工人就不能实现自己的必要劳动，不能生产自己的生活资料。于是他便不能通过交换取得生活资料，如果他得到它们，那只是从国家的收入中拨给他的救济。他作为工人能够生活，仅仅是由于他拿自己的劳动能力去换取构成劳动基金的那部分资本。这种交换本身是同那些对工人来说偶然的、对他的有机存在漠不相干的条件连结在一起的。因此工人是潜在的赤贫。”[3]在资本主义生产方式下，劳动力的自由买卖是其先决条件之一，但是通过劳动力与资本的交换形式，劳动者反倒像孙悟空套上了金箍圈，越挣扎越疼痛。马克思又说：“劳动能力不仅生产了他人的财富和自身的贫穷，而且还生产了这种作为自我发生关系的财富的财富同作为贫穷的劳动能力之间的关系，而财富在消费这种贫穷时则会获得新的生产力并增殖。”[6]

马克思又从资本主义生产的动态过程来研究贫困问题。在资本主义生产中，资本积累和劳动生产力越是发展，依据其内在的必然规律，工人阶级的生活水平和劳动条件越是恶化，走向相对的和绝对的贫困化。正像利润和工资的对立关系所表现的那样，资本家和工人的利害关系是根本对立的。如果资本急剧增加，工资就会上涨，工人的物质条件将会改善。但是，即使是在这种对工人阶级来说有利的状态下，两个阶级的利害冲突仍然不可能消失。而且，尽管劳动工资增加了，但资本的利润以不可比拟的高速度增加，结果，工人和资本家之间的距离加大了，工人阶级仍为鱼肉，而资本家则为刀俎。这样，工人阶级不仅同资本家相比相对地贫困化了，而且，由于资本积累的内在的必然的规律，被置于绝对贫困化的境地。

本来剩余价值的生产方法同时也是资本积累的方法，反之，资本积累的扩大都会成为发展剩余价值生产方法的手段。例如，就像在使用机器上我们看到的那样，提高劳动的社会生产力、扩大剩余价值生产的一切方法，不仅明显地降低工人的再生产费用，而且还延长劳动时间，增加劳动强度。劳动被简化以后，连工人的妻子儿女也被“抛到资本札格纳特车轮下”[7]，工人被贬低为机器的附属品，受机器的折磨，畸形发展并成为局部的人，这样，在“最卑鄙的可恶的专制”[7]之下，工人完全绝望了，只能服从。马克思说，工人依附于资本，“比赫斐斯塔司的楔子把普罗米修斯钉在岩石上钉得还要牢。”[7]这种提高劳动生产率的办法，是靠牺牲工人进行的，是统治、剥削他们的手段，作为其结果的剩余价值的增加，促进了资本的积累。不过，资本的积累使资本有机构成提高，进一步提高了劳动生产率。其结果，不断增加的生产资料由不断减少的工人来操纵，创造出所谓的相对过剩人口（产业后备军）。这只失业者大军，随着积累的发展，劳动生产力的提高，不论是绝对的，还是相对的都会增大。所以，①同现役劳动军相比，这种失业军越大，常备过剩人口和与这些工人成反比的贫困工人阶层也就越大，需要救济的贫民数也增加。②现役劳动军的工资也会下降，生活日益贫困。由于劳动被简化以后再生产费用下降，他们的工资不仅下降了，而且由于他们被下降到更简单更低级的工作岗位，还由于同不断增大的失业军发生激烈竞争，因此必然越来越下降。再者，周期性的经济危机也会给他们以打击。资本作为高贵而又野蛮的统治者——资本，把他的奴隶，在经济危机中没落了的全体牺牲者——工人——拖入坟墓。所以，工人阶级的状况随着资本的积累，不论其工资高低，都必然不断恶化。这就是贯穿资本主义积累的“绝对的、一般的规律”[7]。而且，这积累的机构，不仅仅产生出相对过剩人口，而且把这些过剩人口作为积累的杠杆随意使用，使它与积累的范围和能力始终保持平衡。这种使工人的人数同资本的价值增殖欲望保持平衡的机构，带来了同资本积累相适应的贫困积累。

这样的工人阶级的贫困化，是资本主义积累的绝对的、一般的规律所带来的必然结果。这个规律“在实现中也会由于各种各样的情况而有所变化”[7]。但是，只要资本主义生产方式继续存在，那么，资本主义的积累就不可能消除贫困化的必然作用。

二、剥削与贫困的经济伦理意蕴

剥削与贫困本身就是伦理正义及其批判的范畴，马克思赋予了它们经济学的含义。剥削与贫困两者也是相互关联的，没有剥削，无产阶级也就将摆脱贫困。马克思说：“在没有劳动可供剥削的地方，既不会有资本家，也不会有资本主义生产。”[5]

剥削与贫困的经济伦理含义主要可概括为以下几个方面：

其一，剥削与贫困同生产方式的相关性联系表明，伦理关系的不平等是由生产关系的不平等性制约的。

其二，在资本主义社会，剥削是资产阶级的权利，而贫困则是无产阶级的必然命运。

其三，剥削意味着资产阶级的道德堕落和对无产阶级的阶级奴役，而贫困意味着对无产阶级自身道德的戕害和无产阶级的被奴役。资本主义伦理关系的不平等及其矛盾性，给工人劳动造成异化，并进而异化了人的本质、人性，阻碍着人的自由、解放和发展。

其四，剥削带来阶级利益矛盾的日益激化，最终为工人阶级伦理命运的解放奠定了基础。剥夺剥夺者，这是未来自由人联合体的社会经济伦理基础。

马克思的剥削与贫困的思想体现了他对无产阶级的道德关怀。这一思想是从劳动价值论和剩余价值论中得出的必然结论，同时也是在同资产阶级极力掩饰剥削的理论斗争中发展的。资产阶级经济学可以承认剥削与贫困的社会现象，但是，否认它是资本主义制度本身的问题。在资产阶级经济学家的观念中，资本价值的增值是消耗成本价值（$k=c+v$）的产物，而成本价格（k）使不变资本与可变资本的区别消失了。这样，剩余价值就神秘地外表化为整个成本价格或预付资本的产物，转化成了利润形式。而利润形式，则掩盖了剩余价值的源泉，在利润形式上，已看不出价值是可变资本雇佣的工人创造的了。所以，马克思指出：“这只是剩余价值的使人发生错觉的表现形式。”[8]

马克思去世之后，围绕剥削与贫困的理论斗争从来都未平息。不可否认，资本主义社会也采取了抑制贫困的一些福利措施，资本主义社会对贫困、贫困线和贫困度量问题的研究相当科学化和深入化[9]，胡格韦尔特解决贫困问题的过程、互动和行动的三维途径也是被广泛采用且取得较好扶贫效果的方法。但是只要承认剩余价值规律，那么就不能不承认剥削。因而，在资产阶级经济学家当中，很多人都想否认马克思的价值和剩余价值理论，进而否认资本主义剥削。阿隆和熊比特都认为剩余价值理论含混不清，不能证伪。阿隆认为从马克思的经济学理论难于论证贫困化理论，贫困化不是严格意义的经济方面的机制，它是经济学——社会学的理论[10]。有些经济学家承认剥削，但是，认为应建立“没有劳动价值论的剥削论”。如萨缪尔森在1971年发表的《理解马克思的剥削概念》[11]主张在边际效用理论革命之后，价值计算是多余的。因为从价格本身同样能引出资本主义生产方式的剥削。又如柯亨在《劳动价值论与剥削概念》一文中，否认劳动价值论，而认为只要从《团结之歌》中的简单陈述句“是我们，耕耘着草原，修建了他们进行贸易的城市/是我们，挖掘着矿井，建造了工场和无限延伸的铁路/现在，我们忍饥挨饿，被遗弃在我们创造的奇迹中间”中就可以证明存在剥削[12]。还有，分析马克思主义者罗默也论证了非劳动价值论的剥削理论。罗默认为，只要存在着资本的生产、流通和分配方式，那么无论什么社会制度都存在剥削。问题在于剥削资源的配置方式和结构。有些人认为，社会主义国家所有制的形式由于资源配置方式的效率低下和官僚体制，可能造成对剩余价值更大的不公平利用，造成与资本主义社会食利者阶层相对应的食权者阶层，从而造成剥削的激化和带来更为严重的贫富两极分化，这与马克思重建个人所有制的社会基础和生产方式毕竟不同。而资本主义虽然不能消除剥削，但是，通过股份制和社会福利措施，通过政治自由主义的公正和正义原则，通过有效制度供给，也能改善资本主义社会的剥削和贫困化问题。罗默并不如此美化资本主义，但他的确思考了封建剥削和资本主义剥削之外的社会主义剥削问题。罗默把社会主义剥削分为技能剥削和地位剥削两种形式。一般情况下，社会主义更多的表现为技能剥削，即因人掌握技能不同而导致在分配上的差异。但社会主义也有地位剥削，也就是食权阶层因特权而侵占他人利益。罗默说：“政府机关常常因此在住房、汽车和消费品方面得到无数的物质利益。那些地位高的人可以在特供商店中买东西，对购买其他稀缺商品没有定量限制。”[13]这种因不同的地位或利用职务导致的收入分配的不平等，并不是社会主义经济所独有的情况。在资本主义社会中也存在地位剥削，但不如资本的剥削那么严重。在社会主义公有制社会，地位剥削因生产资料私有财产权的废除而突显，但罗默认为“由地位剥削所导致的不平等远不如由财富私有权导致的不平等那样巨大”[13]。罗默的剥削理论实质上是一种分配剥削的理论，其核心是：剥削的物质基础在于生产性资产分配上的不平等。“这种资产——剥削的关系依赖于资产拥有者剥夺他人平等获得该资产的能力。各种形式的生产性资产的所有权的分配，同剥削和阶级之间的联系是，不同的剥削机制根据不同形式的资产来决定，不同阶级体系根据建立在那些资产的所有权基础上的社会生产关系而决定。”[14]也正由于这一点，赖特认为罗默的地位剥削由于不与生产方式联系，谈不上是真正的能区别于封建特权剥削的剥削或者说只是腐败而已。

还有人甚至提出马克思的剥削理论不能成立[15]。与带有资产阶级偏见的理论探讨相比，这种论点过于无知或过于理论欺骗。我认为其实根本不是马克思的剥削理论能不能成立的问题，而是如何面对中国社会主义的经济现实和社会环境，进一步发展马克思的剥削理论和研究目前的社会两极分化问题。按照我们目前社会主义市场经济的所有制体制，社会主义社会存在剥削应该不是问题，但即使承认社会主义有剥削，也不等于否认改革开放；即使承认剥削的现实性或必要性，也不等于承认剥削的合理性和永恒性。与某些批判者居心叵测和哗众取宠相比，马克思的剥削理论和无产阶级贫困化思想真正体现了一个学者的人文关怀和社会良心。

【注释】

[1]［英］埃里克·罗尔．经济思想史［M］．陆元诚，译．北京：商务印书馆，1981：232.

[2] 马克思恩格斯全集（第48卷）［M］．中共中央马克思恩格斯列宁斯大林著作编译局，译．北京：人民出版社，1985：31、32、34.

[3] 马克思恩格斯全集（第46卷·下）［M］．中共中央马克思恩格斯列宁斯大林著作编译局，译．北京：人民出版社，1980：104、384.

[4] 马克思恩格斯全集（第25卷）［M］．中共中央马克思恩格斯列宁斯大林著作编译局，译．北京：人民出版社，1974：221、272-273.

[5] 马克思恩格斯全集（第49卷）［M］．中共中央马克思恩格斯列宁斯大林著作编译局，译．北京：人民出版社，1985：136、246.

[6] 马克思恩格斯全集（第46卷·上）[M]．中共中央马克思恩格斯列宁斯大林著作编译局，译．北京：人民出版社，1979：449.

[7] 马克思恩格斯全集（第23卷）[M]．中共中央马克思恩格斯列宁斯大林著作编译局，译．北京：人民出版社，1972：707、708.

[8] 马克思恩格斯．《资本论》书信集 [M]．北京：人民出版社，1976：265.

[9] Sen A. *Poverty and famines, an essay on entitlement and deprivation*. International Labour Organization，1981，p. 185.

[10] [法] 雷蒙·阿隆．社会学主要思潮 [M]．葛智强，译．上海：上海译文出版社，1988：177.

[11] 许涤新，陶大镛．资本主义研究 [C]．南京：江苏人民出版社，1983：290.

[12] 吕增奎．马克思与诺齐克之间 [C] // 柯亨．柯亨文选．南京：江苏人民出版社，2007：32.

[13] [美] 约翰·E. 罗默．在自由中丧失：马克思主义经济哲学导论 [M]．段忠桥，刘磊，译．北京：经济科学出版社，2003：155、157.

[14] 吕梁山．赖特对罗默剥削理论的借鉴与修正 [J]．辽宁师范大学学报（社科版），2008（1）：9-12.

[15] 黄佶．反思马克思的剥削理论 [J/ OL]（2007-12-31）．http//www. zgyj. 126. com.

[余达淮，原作发表于《河海大学学报》（哲学社会科学版）2010年第1期]

第四章

资本与伦理道德的关联

论资本的伦理之维

“资本”首先是一个典型的经济和经济学范畴，其一般意义是指具有经济再生价值的一般等价物，然而在马克思和其他诸多思想大师眼里，资本绝不仅仅是独属经济和经济学范畴的，同时也是社会政治和伦理道德的，甚至是社会批判性的。探寻资本的伦理之维，最根本的问题即是对其生成的必然性和可能性进行追问：资本的伦理之维何以可能？思考资本的伦理之维又何以必要？对这一问题的解答需要正确理解“资本”与“伦理”的内涵是什么，资本是否具有伦理的内在属性，以及如何理解和把握资本的伦理之维等问题。

一、“资本”的存在形态及其与“伦理”的关联

在不同的历史时期，人们对“资本”概念的内涵与外延的认识有着不同的视角和层面。生产关系构成了现代社会有机总体的基础方面，资本就直接或间接地构筑了整个社会的基础性动力，以多重形态广泛地渗透和作用于人们的现实生活。然而，自“资本”诞生的那天起，就与“伦理”有着不可分离的联系。因而，从资本存在的历史维度追溯，成为探讨资本的道德属性的必要构成。

首先，作为生产性范畴的资本。其主要表现形态是感性直观可以把握的各种物品的具体存在形态：商品、货币、生产资料等，且它们之间普遍存在着相互交换及循环转化关系。[1]在日常生活中，如果从拜物教幻象和经验主义形而上学出发，就会仅仅将资本看作具体物品如产品、工具、货币和资产等。中世纪的拉丁文中，“资本”用来指牛或其他家畜等能够实现价值增值的存在物。在这里，“价值增值”是一种向善的道德评价与取向，在物质贫乏的年代，作为能够带来“价值增值”的“存在物”，资本从根本上说是一种改善人们生活水平的物质必需，它在道德评价上是善的。古典经济学家诺思指出，资本是能够达到增值目的的货币。诺斯把资本与货币区分开来的根本目的是为了凸显资本的“增

值本性”，这在道德评价上是一种“向善”的伦理认定，“增值”自身带来的现实影响必然是双面的，它是社会发展所必需的“物质基础”。斯密也认为，资本是为了生产而积蓄起来的物质资产，生产是社会发展的根本必需，因而，从根本上看，“物质资本”为推动社会发展的积极意义不言而喻。美国经济学家萨缪尔森说：“资本是一种不同形式的生产要素，资本是一种生产出来的生产要素。一种本身就是经济的产生的耐用投入品。”[2]在萨缪尔森的语境中，资本作为一种生产要素的存在，是“经济生产的耐用投入品”，它是作为一种生产出来的“生产要素”而存在的，资本的存在是一种保证生产顺利进行的“生产要素”性存在，是实现推动社会正常发展的不可缺少的物质供给。在这里，作为社会发展所必需的物质范畴来说，资本自身的存在和发展在总体上是“向善”的，是一种能够推动和服务于人类物质发展的不可或缺的“财富”。

其次，作为社会性范畴的资本。社会学范畴的资本表现形态为社会活动、社会关系、社会力量等不可直观、只能通过合理抽象来把握的东西。最能代表资本存在形态的是马克思对于资本的经典认定：“资本不是物，而是一定的、社会的、属于一定历史社会形态的生产关系，它体现在一个物上，并赋予这个物特有的社会性质。资本不是物质的和生产出来的生产资料的总和。”[3]作为一种社会关系的承载，资本自身的存在和运动表现为“生产—分配—交换—消费”的动态过程，雇佣劳动力成为资本增值过程的“环节”和要素，同时资本还作为支配性的生产关系发挥作用，并贯穿到整个社会关系结构之中，形成了特定的交往关系和权力关系。资本作为特定的生产关系，它通过物而存在，在物之中存在，作为此种物的特有的社会性质，与其说物取得了社会性，毋宁说资本就是社会存在物本身，社会存在物的一种典型的形态，它表明特定的社会关系和特定的存在方式。作为社会存在物的典型样态，资本关联着社会特定的生产方式、生活方式与社会秩序，它在决定社会生产关系中的核心地位决定了其在道德属性上的复杂性：一方面，改变了过去人与人、人与物以及物与物之间关系，在推动社会进步的过程中呈现出“善”的力量，这无疑在道德评价上是善的，是推动着社会不断向前发展进步的一种社会存在物；另一方面，作为社会性范畴的资本的另一种典型的表现样态是“人格化”“肉身化”的资本，如资本家和资产阶级所拥有的个体或群体层面的特殊利益和特殊权力，拥有的人格、个性、意志、欲望、情感、智力等人身化、肉身化要素。这些形态通过人格化的存在形式（资产阶级）体现出来，同时资本还间接进入了社会意识领域，取得了其观念形态的存在。在这里，资本的道德考量仍然是双重的和复杂的：其一，人格、个性、意志、欲望等都是以“人格化”的形式表现出来，在不同的社会意识形态中发挥着主导性的作用。在资本主义社会制度里，资本家为了实现资本的增殖，他们是资本的“代言人”，负载着资本增值的意志，因而为了达到这一目的，会做出“冒绞刑架”的危险的事情，这其中包括对人的奴役、剥削与侵略，对生态环境的破坏以及对社会发展的阻滞等“罪恶”，因而在道德评定是作为“恶”的存在物而出现的。其二，在社会主义社会里，由于生产资料归国家所有，人民是社会的主人而拥有主人翁的地位，社会主义市场经济条件下存在的资本，其根本价值在于为实现经济社会的全面发展和全体成员的共同富裕而服务，资本的增值愿望是在国家和人民的清醒驾驭下进行的。

再次，作为历史性范畴的资本。资本的产生是生产力发展的结果，是历史发展的必然产物，这一产物具有典型的历史性。马克思既反对把资本一般化为商品经济的范畴，更反对把资本一般化为人类一切生产的范畴，指责资本“永恒论”是“抽掉了使资本成为人类生产某一特殊发展的历史阶段的要素的那些特殊规定”，[4]明确指出资本的历史生成隐藏着人对物的依赖关系的全部秘密。无疑，这一“全部秘密”内含着善恶兼具的伦理认定：资本是一种特殊的商品，它的存在是为了推动社会的发展，在道德评价上是一种“正能量”；但同时，如果将资本泛化为一切生产范畴，或者泛化为商品经济下一切可以用来生产的商品，资本就会改变的“善行”而暴露出罪恶的一面：当人们内心的美好信仰、爱情、良知等都可以任意生产和交换时，社会的物化程度无疑在加重，人的异化和灾难无疑也在加深，这里的资本就是一种大写的“恶”。另一方面，资本的历史性不仅表现在产生的层面，也表现在其发展和灭亡的层面。资本从社会生产力与生产关系的矛盾运动中产生，继而在这种矛盾运动中寻求着自己新的适应方式。资本不断地打破一切既有的陈旧体制，不断地使既有体制的革命化运动，在破除那些阻碍生产力发展的因素中实现着社会发展的不断进步，为新社会储备着积极的不可取代的物质能量，这是资本的“伟大文明”作用的典型体现。然而，在这一过程中，资本自身也会为了满足自身增长的本性需要，在资本的拥有者对资本控制和驾驭不到位的时候，很可能会将交换关系侵蚀到市场以外的其他地方，如上述所指出的人的内心世界；同时，资本还会制造许多不公、侵略和剥削，亵渎人的尊严，腐蚀人的价值，等等。资本主义社会数百年的历史已经用无可辩驳的事实证明了这一点，今天社会主义市场经济条件下出现的环境问题、生态问题、信用问题等等也都是资本这种特性的很好例证。因而，作为历史范畴而存在的资本，从根本上看，正如马克思所指出的那样，资本的这一革命化运动绝不会是永久的，当人类社会运动到了“自由人的联合体”阶段时，资本也就完成了自己的使命，最终以自己的运动力量消灭了自己。在这一过程中，资本自身也就在善恶交织的运动中表征着进步与倒退、文明与罪恶，也诠释着冲突与融合、和谐与矛盾的复杂性质。

二、资本伦理何以可能：历史视阈的检视

马克思认为资本和劳动的关系是现代社会体系所围绕旋转的轴心。资本通过“规模扩大的再生产或积累再生产出规模扩大的资本关系：一极是更多的或更大的资本家，另一极是更多的雇佣工人……因此，资本的积累就是无产阶级的增加”[3]。资本在社会文明的进程中具有重要地位和作用，这是毋庸置疑的基本事实。人类社会文明的起步离不开资本的作用，资本极大地强化了人类改造自然的能力，为人的全面发展开辟了前景，并创造出一个高于以往一切社会阶段的全新的社会关系。马克思指出，“资本的文明面之一是，它榨取剩余劳动的方式和条件，同以前的奴隶制、农奴制等形式相比，都更有利于生产力的发展，有利于社会关系的发展，有利于更高级的新形态的各种要素的创造。”[5]与前资本主义社会形态相比，工人是作为独立的交换主体出现的，其结果产生了资本主义的普遍勤劳。

然而，资本的逻辑是无限制地增殖和膨胀，“资本只有一种本能，这就是增殖自身，创造剩余价值，用自己的不变部分即生产资料吮吸尽可能多的剩余劳动。资本是死劳动，它像吸血鬼一样，只有吮吸活劳动才有生命，吮吸的活劳动越多，它的生命就越旺盛。”[6]资本犹如一张硕大的网，把人们生活世界中的事物和关系都收纳其中，这样，人便在这张大网中被动地运转着，他们的一切活动和行为都被这张大网所牵制着，他们的社会关系特别是原本温情的伦理关系变得货币化了。被追求金钱的欲望所挟制，人们进行生产的根本目的也是对金钱的无限制追求了。在这样的商品社会里，人们在“金钱动物”的王国里功利化地生活着，敢于将一切东西都变成商品，金钱成为马克思所说的“最富有拜物教的性质”，具有至高无上的魔力。在魔力的支配下，人们的生活成为一种算计，交往变成一种清算。因而，在资本这种“普照的光”的照耀

下，本来属于人的关系却以物的形式外在于人并与人相对立，人不得不通过极端的努力才能占有和实现自己的本质。

为了实现增值的目的，资本不断获得更多的劳动力资源和物质资源用以扩大化再生产，必然表现出日益强烈的扩张性和侵略性，使整个世界和所有生产方式置于自己的统治之下。“资本一方面具有创造越来越多的剩余劳动的趋势，同样，它也具有创造越来越多的交换地点的补充趋势……从本质上来说，就是推广以资本为基础的生产或与资本相适应的生产方式。创造世界市场的趋势已经直接包含在资本的概念本身中。”[4]世界市场的形成是资本自发运动的结果，一切国家的生产和消费都成为世界性的了。因而，资本主义生产本身的性质，造成了对剩余劳动无限制的需求，导致了“过度劳动的文明暴行”。“资本的原始积累，即资本的历史起源……对直接生产者的剥夺是用最残酷无情的野蛮手段，在最下流、最龌龊、最卑鄙和最可恶的贪欲的驱使下完成的。”[3]资本侵略与扩张的结果是被压迫和侵略民族的血泪和屈辱，是一种极为深重的灾难。卢森堡强调了资本主义再生产的复杂性，希望资本主义社会在资本积累与资本再生产的过程中展开，而在这一过程中，资本主义与非资本主义的交换是不可避免的，最终的结果是资本主义会在这种较量中败下阵来，最终实现不了资本的不断积累环境而走向灭亡的命运。梅扎罗斯则认为，资本由于自身的扩张本性使得其在运行过程中矛盾重重，然而资本主义制度却不能消除这些矛盾，原本仅仅局限在经济领域的危机便会扩展到政治和国家层面，“资本的结构性危机自我暴露为一般统治的真正危机。”[6]

事实上，从自由资本主义到国家资本主义的过程中，资本的本质并没有发生改变，诚如马克思在《雇佣劳动与资本》中指出的，“资本的躯体可以经常改变，但不会使资本有丝毫改变。”[7]所谓国家资本主义、后工业社会、消费社会也不过是资本的本性在外在表现上的不同形式而已，资本的不断被更新的“外衣”都无法掩盖其自身所固有的本性和实质。

吉登斯指出，“现代社会最具特色的脱域形式之一是资本主义市场（包括货币市场）的扩张，从其早期形式向现代国际性规模的发展。‘货币’是这些脱域形式卷入的空间伸延的整体部分所不可缺的。”[8]资本消解了国与国之间的根本界限，通过对异质性空间进行再改变与再转换，使作为意志的资本与作为物质的资本彼此结合起来。哈维指出：“资本具有粉碎、分割及区分的能力，吸收、改造甚至恶化古老文化差异的能力，制造空间差异、进行地缘政治动员的能力。”[9]资本的积累已经成为一个重大的历史地理事件，“帝国资本”“资本帝国”的出现致使资本对世界的通约已经实现。资本推动着历史向世界历史的转变，“空间的脱域性”致使全球化态势得以最终形成。因为只有在“世界历史”的态势下，“单个人才能摆脱种种民族局限和地域局限而同整个世界的生产（也同精神的生产）发生实际联系，才能获得利用全球的这种全面的生产（人们的创造）的能力。”[7]世界历史的形成使得单个人摆脱了民族局限和区域局限，在汇聚全球聪明智慧的全面生产中，人的交流、合作和成长空间都得以大大拓展，人的改造世界的能力无疑在与“他者”的相互借鉴和彼此交流学习中得到了提升从而大大增强了其改造自然和世界的能力。

在歌德那里，“浮士德难题”是浮士德人格中的两种矛盾冲突即“肯定”和“善”的因素同“否定”和“恶”的因素之间的复杂关系及其发展历程，它其实也是人类共同的难题，是每个人在追寻人生的价值和意义时都将无法逃避的“灵”与“肉”，自然欲求和道德灵境，个人幸福与社会责任之间的两难选择。马克思据此对现代社会进行比喻式描述：“现在，我们眼前又进行着类似的运动。资产阶级的生产关系和交换关系，资产阶级的所有制关系，这个曾经仿佛用法术创造了如此庞大的生产资料和交换手段的现代资产阶级社会，现在像一个魔法师一样不能再支配自己用法术呼唤出来的魔鬼了。”[7]魔鬼的强大让魔法师几乎难以驾驭和控制，究其原因，无疑是资本这一“魔鬼”在作怪。时至今日，马克思所批判的“经济统治社会生活”、外在于个人的市场的经济力量支配整个社会存在的状况仍然没有改变。

三、资本伦理何以必要：现实生活的面对

恩格斯指出：“每一个时代的理论思维，包括我们这个时代的理论思维，都是一种历史的产物，它在不同的时代具有完全不同的形式，同时具有完全不同的内容。”[10]资本在全球范围内进行逻辑布展的今天，资本的存在形式发生了重大变化，但从根本上看，依然没有改变其作为“魔法师与魔鬼的二重奏”[11]的特性，它呈现给我们“一切坚固的东西都烟消云散了”的独特现代性体验，展示出令人兴奋的创造力和令人恐惧的破坏力，继续凸显着矛盾交织的话语。在道德维度上，资本的矛盾性存在决定了我们必须辩证地对待资本，既有效地利用又合理地控制资本，在利用与控制之间找到合理的支点，是我们审视资本道德面貌的必

然诉求。

1. 利用资本的必要性：资本带来的“善行”

作为一种宰制性的力量，资本成为统摄社会发展的政治、经济和文化的有机统一体，在推动社会发展过程中所起的作用无可代替。沃勒斯坦认为，资本主义主要不是一个国家制度或意识形态概念，而是一个超国家的“世界体系”概念。劳动分工的全球生产体系，货币商品的全球市场交换体系以及资本主义主导的全球化时代，资本主义在推动历史的世界化过程中从地域、民族历史转化为“世界历史”。吉登斯分析了“脱域”机制对资本主义的作用与影响，指出作为“脱域”符号的货币与资本正是时-空伸延的工具，它使在时间和空间中分离开来的商人之间的交易成为现实。[8]资本能够根除并摧毁以地方为限的地域忠诚，破除国家与国家之间的界限，其结果必然是资本在全球范围内得到自由流动和有效利用，最大可能地节约成本，获得尽可能多的增长途径，从而改进技术，提高劳动效率，实现不断增长的目的。如当下颇为受宠的信贷消费，就给那些缺乏有效购买力的社会群体提供了更多消费的可能性，大大缓解了资本主义生产方式所固有的生产无限扩大趋势与社会购买力相对缩小之间的矛盾。“现代资本是由大工业的普遍竞争所孕育的，它建立了社会空间之间的横向分工体系和交换关系，其不断扩张的内在属性决定了现代资本必然把不断地突破空间壁垒、征服空间和占有空间作为实现增殖的重要方式。”[12]因而可以说，在当代，在资本在全球范围内进行谋划的后形而上学时代，资本已然不再是“每个毛孔都滴着血和肮脏的东西”了，较之过去，它在某种程度上更是代表着一种规则和秩序，文明和进步。

鲍德里亚认为，现代社会是一个符码操控的社会，马克思所言的年代早已成为历史，现时代的政治经济学是符码普遍化的力量支撑下建构起来的符号政治经济学。并且，“这种利用符码象形文字的新意识形态结构，与利用生产能力的旧意识形态结构相比，更加难以辨认。这种操控，利用了符号能生产出意义和差异的能力，比起利用劳动力来更为根本。”[13]符号取代了一切，商品经济的等价交换原则笼罩着一切。“今天，在我们的周围，存在着一种由不断增长的物、服务和物质财富所构成的惊人的消费和丰盛现象。它构成了人类自然环境中的一种根本变化。恰当地说，富裕的人们不再像过去那样受到人的包围，而是受到物的包围。”[14]这种普遍化了的符号实质上是一种文化暴力，因为它是一种超越性的存在：“符号暴力是通过一种既是认识又是误识的行为完成的，这种认识和误识的行为超出了意识和意愿的控制，或者说是隐藏在意识和意愿的深处。”[15]资本不仅控制了政治话语、科学技术，也挟制着人们的精神生活和灵魂世界。人的存在和价值已经被依附在他们身上的“物”和符码所取代，物的价值大小成为评判人的价值的根本尺度。在人不断的物化的命运中，社会的发展和进程使人成为马克思所描述的“像可怕的异教神怪那样，只有用被杀害者的头颅做酒杯才能喝下甜美的酒浆”[7]。现代性泛滥的知识与知识分子在争夺权力的斗争中被权力吞噬。诚如海德格尔所说：“技术越来越把人从地球上脱离开来而且连根拔起。”[16]资本的宰制性权力给现代社会带来的无法逃避又相互关联的严重后果就是人的物化、人的客体化和功能化命运。后现代主义的典型代表人物哈维认为，资本在后现代社会的增长和积累方式都发生了变化，在无法改变资本本性的情况下，要想治愈资本主义的顽疾，“唯一的问题是，怎样用不威胁到资本主义社会秩序的各种方式来表现、遏制、吸收或处理过度积累的趋势。”[17]哈维将消除资本“罪恶”的途径诉诸社会的宏观调控以及资本在时间和空间上的转移。

资本是生产关系的表征，资本在今天中国的社会主义市场经济条件下存在的合法性，是中国当前社会发展阶段和水平的历史条件所决定的。中国的资本发展极易引起对立的认识，一是从批评的角度，认为中国作为“世界工场”引起世界市场结构的巨大变动，资本的效用最终体现在社会贫富分化，产生了一个维护现状的中产阶级，也强化了有利于私人企业主的意识形态。[18]一是从肯定的角度，认为中国对国外资本的大胆利用，在“世界工场”的角色承担中为资本的合理流动和有效利用做出了重要贡献。然而，无论如何，中国已经无可辩驳地进入了全球化的世界经济体系，资本在现代化乃至民族复兴中不可或缺。资本生产的日常生活化与社会空间化走向无可阻挡地影响着“座架”在全球化与现代性之中的中国。在中国最近三十多年的社会发展过程中，资本所发挥的“善行”是不可否认的。

2. 控制资本的必要性：资本的功利性导致工具理性与价值理性的分裂

强调资本在当今中国的积极意义，绝非是对资本暴虐性、增殖性和贪婪性本性的忽视和否定。吉登斯指出：“现代性的特征并不是为新事物而接受新事物，而是对整个反思性的认定，这当然也包括对反思性自身的反思。”[8]由反思引发的社会的脱序，安全稳定性的丧失，信任的风险等等，被吉登斯用以表示现代性严重后果的标志。索罗斯在《全球资本主义的危机》中说："资本主义体系自身并没有显示出走向均衡的趋势。资本的拥有者总是寻求其利润的最大化。让他们自行其是的话，他们会持续积累其资本直至局面失衡。"[19]中国今天所凸现和暴露出来的环境污染、生态失衡、文化矛盾、贫富差距等问题，就是资本"罪恶性"的真实写照。

人类改造自然的能力的极大强化和提升，为人的全面发展开辟了前景，也带来一种全新的社会关系。在当今时代，资本的全球化运动使各个国家的经济主体都参与了世界历史的进程，生产、贸易、投资、金融等领域的资本流动成为一种普遍性的社会现象，典型的实现形式如跨国公司和国家资本，它们凭借雄厚的经济实力、垄断的先进技术，实现了越来越大范围的企业的国际分工。而生产能力的高低无疑是人类改造世界能力强弱的现实表现。在这一过程中，起主导性支撑力量的无疑是资本逻辑的直接或间接显现。当生产超过一国的界限而联系多国或多地域的流动性产生时，对科学规则和合理秩序的需求也就越发明显。规则是一种普遍性约束机制，它内在性地维系着良性生产的各个要素，保证着社会化大生产下各生产部门的充分对话、有效交流与积极合作。在生产的同一性环节中，任何一个部分的违规操作都是极为危险的，失序的最终结果就是生产的混乱，以及生产的被迫中断，导致违规者自身在"游戏过程"中的惨烈出局。马克思当年就看到，信用制度和股票市场"就是建立在扩大和超越流通和交换领域的界限的必然性上的"[20]。在市场经济条件下，逐步确立起来的信用制度为扩大资本自身的生产提供了充分的便利。信用是对规则观念和秩序意识的内化和接受，是游戏参与者自觉接受游戏规则的充分明证。

布罗代尔说，"新的劳动使资产得以重建和新生，从而产生收益和增值。生产不断在吸收并再造资本。"[21]以增殖为本性的资本在现实性运动过程中，一方面不断推动着社会的总体化进程，另一方面却成为社会生产过程的羁绊。不断发展的社会化大生产要求全社会范围内的总体性调配和把握，不然就会出现生产过程的内在脱节，带来生产的失调；失调的后果就是生产的浪费甚至破坏。然而，资本主义社会下的私有制是无法满足这种"合理性"的社会化要求的。当资本的力量从生产环节进入到交换环节，当自由市场的交换情况影响到资本增值的实际效果时，这一被马克思称谓的"惊险的一跳"就直接决定着资本的循环效果甚至资本的实现状况。当生产与交换发生脱节，生产过程就成为一种病态的悖论性存在，经济危机就不可避免地发生了。梅扎罗斯认为，资本的无限扩张在一开始就埋下了矛盾的根源，最终导致资本制度无法消除的危机，这种结构性危机并不仅仅局限于社会经济领域，甚至更广泛地波及社会政治领域，最终将扩展到国家层面。“资本的结构性危机自我暴露为一般统治的真正危机。”[6]经济危机的频繁爆发破坏着社会的稳定，紊乱着社会的神经，动摇着人们对资本主义神话的信奉，最终使社会矛盾不断加深。因而，资本主义的现代性“在一极是财富的积累，同时在另一极，即在把自己的产品作为资本来生产的阶级方面，是贫困、劳动折磨、受奴役、无知、粗野和道德堕落的积累”[3]。“晚期资本主义”是一种高度计划和周密组织方式的资本主义，国家资本主义的控制和调节虽然使经济得到了持续的发展，但这种持续发展是以经济的片面发展为代价的：政治、道德、生态、日常生活的非经济的“赤字”，引起了诸如生态平衡的破坏、人类平衡的破坏以及国际平衡的破坏，引发出“晚期资本主义”社会的政治系统的“产出的”合理性危机与“投入性”的“合法化危机”，以及文化系统“产出性”的“动因危机”，也就是日常生活意义与资源的虚无性、匮乏性、短缺性危机。

在“经济动物的王国”构成的世界里，至高无上的资本运转逻辑不仅规制着人们日常生活逻辑的习惯、秩序和规则，也规制着自然生态环境秩序。哈贝马斯认为，资本主导和膨胀的必然结果，是人的日常生活交往理性的萎缩和技术工具理性的泛滥，“日常生活的殖民化”是工具理性泛滥的直接恶果：资本的功利性严重侵害了人的日常生活秩序，传统道德政治生活规则，以及国际关系，最终导致经济和金融持续性危机的发生。资本主义通过控制消费从而全面控制了日常生活，获得了新的活力，却将人类推进了一个消费被控制、欲望被制造、满足与匮乏交替循环的符号化消费时代。在这个时代，人的生理、心理甚至想象的能力都被全面纳入资本主义的体系之中。历史终结了，阶级隐退了，“生产之镜”打碎了，主体死亡了。交换价值严重脱离使用价值，人的欲望不断被制造，不断被满足又不断匮乏着，人因无法逃脱的符号化、体制化、抽象化、匿名化及“零度化”的钳制而倍感失落、焦虑、孤独和绝望。列斐伏尔对此不禁悲叹，“马克思一百年前所界定的整个结构，因缺乏支持和巩固‘人类总体性’的革命而瓦解。世界被碎片化了……”[22]这种“消费恐怖主义”就是现代人的真实生活境遇。《蜗居》向我们真实地展示了一种悖谬的现代“主体性”生存逻辑：越是拥有资本，就越是可以具有性格的魅力和生动的感情；反之，越是被资本挤压，就越是丧失作为“人”的各种美，资本拥有者光彩四溢。现代文明就是人与资本之间的一场博弈，是价值与工具的对峙，是道德、良心与知识、技术、利益的对立，是自我实现的目的与自我实现的手段之间的相互斗争，表现为目的与手段的关系颠倒。人沦为金钱的奴隶，人日益异化和物化的命运，控诉着资本的罪恶，也渴求并呼唤着作为价值主体的人能够清醒而有效地控制资本，以弥合工具理性与价值理性的分裂。

【注释】

[1] [奥地利] 庞巴维克. 资本实证论 [M]. 北京：商务印书馆，1964：60.

[2] [美] 保罗·萨缪尔森. 经济学 [M]. 北京：首都经济贸易大学出版社，1998：55.

[3] 马克思恩格斯选集（第2卷） [M]. 北京：人民出版社，1995：247、259、267-268、577.

[4] 马克思恩格斯全集（第46卷·上）[M]. 北京：人民出版社，1979：212、391.

[5] 马克思恩格斯全集（第25卷） [M]. 北京：人民出版社，1974：925-926.

[6] [匈牙利] 梅扎罗斯. 超越资本 [M]. 北京：中国人民大学出版社，2003：269、829.

[7] 马克思恩格斯选集（第1卷） [M]. 北京：人民出版社，1995：89、277-278、345、773.

[8] [英] 吉登斯. 现代性的后果 [M]. 田禾，译. 南京：译林出版社，2000：21、23、33-34.

[9] [美] 哈维. 希望的空间 [M]. 胡大平，译. 南京：南京大学出版社，2006：39.

[10] 马克思恩格斯文集（第9卷） [M]. 北京：人民出版社，2009：436.

[11] [美] 马歇尔·伯曼. 一切坚固的东西都烟消云散了 [M]. 徐大建，张辑，译. 北京：商务印书馆，2003：130-131.

[12] 沈斐. 资本的内在否定性与空间的脱域性 [J]. 哲学动态，2011，(8).

[13] [法] 鲍德里亚. 生产之镜 [M]. 仰海峰，译. 北京：中央编译局出版社，2005：108.

[14] [法] 鲍德里亚. 消费社会 [M]. 刘成富，全志刚，译. 南

京：南京大学出版社，2000：1.

[15]［法］布迪厄，［法］华康德．实践与反思［M］．李猛，李康，译．北京：中央编译局，1998：227.

[16] 孙周兴．海德格尔选集（下） ［M］．北京：三联书店，1996：1305.

[17]［美］哈维．后现代的状况［M］．阎嘉，译．北京：商务印书馆，2003：228-229.

[18] Perry Anderson. Jotting on the conjuncture［J］. New left review，48 NON/DEC，2007：6.

[19] George Soros. The Crisis of Global Capitalism［M］. London：Little，Brown and Company，1998：27.

[20] 马克思恩格斯全集（第30卷）［M］．北京：人民出版社，1995：397.

[21]［法］布罗代尔．15至18世纪的经济、物质文明与资本主义（第2卷）［M］．北京：三联书店，2002：244.

[22] Henri Lefebvre. Everyday Life in the Modern World［M］. London：The Athlone Press，2000：70.

［程广丽　余达淮，原作发表于《井冈山大学学报》（社会科学版），2013年第2期］

资本的道德之维：一个历史现象学检视

资本的道德之维是指资本自身所内蕴的道德属性，以及在历史和现实的矛盾运动中资本与道德之间的逻辑关系与理论样态。在伦理道德层面正确认知和完整把握资本的历史使命、现实特征与未来命运，是当前构建社会主义市场经济合理道德秩序和价值导向的重要通道。资本是现代社会得以存在和发展的物质基础，而道德是审视资本得以存在和发展的价值基础。审视资本的道德之维，是基于资本自身样态在历史和现时代社会运动中发生重大变化的逻辑必然。随着经济全球化的深化，资本在不断转化和更新形式的同时，既以一种独特的力量改变了世界的面貌，给我们带来了无尽的惊喜，也带来了深深的隐痛；现代性语境下资本必然存在的现实性逻辑，无法消除其未来必然灭亡的历史命运。因此，在“应当”与“是”的理论张力中，在善与恶双重话语的复杂交织中，凸显资本内含的现实精神和现实品格，在现实与理想之间寻找合乎社会发展规律的道德支点，是摆在社会主义市场经济面前的重大现实课题。

一、资本：历史现象学的逻辑表达

以历史与逻辑相统一的方法论自觉意识检视现代社会，是马克思创立唯物史观的重要理论支撑。在解构被黑格尔无限膨胀的理性神话后，作为一种重大的哲学革命，唯物史观立足于“社会存在决定社会意识”的理论基石，认为“思想、观念、意识的生产最初是直接与人们的物质活动，与人们的物质交往，与现实生活的语言交织在一起的。……意识在任何时候都只能是被意识到了的存在，而人们的存在就是他们的现实生活过程。”[1] 历史是逻辑的现实对应，是社会发展的本体性与内在性规定，是海德格尔的“在世间”。当历史科学被马克思认定为唯一的科学时，历史与逻辑统一的现象学视野也就成为一种以总体性原则存在的方法论自觉。把作为还原剩余的世界现象当作直接起点，探询构造这个世界现象的“根据”，被视为现象学的核心内容。只不过在这里，现象学的根基不是胡塞尔视野中以“意向关系”为基本存在方式的“先验自我”，而是作为资本主义一切社会关系的核心和基点的资本。因此，德里达说：“现象学在马克思那里同样起作用。”[2]

历史不是理性思辨的产物，历史是能动的生活过程的历史，是由现实的人的一系列的实践活动所建构的，对历史的考察应分析这种建构过程，而不是对现成物进行事实的汇集或想象的抽象。真正的唯物主义必须对真实生活过程描述与说明，“只要这样按照事物的真实面目及其产生情况来理解事物，任何深奥的哲学问题……都可以十分简单地归结为某种经验的事实。”[1]在马克思的视阈中，对现代社会的道德批判、形而上学批判和历史批判始终都与政治经济学紧密联系在一起，因而从根本上说，历史现象学的根本立足点是历史唯物主义，它坚持将社会发展的辩证法之合理理解诉诸历史这一内在本体自身，在历史的深处还原历史的真实存在状态。其独特品质在于，它将资本视为现代性一切矛盾的根源，视为构成一切社会关系的最终基础和决定力量，视为现代社会的核心灵魂与内在原则。同时，资本又是一个富有生命的有机整体，它拥有一种特殊的“主观意志”，在资本主义社会发展的过程中起着根本的内在动力作用。因而对“历史之谜”答案的寻求离不开对资本的历史性审视，在“回到事物本身”的过程中深入到资本的现实社会关系中，以现象学视野使“隐形者显形”（德里达语）。唯此，才能“把现代社会关系的全部领域看得明白而且一览无遗”[3]。在这里，“回到历史本身”也就是回到社会存在本身。深入到社会结构的历史和逻辑深处，将解构与建构的过程奠基于坚实的社会存在之上，总体性视野的获得才会成为一种现实的可能，这也是当年马克思坚持将对市民社会的解剖立足于经济学研究，通过对资本主义社会中分工的分析与考察，得出了分工承载着社会结构的演进、分裂与聚合的基本结论和重要启示。马克思的哲学是现实的生活世界的哲学，是对具体的资本主义社会生活过程历史性反思的产物。

因此，历史唯物主义澄明了被假象所遮蔽的真实的资本，还原了资本主义社会中商品、工资、价值的真实内涵，进而用于揭示历史发展的基本规律。作为认识事物和世界之一种方法的现象学，就是致力于剥离假象而呈现真实，透过表象而捕捉本质，现象学的积极意义正是体现在“逐步”的呈现与捕捉之中。立足资本的现象，进而深入资本的内在结构，寻找资本运动中的规律性存在，又不脱离直接经验，在历史的、流动的、开放的和批判的理论关照中进行政治经济学分析，资本最终成为历史现象学的逻辑表达。正是在此意义上，伯林明确强调："像黑格尔一样，马克思也把历史看作为一种现象学。"[4]梅洛-庞蒂则认为："《资本论》是具体的精神现象学。"[5]历史现象学是将政治经济学批判、历史批判与现象学的"本质直观"还原结合在一起的现象学，是我们透视资本主义社会历史"前途"的"显微镜"和"解剖术"，是真实展现资本的文明与罪恶、光芒与野蛮的钥匙。

二、善与恶的交织：资本逻辑的总体性及其后果

蒲鲁东试图以交换为核心对资本主义社会进行批判，遭到马克思的激烈批判。在马克思看来，以流通资本代替生产资本，就是以资本的部分代替资本的全体，因而是社会主义者的"近视"。资本的核心规定是实质性的社会生产，而非作为外在表现而存在的交换价值，生产是社会得以存在的根基。虽然资本的形式变化不断，资本主义社会也由组织化时代演进到后组织化时代，但作为主导性力量和总体性原则的生产逻辑却依然如故。资本的历史是人类社会不断发展的历史，也是人类理论和思想不断展开和延续的历史。资本的诞生是"滴着血与肮脏的东西"的过程，然而，它却奇迹般地按照自己的面貌为人类"创造了一个崭新世界"。在历史与逻辑的统一中，资本既建构又破坏着历史，在善与恶的交织中构筑出现代社会发展的理论图景。

1. 资本的文明性

作为历史的产物的资本，其文明性在于"摧毁一切阻碍发展生产力、扩大需要、使生产多样化、利用和交换自然力量和精神力量的限制"[6]。资本极大地提升了人类认识世界与改造世界的能力，培育了市场经济良性运作所不可或缺的规则观念与秩序意识，其推动世界历史发展的作用是不可替代的。

第一，人类认识世界与改造世界能力的极大提升。资本在文明进程中具有重要的地位和作用，这是毋庸置疑的基本事实。资本不但作为统摄政治、经济和文化的有机统一体，推动社会进步，而且发展推动历史向世界历史转变，使全球化态势得以形成。而只有在"世界历史"态势下，"单个人才能摆脱种种民族局限和地域局限而同整个世界的生产（也同精神的生产）发生实际联系，才能获得利用全球的这种全面的生产（人们的创造）的能力。"[1]世界历史的形成使得单个人摆脱了民族和区域的局限，在汇聚全球聪明智慧的全面生产中，人的交流、合作和成长空间得以大大拓展，人的改造世界的能力无疑在与"他者"的相互借

鉴和彼此交流学习中得到了提升。在这一过程中，起主导作用的无疑是资本逻辑或直接或间接的扩张。吉登斯指出："现代社会最具特色的脱域形式之一是资本主义市场（包括货币市场）的扩张。"[7]资本消解了国与国之间的根本界限，通过对异质性空间进行再改变与再转换，使作为意志的资本与作为物质的资本彼此结合起来。哈维认为："资本具有粉碎、分割及区分的能力，吸收、改造甚至恶化古老文化差异的能力，制造空间差异、进行地缘政治动员的能力。"[8]资本积累已经成为一个重大的历史地理事件，"帝国资本""资本帝国"的出现表明，资本对世界的通约已经实现。资本追求增殖的内在逻辑决定了，它将不断突破现有的生产手段和生产能力，以及现有的消费种类和消费范围。资产阶级之所以能够在不到一百年的时间里创造出比过去世代所有生产力还要大还要多的生产力，正是资本逻辑运动的结果：资产阶级的生产热情得以激发，创造性潜能得以激活，从而极大地提升了他们改造世界的能力。作为主宰社会化进程的"普照的光"和"特殊的以太"的资本，改变了人的存在样态，展现了人的本质力量，推动了人的发展与解放，拓展了人的存在的空间，撕破了从前笼罩在人身上的温情脉脉的面纱，摧毁了过去那种依存性的垂直关系，从而使人在巨大的社会关系空间中发现了自我的力量，获得了自我的认同，并最终在情感、观念和思想领域实现了一种革命：一切坚固的东西都烟消云散了，宗法关系的封建意识被资本纽带的现代意识所取代。"资本的文明面之一是，它榨取剩余劳动的方式和条件，同以前的奴隶制、农奴制等形式相比，都更有利于生产力的发展，有利于社会关系的发展，有利于更高级的新形态的各种要素的创造。"[9]人作为独立的交换主体而出现产生了资本主义的普遍勤劳。在前资本主义阶段，人的勤劳是有限的，人劳动的目的是生产使用价值，但在资本成为宰制性力量的社会里，劳动的直接动因是生产财富。正是由于这一致富欲望，资本主义才迅速发展起来，社会生产力的不断解放才成为可能，第一大社会形态才发展为第二大社会形态。而且，历史辩证法以无可辩驳的事实告诉我们，人类改造自然和世界的能力是共产主义社会实现的重要条件。在生产与交换的过程中，资本的总体化进程不断打破和解除人身关系上的宗法限制，从而使人从共同体中摆脱出来，成为社会生产中的"关系人"和"社会人"，而这构成现代意义上的市民社会的必要基础。

第二，规则观念和秩序意识的良性培育。人类改造自然的能力的强化和提升，既为人的全面发展开辟了前景，也带来一种全新的社会关系。当今时代，资本的全球化运动使各个国家的经济主体都参与了世界历史的进程，生产、贸易、投资、金融等领域的资本流动成为一种普遍性的社会现象，其典型的实现形式如跨国公司和国家资本，凭借雄厚的经济实力、垄断的先进技术，实现了越来越大的范围的企业的国际分工。

马克思指出："资本就其本性来说，力求超越一切空间界限。"[10]当生产超过一国的界限而联系多国或多地域的流动性产生时，对科学规则和合理秩序的需求也就越发明显。规则是一种普遍性约束机制，它内在地维系着良性生产的各个要素，以保证社会化大生产下各生产部门的充分对话、有效交流与积极合作。在生产的同一性环节，任何一个部分的违规操作都可能导致失序，进而导致生产的混乱，甚至生产的中断，最终违规者自身在"游戏过程"中惨烈出局。马克思当年就已经看到，信用制度和股票市场"就是建立在扩大和超越流通和交换领域的界限的必然性上的"[11]。在市场经济条件下，逐步确立起来的信用制度为扩大资本自身的生产提供了充分的便利。信用作为对规则观念和秩序意识的内化和接受，是游戏参与者自觉接受游戏规则的充分明证。

2. 资本的罪恶性

第一，人的被奴役状态的日益加重。资本拓展了人发展的空间，释放了人解放的潜能，它在社会历史进程中起着无可替代的重要作用，这是不争的社会现实。然而，永不满足、不断克服障碍、超越自我的"浮士德精神"（斯宾格勒语）带给人类的并非都是繁荣和幸福，也有痛苦和灾难。在资本的生产过程中，资本逻辑的总体性与内在性的分裂导致个人利益与集体利益严重对立，人的异化状况不断加深，人的被奴役状态日益加重，这同样是不争的社会现实。

人对物的依赖导致资本拜物教的不断膨胀，人的个性和独立性的丧失，人的社会关系以物的社会关系的方式表现出来，其结果是，"个人现在受抽象统治，而他们以前是互相依赖的。但是，抽象或观念，无非是那些统治个人的物质关系的理论表现"[11]。承载着人的欲望的资本把生活世界的各个领域都纳入和"收编"到现代社会里，人在社会运转的机器上不得不按照资本的运行规则编制着自己与他人的关系，致使货币化的社会伦理关系普遍性地横亘于人与人之间。货币关系不断消解和取代等级关系、族群关系的后果，就是人的生活目的发生了严重的畸变，追求金钱成为主导性的理念。抽象的"一"成为绝对的精神幻象，人的劳动和人本身已成为资本增值的手段。在数字和符号的编码组成的技术统治下，金钱侵入人的精神世界，人沦为金钱的奴隶，精神世界被金钱所侵入，在被金钱钳制和"夷平化"（西美尔语）了的"等价性"的交换关系中痛苦挣扎着，一方面竭力挣脱这种畸形的物化关系大网，另一方面，却又在或主动或被动地维护着这种关系，最终因无法摆脱“计算性思维”而难以自拔，成为一种遗忘“在”本身的“在者”。而这种失落、痛苦与折磨正是人的物化命运、精神和心灵世界异化加重的必然症候。在今天，资本逻辑的统治加重了“物的人格化和人格的物化”[11]。资本逻辑控制人、挟制人的方式是通过控制日常生活世界而实现的。在这个受消费官僚所统治的世界里，人们日常生活层面的消费对象不再是从前的看得见的事物，而是一种被欲望制造进而被欲望所控制的符号。而在高度“拟真”的符号消费世界里，人的主体性再度遭受重创：由欲望操控和符号编码所制造的人的日常生活世界里，满布的是旅游、汽车、电视、网络、广告等流动的虚假欲望，以及由此所滋生的符号体系。物、符号的使用价值已经被交换价值所取代，在不断被制造又不断被满足的欲望里，人在日渐丰裕的物质世界中一天天更加匮乏着，也一天天更加无法摆脱符号世界的体制化、抽象化、匿名化及“零度化”的钳制而倍感失落、孤独和绝望。因此可以说，由虚假消费与符号体系所重构的人的异化状态，与当年马克思所控诉的人的异化相比，无论在深度，还是强度上都大大改变了。

第二，社会矛盾的不断加深。以增值为本性的资本在现实性运动过程中，一方面不断推动着社会的总体化进程；另一方面，却成为社会生产过程的羁绊。不断发展的社会化大生产要求全社会范围内的总体性调制和把握，不然就会出现生产过程的内在脱节，带来生产的失调，失调的后果就是生产的浪费甚至破坏。然而，很明显，资本主义社会下的私有制是无法满足这种“合理性”的社会化要求的。进一步看，当资本的力量从生产环节进入交换环节，当自由市场的交换情况影响到资本增值的实际效果时，这一被马克思称谓的“惊险的一跳”就直接决定着资本的循环效果甚至资本的实现状况。当生产与交换发生脱节，生产过程就成为一种病态的悖论性存在，经济危机就不可避免地发生了。梅扎罗斯认为，资本的无限扩张在一开始就埋下了矛盾的根源，最终导致资本制度无法消除的危机，这种结构性危机并不仅仅局限于社会经济领域，甚至更广泛地波及社会政治领域，最终将扩展到国家层面。“资本的结构性危机自我暴露为一般统治的真正危机。”[12]经济危机的频繁爆发破坏着社会的稳定，紊乱着社会的神经，动摇着人们对资本主义的神话的信奉，最终使社会的矛盾不断加深。

同时，社会矛盾的加深还在体现在，世界世界市场和世界历史的形成使资本在世界范围的流动成为常态，一切国家的生产和消费都具有了全球性质。在此，资本的侵略本和扩张本性就会暴露出来，构筑出一种全新的社会关系。更重要的是，社会发展的不平衡性致使不同国家的发展水平有别，“那些还在奴隶劳动或徭役劳动等较低级形式上从事生产的民族，一旦卷入资本主义生产方式所统治的世界市场，而这个市场又使它们的产品的外销成为首要利益，那就会在奴隶制、农奴制等等野蛮暴行之上，再加上过度劳动的文明暴行。”[13]这种“过度劳动的文明暴行”是资本对剩余价值无限需求的结果，其结果“使未开化和半开化的国家从属于文明的国家，使农民的民族从属于资产阶级的民族，使东方从属于西方”[1]。在这一过程中，落后民族的“被动”地卷入世界历史的进程，对他们来说，资本带来的是灾难深重的征服、掠夺、屠杀与血泪。毫无疑问，殖民战争和民族压迫是资本的“暴行”的一个重要例证，在反抗这一暴行的“血与火的历史”过程中，落后民族同压迫民族之间的矛盾和冲突也在不断加深着。马克思指出：“在这场决斗中，陈腐世界的代表是激于道义，而最现代的社会的代表却是为了获得贱买贵卖的特权——这真是任何诗人想也不敢想的一种奇异的对联式悲歌。”[1]毫无疑问，这首悲歌汇集了“海盗”们的“敌对”与“不义”，是世界范围内阶级矛盾和社会矛盾加深的重要根源。

三、超越资本逻辑：历史现象学视野下资本“文明化”趋势的理性面对

在马克思主义者眼中，电影《阿凡达》是一部由向来以对资本的怀疑、批判的传统为主题的自由左翼好莱坞精神的艺术表达。我们不禁会问，这种视觉盛宴背后的隐喻与历史是什么？人类为何要征服潘多拉星球？人类到底有几种力量？主人公杰克的身体形象既象征着“文明”的、萎缩的、残缺的人类身体，又象征着“野蛮”的、生机勃勃的、健壮完美的阿凡达身体。因此，主人公在两个身体、两种生活之间分裂、徘徊、挣扎与抉择着。人与自然之间的博弈即人与自然之间的征服与开发、统一与循环的过程；人自身的对抗即人的贪婪与残暴、真诚与善良的表现。在视觉盛宴背后，阿凡达是一个关于资本积累、暴力机器和科学研究之间共谋关系的道德抨击，是一个关于“圈地运动”和“发现新大陆”“摧毁印第安人文明”“文明征服野蛮”等血腥现代化历史的隐喻，一个美国自由派左翼文化传媒人反思西方中心主义，反思白人精英主流价值观的政治讽喻，是一个以艺术的方式表征着的关于我们当下就生活于其中的“现代—西方—资本主义文明”的困境、疾病和界限的十分高调的隐忧。

当资本想利用人的属性去培养“具有高度文明的人”的愿望落空，当人对物的依赖成为一种现实，当资本的文明性限度日益加大之时，资本的双重性存在也就让“魔法师与魔鬼的二重奏”[14]。困境在自己那里得以充分体现：浮士德与魔鬼的关系发生了颠倒，自然、社会，以及人的存在状态都在资本的“普照”光亮下发生了重大改变，资本淋漓尽致地发挥其积极意义的创造性过程，也是其“文明暴行”的破坏性力量的展示过程。如何避免资本“过度的文明暴行”，而使资本给我们带来更多的福音，成为历史现象学的一大重任。

在康德时代，哲学的主题是理性基础上的道德意志，它的愿望是将良心意义的意志自由扩展为整个社会共同体所共同遵守和信守的道德律令，最终，形式上的、非现实意义上的自由窒息了道德律令的实现的可能性空间，道德批判优先于历史批判的方式最终无法完成对资本逻辑的超越。黑格尔当年通过研究古典经济学家李嘉图和斯密，曾经非常肯定地指出了市民社会的积极意义，但也辩证地指出了其自身内含的分工体系致使的个体性与公共性的矛盾。但是，当他将解决问题的方案诉诸国家的总体性澄明状态和伦理的实现状态时，我们看到了这种总体性图景的绝对观念力量的被无限放大的事实，以及总体性理念的理性神秘化特征。后现代主义时代，海德格尔和福柯则寄希望于个体伦理与美学的抵抗策略，通过个体对自身的快感的使用，节制性欲的需求，以获取“新主体”的自我风格化、审美化与艺术化的“生存美学”救赎。自然，浪漫主义的“善良设计”也就成为一种外在于现代性根源之外的无奈之举。鲍德里亚则认为，后现代社会是生产的终结与符码统治的时代，符码操控代表着资本主义体系的新革命，因而对符码逻辑的批判成为鲍德里亚符号政治经济学批判的主题。他坚持以象征交换替代无产阶级革命，奢望用象征交换引领着人们走出现代社会的困境。

与上述种种解决社会发展现实矛盾的方案相对，马克思以资本的总体化进程去直面资本主义社会，在政治、经济和文化的多重力量交织中考量资本的现实作用，给我们呈现给出了一个有机联系着的、整体的、有着内在建构空间的真实世界。如前所述，历史现象学坚持将寻找和社会发展的实质诉诸历史自身。历史是历史真实图景的现实书写，资本构成和明证着资本运动的所有秘密。资本在自身的生存中确立其特有的界限，然而，却也在不断地突破和超越这一界限，这一“活生生的矛盾”运动的后果就是资本对资本的排斥。哈贝马斯说：“任何臣服于资本积累需要的文明都蕴藏着自我毁灭的种子。”[15] 在历史发展的一定阶段下，资本就会成为资本的最大限制，最终驱使人们利用资本来消灭资本。正因为此，它“才能这么深刻地深入资产阶级生产方式的规律，把它理解为一个完整的有机整体，并阐明资产阶级生产方式势必为社会主义生产方式所代替的那个历史倾向”[16]。在价值诉求上，历史现象学强调资本逻辑批判与人的全面发展的同一性，在历史发展的现实运动中，共产主义是必要的和可能的，表面上看，资本关注的对象是物质、财富、利益、阶级与所有制问题，但它承载的是“现实的个人”的真实处境与未来命运，是“实践的人和人的实践”与“人与人的关系”的全面汇集。在历史现象学看来，时间是承载着人的活动和人的感受的时间，时间是人类社会发展的空间。资本逻辑对资本主义社会的统摄和主宰并不意味着这一逻辑的不可超越性，相反，资本逻辑自身所内含的善恶并存的矛盾性和自反性逻辑，为资本最终超越自身，更好地体现其“文明化”趋势提供了充分的物质条件及现实的可能性。因而，立足于利用资本瓦解和扬弃资本逻辑，是现时代条件下超越资本逻辑的必然选择和面对。马克思在《资本论》序言中指出：“一个社会即使探索到了本身运动的自然规律，……它还是既不能跳过也不能用法令取消自然的发展阶段。”[17]20 世纪的国际共产主义运动和中国社会主义建设的早期，却忘记了马克思当年的“忠告”，试图“用法令取消资本”和超越历史阶段，其教训是沉痛而深刻的。

资本在对自身的超越中完成了明证自我的使命，打开了具有“善”性的通向未来的可能性空间。在历史现象学的视野下展开对资本逻辑的瓦解、批判和超越，利用资本的力量来消灭，实现一切人的自由发展，更好地引导着资本向文明化的趋势发展，是现时代最为现实的科学选择。在这一意义上，以历史的、批判的和开放的理论视野和气度为核心的历史现象理应成为我们检视和追问资本的方法论自觉，因为唯有这种超越，才能使资本在新的历史形态下重获新的意义；唯有这种理论关照，才能使我们获得资本的道德属性能够得以充分实现的充足理由，并在资本的“善性”运动中以更加健康的姿态期待着美好未来。

【注释】

[1] 马克思恩格斯文集（第 1 卷）［M］. 北京：人民出版社，2009：76、89、277、524、716.

[2]［法］雅克·德里达. 马克思的幽灵［M］. 何一译. 北京：中国人民大学出版社，1999：208.

[3] 马克思恩格斯全集（第21卷）［M］．北京：人民出版社，2003：363.

[4] 张一兵．社会批判理论纪事（第3辑）［M］．南京：江苏人民出版社，2009：249.

[5] Merleau – Ponty. *Sence and Non – Sence.* Northwestern University Press，1981：133.

[6] 马克思恩格斯文集（第8卷）［M］．北京：人民出版社，2009：91.

[7] Anthony Giddens. The *Consequences of Modernity.* Stanford University Press，1990，p16.

[8] David Harvey. Spaces of Hope［M］. Edinburgh University Press，2000：22.

[9] 马克思恩格斯文集（第7卷）［M］．北京：人民出版社，2009：927.

[10] 马克思恩格斯全集（第30卷）［M］．北京：人民出版社，1995：521.

[11] 马克思恩格斯文集（第8卷）［M］．北京：人民出版社，2009：59、393、397.

[12]［英］梅扎罗斯．超越资本（上）［M］．郑一明等，译．北京：中国人民大学出版社，2003：829.

[13] 马克思恩格斯文集（第5卷）［M］．北京：人民出版社，2009：273.

[14]［美］马歇尔·伯曼．一切坚固的东西都烟消云散了［M］．徐大建，等译．北京：商务印书馆，2003：130-131.

[15]［德］哈贝马斯．东欧剧变与《共产党宣言》［A］．//俞可平．全球化时代的“马克思主义”［C］．北京：中央编译出版社，1998：42.

[16]［苏］马·莫·罗森塔尔．马克思主义辩证法史：从马克思主义产生到列宁主义阶段之前［M］．汤侠声，译．北京：人民出版社，1982：184.

[17] 马克思恩格斯文集（第5卷）［M］．北京：人民出版社，2009：9.

（程广丽　余达淮，原作发表于《北方论丛》2013年第1期）

资本的道德与不道德的资本

——从《1844 年经济学—哲学手稿》谈起

国内学者对《1844 年经济学—哲学手稿》（以下简称《1844 年手稿》）的探究经历了 20 世纪 80 年代和 90 年代两次热潮，80 年代主要是人道主义问题的提出，论者多就人道主义与共产主义、异化劳动、私有财产等问题展开讨论。90 年代以后，对《1844 年手稿》的研究更为深刻。有关历史唯物主义的“突破口”、文本问题、经济哲学等问题应运而生。近来的研究还有人坚持认为，《1844 年手稿》就是苏联学者或者阿尔都塞认为的是马克思思想不成熟期的产物，而且提供新的佐证。但是也有学者认为《1844 年手稿》是马克思“正确世界观、人生观的发源地”[1]。本文从马克思伦理思想入手，谈一点自己的看法。

一

《1844 年手稿》中有否伦理思想？孙伯鍨先生对经济与道德的关系专题研究认为，马克思一生都把经济发展和道德进步看作紧密相关的两件事。但他又始终认为，在这两者之间存在着深刻矛盾，“它们虽然相互依赖、相互贯通，但却又彼此对立、排斥和冲突”[2]。孙先生认为，此时的马克思更像阿尔都塞所说的，还存在思想的断裂，“理论思路尚处在资产阶级意识形态的范围之中”[3]，马克思对私有制和异化劳动的批判还是黑格尔式的哲学或者说人本哲学批判。马克思认为：“扬弃私有制和消除异化劳动就成了彻底实现人道主义并永远解开历史之谜的钥匙。”[2]孙先生说，此时《1844 年手稿》“不是一个完整自洽的著作，其中存在人本主义异化逻辑和现实主义科学逻辑的隐性对立，而正是这里的科学逻辑成长发育成了历史唯物主义”[4]。孙先生认为马克思是这样辩证分析的：真正人道的社会只有“通过私有财产及其富有和贫困的运动”才能生成，因为这种生成“所需要的全部材料”，只有“以私有财产为中介”的“发达的工业”才能提供。从这个意义上讲，共产主义不是道德理性的产物，实际上是以往全部历史运动的结果。孙先生引用马克思的话：“整个革命运动必然在私有财产的运动中，即在经济运动中，为自己既找到经验的基础，也找到理论的基础。”[5]这样的话说明了两个事实：一是马克思的道德立场、道德感情毫无疑问是站在无产阶级一边，但是得出的结论却是，共产主义不是道德的想象，道德解放具有辩证的属性；二是马克思已经初步具备了经济基础决定道德的思想，哲学观念和现实的问题已经成为一个相互斗争、相互依存的矛盾统一体。所以，孙先生说这里有历史唯物主义的萌芽。

但是，不能说《1844 年手稿》时期的马克思具有人本主义异化逻辑和现实主义科学逻辑两条思路，而且还处在资产阶级意识形态当中。理由是：首先，依据张一兵先生的讲法，马克思这时思想上已经接受恩格斯对国民经济学的颠倒的思路，他的哲学思考与经济学研究已经统一；其次，在令人吊诡的笔记本Ⅲ“对黑格尔的辩证法和整个哲学的批判”中，马克思似乎已经明确了从费尔巴哈对黑格尔辩证法的严肃的、批判的态度，这种态度就是市民社会决定人与人的关系，而“人与人之间的”社会关系是理论的基本原则。[6]在《1844 年手稿》中马克思是娴熟应用这种基本原则的，马克思谈到对“爱”的设想，这是与费尔巴哈的感性本质的“爱”完全不同的；他说：“我们现在假定人就是人，而人对世界的关系是一种人的关系，那么你就只能用爱来交换爱，只能用信任来交换信任。”可是，“如果你在恋爱，但没有引起对方的爱，也就是说，如果你的爱作为爱没有使对方产生相应的爱，如果你作为恋爱者通过你的生命表现没有使你成为被爱的人，那么你的爱就是无力的，就是不幸”[6]。如果说历史唯物主义应该具有两个基本视角，即历史的和社会关系的，那么马克思此时显然比较清晰地运用了这两个视角。马克思更是通过历史规律，揭示了道德在实践中产生，随基础变化的特征。

事实上，1844 年的马克思已经经历了思想的变化，马克思的《1844 年手稿》是在政治经济学《巴黎笔记》基础上形成的，作为有意识的笔记与摘要，马克思其实已经超越赫斯、蒲鲁东和青年恩格斯。他从经济学对资本的批判，上升到哲学对劳动的批判，认为异化劳动借以实现的手段是实践的，从异化的人得出私有财产的概念，而私有财产的黑格尔式的正、反、合辩证运动形式，最终抵达共产主义，共产主义是对私有财产即人的自我异化的积极的扬弃。马克思这时虽然对恩格斯在《国民经济学大纲》中提出价值与价格问题还比较陌生，还不可能直接发现剩余价值的规律，但是异化劳动的论证形式已经蕴藏着剩余价值的萌芽。在他的思想中还有另一个伟大发现，就是人的发现，就是人的合乎人性的复归。这实际上体现了马克思一生追求的合乎社会规律的道德理想，这种道德理想超越了德、法社会主义的基本原则，它不仅仅是一种人本逻辑，它是人道和自然的统一。“这种共产主义，作为完成了的自然主义=人道主义，而作为完成了的人道主义=自然主义，它是人和自然之间、人和人之间矛盾的真正解决，是存在和本质、对象化和自我确证、自由和必然、个体和类之间的斗争的真正解决。”[6]这是社会主义和共产主义的道德实践，马克思说“它是历史之谜的解答”[6]。

马克思一生都反对用道德的口吻描述历史事件，他揭示社会发展的辩证法和规律；《资本论》也不过是通过资本的生产、流通及其总过程论述剩余价值的发生、发展及其灭亡的规律。但是，到底要建设一个美好的社会还是在一个美好的社会中发展人？马克思说，“共产主义是最近将来的必然的形态和有效的原则”[6]，但是，“共产主义并不是人类发展的目标，并不是人类社会的形态”[6]。在这种辩证的论述当中，人性的复归或者说“每个人的自由发展是一切人的自由发展的前提”[7]才是马克思所揭示的人的发现的真正伊甸园，是人类社会关系的改造与解放，是马克思揭示人与自然相互作用的历史理论的终极关怀。

二

我们现在理解，为什么劳动在马克思的理论分析中如此重要。异化劳动揭示了工人悲惨的命运：一方面，在异化劳动中工人的需要与满足需要的资料精致化；另一方面，这种需要却造成牲畜般的野蛮化和彻底的、粗陋的、抽象的简单化。导致工人劳动技能退化的资本主义的分工，又将工人带入一种高度重复、无须动脑的境地当中。所以工人的前途是循环的、万劫不复的贫困，在对私有财产和工资的追求中日益成为被奴役者。马克思并未抛弃异化的概念，在《1857—1858 年经济学手稿》和《资本论》中都还用异化概念，而且有所拓展。异化是一种对象化，一种生产实践。马克思谈到实践问题时说：“我们看到，理论的对立本身的解决，只有通过实践方式，只有借助于人的实践力量，才是可能的。”[6]在对象化中，自我意识自动消失，而成为事物、山峦、小溪和流云，但是这种对象化的事物反过来推动自我意识的扬弃，几经反复，自我意识最终成为精神。在黑格尔那里，这仅仅作为思想的对立面，在思想当中精神最后成为绝对精神，虽然他有着劳动、伦理或道德或国家的外化。马克思批评黑格尔，在对象化的过程当中有着辩证的过程，这种过程并非是思想的辩证法。换句话说，最后马克思认识到，实践是一个积极的因素，而实践意味着对哲学的背叛，意味着改造世界的能力。马克思所说的异化，显然有一种与黑格尔不同的积极因素。马克思说："整个所谓世界历史不外是人通过人的劳动而诞生的过程，是自然界对人来说的生成过程。"[6]"马克思对资本主义制度性社会实践的批判，其实就是要表明，在资本主义社会阶段，社会实践已经陷入了异化状态，即处在内在矛盾的运动之中。而社会实践主体即工人阶级要想展开一种具有明确目标导向的实践活动，就必须首先看清社会实践过程在客体维度上的内在矛盾性，并同时看清它在主体维度上的拜物教物质。"[8]然而，马克思并未停留在一般对资本主义制度的血泪控诉上，资本主义给人类带来的解放意义也是不言而喻的。恰恰在笔记本Ⅱ仅有的四张残篇当中，马克思论述了资本的功绩。他说，资本这种动产，"已经使人获得了政治的自由，解脱了束缚市民社会的桎梏，把各领域彼此连成一体，创造了博爱的商业、纯洁的道德、令人愉悦的文化教养。"[6]这是资本本身的逻辑之一，这一逻辑延续着黑格尔式的辩证逻辑，但是却是从现实出发的颠倒的逻辑。在《德意志意识形态》中马克思写道："周围的感性世界决不是某种开天辟地以来就直接存在的、始终如一的东西，而是工业和社会状况的产物，是历史的产物，是世世代代活动的结果，其中每一代都立足于前一代所奠定的基础上，继续发展前一代的工业和交往，并随着需要的改变而改变他们的社会制度。"[5]资本的功劳是随着社会变化的脚步而使人显出文明气象的，"一切财富都成了工业的财富，成了劳动的财富，而工业是完成了的劳动，正像工厂制度是工业即劳动的发达的本质，而工业资本是私有的完成了的客观形式一样"，"只有这时私有财产才能完成它对人的统治，并以最普遍的形式成为世界历史性的力量"。[6]

资本是积累的劳动。资本是"天生的平等派"[9]，它进行着这样的道德实践，一方面繁荣与发展，一方面剥削与贫困。"资本的文明的胜利恰恰在于，资本发现并促使人的劳动代替死的物而成为财富的源泉。"[6]资本的文明性突出表现在："它创造了这样一个社会阶段，与这个社会阶段相比，一切以前的社会阶段都只表现为人类的地方性发展和对自然的崇拜。只有在资本主义制度下自然界才真正是人的对象，真正是有用物。"[10]

这里要谈一谈对社会主义阶段资本的看法。在现阶段中国，市场决定资源配置。社会主义和资本主义都采用市场经济形式，但是社会主义市场经济有自己的上层建筑特征的渗入：其一，在所有制结构上，社会主义市场经济是以公有制经济为主体、多种所有制经济共同发展为其制度基础；其二，国家发挥作用，是宏观调控与市场决定作用相结合的机制；其三，社会主义市场经济讲求效率与公平并重，社会调控公平。由是，资本的作用体现在劳动的必然发展方面，资本“必然要在它的世界发展过程中达到它的抽象的即纯粹的表现”[6]。资本不断突破要获得剩余价值的欲望，而社会主义市场经济限制它，抑制它，就像是放飞着资本这只风筝，上层建筑紧紧攥住手，进行干预、调整，让劳动时间在不同生产部门之间有计划的分配和遵循节约原则，让资本发挥更“好”的繁荣与发展的一面。

当然，这里其实很纠结。思考资本的道德，如果资本表明一种生产方式，体现着基础，那么对资本的抑制是有限的，制度因素最终不能决定资本的覆灭；如果制度因素可以超越经济基础，或者制度因素可以超越经济之根本，那么资本就是应该的道德的，不再表现为对资本的血泪控诉。然而，现代社会并不能说已经超越马克思所设想的高度发达的社会主义阶段。在现代中国，生产力依然是低下的，资本依然发挥着积极的作用，在改造着社会的物质基础，并带来社会财富的增加；资本没到时候或者没有表现出绝对恶的一面，它的恶同善交织着，目前发挥着善的一面，还起着添砖加瓦的作用。

三

资本是不能自我消停的，但“资本的结构性危机自我暴露为一般统治的真正危机”[11]。资产阶级的政治革命并没有彻底完成人的解放的任务，同样，资产阶级的国民经济学在实现自由时，由于物质需要、由于自己的锁链的强迫，表现为一种有节制的利己主义。早在《论犹太人问题》当中，马克思就说过：“只有当现实的个人把抽象的公民复归于自身，并且作为个人，在自己的经验生活、自己的个体劳动、自己的个体关系中间，成为类存在物的时候，只有当人认识到自身‘固有力量’是社会力量，并把这种力量组织起来因而不再把社会力量以政治力量的形式同自身分离的时候，只有到了那个时候，人的解放才能完成。”[6]马克思看到了哲学不能用来作为道德解放的武器的弱点。他说：“这种对立的解决绝对不只是认识的任务，而是现实生活的任务，而哲学未能解决这个任务，正是因为哲学把这仅仅看作理论的任务。”[6]马克思认为劳动这种生产实践并非只是生活和经历的经验，而是异化为拜物教从而获得对私有财产的扬弃，是具有特定内容的。马克思提到，工业是一本打开了人的本质力量的书，这本书和人心的联系是通过劳动来创造的。基于劳动的实践已经深深印入马克思的头脑当中。

发生在工人身上的全面的异化最初表现为工人同自己的劳动产品相异化。“工人生产得越多，他能够消费的越少；他创造价值越多，他自己越没有价值、越低贱；工人的产品越完美，工人自己越畸形；工人创造的对象越文明，工人自己越野蛮；劳动越有力量，工人越无力；劳动越机巧，工人越愚笨，越成为自然界的奴隶。”[6]这实际上已经蕴含着剩余价值的思想。马克思在《1857—1858 年经济学手稿》中第一次使用“剩余价值”的概念。马克思在李嘉图使用利润的地方使用剩余价值，表明了与国民经济学认识论断裂的立场。[12]和自身相对立的劳动产品在《资本论》中已经转变为剩余劳动，剩余劳动对象化为价值的劳动，劳动力的交换价值连同它的使用价值一起消失，转而成为剩余价值。这其中背后的操纵者是资本。资本购买劳动产品，然后出售劳动产品，并把出售商品所取得的货币转化为资本。资本主义在平静地显现着 G—W—G′的正、反、合运动规律时，实际上表现为剩余价值的生产。生产剩余价值是资本抑制不住的欲望和天性。

什么是资本逻辑？作为现代性基本力量的塑造者，资本构造了现代性的总体图景。“资本”与“逻辑”的联姻并不是人为想象的结果，也不仅仅表现为创造了巨大的社会财富这一表面的逻辑，资本本质上不仅体现着社会的生产关系，而且有着自身的特殊规定性。在这一意义上，我们将资本逻辑理解为资本占据支配地位的现代生产方式的景况。在这一点上，李嘉图看到了资本稀缺性原理；库兹涅夫看到类似于马克斯·韦伯资本主义精神的智力与勤奋对资本逻辑的背叛；皮凯蒂则说，长期来看资本的收益率还是高于国民收入的增长，不平等还在扩展。于是，他们提出在资本逻辑下的道德方案，而这不过是使资本主义这只大象晚一点走向自己的坟茔而已。从资本主义危机越来越表现为金融危机来看，资本的贪婪使一切采用资本主义生产方式的国家都会周期性地陷入绕过生产过程而赚钱的狂热阶段。资本主义信用制度创造出一批“食利者”阶级，他人的、社会的财产是这些“食利者”阶级进行冒险赚钱的赌博游戏工具。马克思说：“银行和信用同时又成了使资本主义生产越过它本身界限的最有力的手段，也是引起危机和欺诈行为的一种最有效的工具。”[13]

四

那么，资本作为一种关系，究竟表现为哪些伦理内涵呢？

首先，平等地剥削劳动力，是资本的首要的人权。资本的出现标志着社会生产过程的新时代。资本是“有形的神明”[6]，是资本主义社会形态中的生产关系。“资本的实质并不在于积累起来的劳动是替活劳动充当进行新生产的手段。它的实质在于活劳动是替积累起来的劳动充当保存自己并增加其交换价值的手段。”[5]马克思指出，庸俗的自由贸易论者判断资本的标准和概念就是，在货币占有者和劳动占有者之间，“一个笑容满面，雄心勃勃；一个战战兢兢，畏缩不前，像在市场上出卖了自己的皮一样，只有一个前途——让人家来鞣。”[9]资本义无反顾地表现出内在的本性，即“力图超越自己界限的一种无限制的和无止境的欲望”[10]。资本导致个人利益与全体利益的严重对立，人的异化不断加深，剥削的境况触目惊心。在互惠互利的幌子之下，资本家和工人的剧中人的面貌发生了变化，人被奴役的状态在不知不觉当中成为社会现实。

其次，资本不仅表现为社会关系，也体现为基于社会关系之中的某种意识和观念。资本不仅表现为显性的可以直观的东西，而且是社会关系的反映，承载着一定的社会关系。资本不仅表现为具体的物品，还表现为交换的社会关系层面。资本的所有者资本家作为人格化的存在，承载着资本的流通与转换的社会意识。马克思说：“对于这个历史上一定的社会生产方式即商品生产的生产关系来说，这些范畴是有社会效力的、因而是客观的思维形式。”[9]这些思维形式的观念形态却在根本上导致了这样的后果，一些物品具有了神秘的非凡的特性，进而使得资本主义的合理性及永恒性的观点得到了一定程度的强化，它使人们忽视了真正的财富是人本身，是人的实践和交往。资本还使人们深深迷惑于黄金（货币）的光芒闪耀的感性外观以及这种感性外观所兴叹出来的意识与观念当中。

第三，资本促进秩序、规则的培育，也发展为平等、自由、信用等概念。资本一方面要求民主，一方面又滋生着摧毁民主的力量。资本主义制度充分表现出灯红酒绿式的“经济的幻象”；资本主义经济特有的社会形式是物质资料的生产从属于剩余价值的生产与积累，在这种社会形式当中，物质资料似乎并不重要，重要的是如何促进剩余价值的获得与保护。马克思说，那里占统治地位的是自由、平等、所有权和功利主义（边沁）。“自由！因为商品例如劳动力的买者与卖者，只取决于自己的自由意志。他们是作为自由的、在法律上平等的人缔结契约的。契约是他们的意志借以得到共同的法律表现的最后结果。平等！因为他们彼此只是作为商品占有者发生关系，用等价物交换等价物。所有权！因为每一个人都只支配自己的东西。边沁！因为双方都只顾自己。使他们连在一起并发生关系的唯一力量，是他们的利己心。”[9]事实上，“现存的资产阶级社会的总体上，商品表现为价格以及商品的流通等等，只是表面的过程，而在这一过程的背后，在深处，进行的完全是不同的另一些过程，在这些过程中个人之间这种表面上的平等和自由就消失了”[10]。在马克思看来，“在对资本主义的这张面孔进行素描时，它终将必然丧失特有的现代合法性蕴含（比如，自然权利、平等、自由、正义）。这样，依据正义的历史原则，资本主义的正义就是经不起追溯的。”[14]

第四，资本关系及其伦理在人类发展当中只是一种暂时性的存在。资本家总是希望将资本永恒化，然而这种观点，“抽掉了使资本成为人类生产某一特殊发展的历史阶段的要素的那些特殊规定”[10]，因而是形而上的观点。“资本既不是生产力发展的绝对形式，也不是与生产力发展绝对一致的财富形式。”[10]资本的历史使命就是在以资本为基础的生产方式上，生产和再生产出资本和劳动的关系、雇佣工人和资本家的交往关系，并在此基础上摧毁那些旧的体制，打破一切生产力发展的阻碍。而“资本的内在矛盾不可避免地将会导致自身的破裂和毁灭，从而产生超越资本原则的新型的生产关系”[15]。正如马克思说的：“资本家对这种劳动的异己的所有制，只有通过他的所有制改造为非孤立的单个人的所有制，也就是改造为联合起来的、社会的个人的所有制，才可能被消灭。”[16]资本最终会消亡的，连同一切伦理的阴霾；新的关系将产生，将表现为每一个人的自由是一切人的自由条件的共产主义的伦理关系。

【注释】

[1] 李培超．解读马克思《1844年经济学—哲学手稿》伦理思想的应有视角［J］．湖南大学学报（社会科学版），2009，(06)．

[2] 孙伯鍨．经济和道德——马克思《1844年经济学—哲学手稿》

的当代意义［J］．南京社会科学，1994，(01)．

［3］孙伯鍨，张一兵，唐正东．“历史之谜”的历史性剥离与马克思哲学的深层内涵［J］．南京大学学报，2000，(1)．

［4］张亮．“马克思的人学”及对它的经济学解读——“纪念《1844年经济学—哲学手稿》公开发表65周年学术研讨会”述记［J］．南京社会科学，1998，(3)．

［5］马克思恩格斯文集（第1卷）［M］．北京：人民出版社，2009：180：180、528、726.

［6］马克思恩格斯全集（第3卷）［M］．北京：人民出版社，1995：189、269、286、287、288、293、297、306、310、311、361、364-365.

［7］马克思恩格斯文集（第2卷）［M］．北京：人民出版社，2009：53.

［8］唐正东．有原则的实践：马克思实践概念的应有之义及当代意义［J］．马克思主义与现实，2014，(3)．

［9］马克思恩格斯全集（第44卷）［M］．北京：人民出版社，1995：93、204-205、457.

［10］马克思恩格斯全集（第30卷）［M］．北京：人民出版社，1995：202、214、390、396.

［11］［英］梅扎罗斯．超越资本［M］．郑一明，译．北京：中国人民大学出版社，2003：829.

［12］［法］阿尔都塞，巴里巴尔．读《资本论》［M］．李其庆，冯文光，译．北京：中央编译出版社，2001：171.

［13］马克思恩格斯全集（第46卷）［M］．北京：人民出版社，1995：686.

［14］张文喜．马克思对“伦理的正义”概念的批判［J］．中国社会科学，2014，(3)．

［15］赵苍丽，余达淮．资本的伦理内涵、结构与逻辑［J］．道德与文明，2014，(6)．

［16］马克思恩格斯文集（第8卷）［M］．北京：人民出版社，2009：386.

（余达淮，原作发表于《马克思主义与现实》2015年第4期）

资本与道德的吊诡：在冲突与会通的视域内

资本何以具有道德属性？道德又为何能够成为资本？资本与道德的交织与分歧究竟是如何产生的？这些“交织点”与“分歧处”的界限又在哪里？当前学界对此展开了激烈的论争，形成了立场不同、视角相异故结论相悖的观点。如何合理地理解和对待聚讼不断的论争以及这些论争所隐含的深层矛盾，成为一个耐人寻味且需要我们深入思考的问题。

一、问题的提出

近年来，学界围绕资本与道德的话题进行了激烈争论，归纳起来，这些论争主要集中于：其一，资本是否具有道德属性；其二，道德是否能够成为资本。对于第一个问题，论者一般能够辩证分析，认为在关系属性上资本自身内含道德的属性，资本作为一种物质力量与思维方式，在社会发展过程中具有“文明面”，起着“伟大的文明作用”[1]；资本的道德属性不仅指资本内含的道德性，也是指资本在现实生活中的道德指向与道德意义；资本的道德属性是有条件和限度的，资本并非在所有的社会制度下都具有道德属性；资本的出现改变了世界的面貌，推动了社会生产力的巨大发展。同时，资本也有着典型的“不道德”或“反道德”的特性，人们在享受着资本带来的物质繁荣的同时也为此付出了惨痛的代价，如贫富分化、生态环境危机等。对于第二个问题，有论者指出，道德作为一种思想观念，在社会实践中实现了“文化力量”的精神动力作用，因而也是一种特殊的“资本”。从总体上看，第一个问题有一定共识，但在第二个问题上还存在着一些分歧。“道德资本”的持有论者认为，作为思想观念与文化力量的道德虽然属于典型的“社会意识”，但是由于其在社会发展中起着积极的推动作用，故可以成为一种精神的“生产力”，具有资本的价值，因而也是一种“资本”[2]。“道德资本”的批评论者认为，道德能否成为资本、道德是否是资本的问题归结起来是“道德观”的问题，并得出“道德不是资本”的结论。[3]

我们看到，目前关于资本与道德关系的论争，归结起来有二，一是论者自身的立场不同，二是论者的视角有别。所谓立场的不同，主要体现在他们对资本概念的理解存在着一些差异。“道德资本”的持有论者将资本的概念理解为：资本是一种物质力量，但又不仅仅是一种物质力量，更是一种观念，一种意识，一种生产关系，以及一种巨大的社会关系的凝聚与汇集，这是马克思早就阐明清楚了的。道德是人类精神力量的直接或间接表达，是人们为了能够更好地生活所应该遵守的行为准则与规范，一般说来代表着社会占主导统治地位阶级的正面价值评价取向。那么，作为社会发展主导力量和主宰因素的“内因”的资本，无疑具有十分明显的道德属性。而往往作为正面价值评价取向的道德因素自然会在整个社会中起到积极的榜样力量、激励作用与推动效应。故而，在宽泛的意义上，将“道德”视为一种特殊的资本来理解应该是没有问题的。反对者认为，“道德”被当做特殊资本后也会带来一种可怕的理论风险：由人们内心信念与社会舆论而构筑的精神力量被当做“资本”在市场经济上被“贩卖”后，“资本”的概念和范畴就会无限地扩大，最终形成马克思所言的爱情、希望、信仰等精神因素都可以被市场自由地“买卖”了。这也是诸多学者所担心的关键问题，也是他们反对“道德资本”这一概念的重要理由支撑。无疑，从自由市场的“无道德”立场出发，以及结合当今西方现代化进程的历史，特别是刚刚迈入世俗的现代化进程的中国现实来说，这种担心是十分必要的。20世纪初的卢卡奇在他的名著《历史与阶级意识》中已经非常精当地描述出了这一可怕后果：当所有一切东西包括看得见的物质、看不见的情感等都可以进入市场自由买卖时，人的“物化”处境自是必然。而且，从物质到心灵，从心灵到肉体，人被外在的“权力”“规训”（福柯语）却无法体认到，越来越处于“他者”[4]的境地而无法成为他自己，这也是张一兵教授所言的“物役性”的精神实质。而视角的不同则主要体现在他们对资本与道德之关系于人性本身的意义的理解有差异。“道德资本”拥护者认为，道德是一种资本，是因为这种思想资源能够在资本的运行中起到积极的作用，最大可能地发挥资本的善行，遏制资本的罪恶。而反对者则认为，市场是一种自发行为，对任何“他律”行为不会产生积极的内在反应，因而道德无法作用于市场本身，“道德资本”是伦理学家思维方式的产物，是“功利性”和“工具性”价值的表征，其结果是抬高了资本的地位，使道德沦为资本的奴仆，因而，作为道德人格的尊严被玷污了。

马克思在《资本论》第一卷序言中说："我决不用玫瑰色描绘资本家和地主的面貌。不过这里涉及的人，只是经济范畴的人格化，是一定的阶级关系和利益的承担者。我的观点是把经济的社会形态的发展理解为一种自然史的过程。不管个人在主观上怎样超脱各种关系，他在社会意义上总是这些关系的产物。同其他任何观点比起来，我的观点是更不能要个人对这些关系负责的。"[5]作为一定阶级关系与利益的承担者，人自然有自利的一面，是一个受"看不见的手"支配、有着"理性算计"的"经济人"，但同时也是一个有着同情之心、公正之爱、拥有"道德情操"的"道德人"。这在斯密那里已经得到了经典的论证。人的自爱与利他之心并不矛盾，这是人性多面性的真实表现。

资本既可以不讲道德，又可能具有道德的意义；资本既是经济学的问题，又是伦理学的问题；资本与道德既可以冲突，也可以会通；问题是，如何在学科综合的视野里给予资本与道德问题新的阐释？如何跳出学科的边界从争论引出富有启发的新问题？

二、充满吊诡的辩证

资本隐含着道德的意义，道德隐含着资本的力量，这是我们拨开二者话语缠绕之后的基本结论。因而，一味地拒绝承认资本的道德性与一味地拒绝承认道德的"资本"性是同样有害的形而上学之举。在资本与道德充满吊诡的辩证中，资本与道德发生着矛盾与冲突，也进行着交会与融通。

1. 资本与道德的冲突

资本与道德的冲突是指资本与道德的异质性表现，它主要包括两个方面：其一，以现象学的视角检阅资本自身的"价值无涉"（韦伯语）性；其二，以唯物史观的方法审视资本的"不道德"性甚至"反道德"性表现。

资本是一种"价值无涉"的事实描述。作为一种客观存在的物和生产关系，资本是没有任何"感情"的客观性存在，它只涉及"事实描述"。阿尔都塞因此断言："将《资本论》归结为伦理学的构想是一种儿戏。"[6]因为《资本论》以"事实"的方式揭示了资本主义经济运动的规律，因而与价值判断无关。麦金泰尔也说，马克思是没有伦理思想的。资本是不包含任何人为的非经济因素的，即便因为增殖的需要，人们会施加自己的影响在资本身上，但总体来看，人为的干预必然是在资本运行之后，而不会在之前或运行过程当中，因而资本具有“公平交易”或交易公正的特性与客观标准。资本在自身运行过程中对所有参与者平等开放，不会因为任何人为因素而改变其增值的意志。资本运行的市场经济规则的变化只服从市场经济本身的内在需要，不随任何个人或集团的意愿或需要而发生改变。

由资本主宰的市场经济是一种“自由秩序”（哈耶克语），它与社会公正无关。资本自身只遵从增值的本性，遵循着竞争、公平的自由法则，不关心资本拥有者们自身“可行能力”（阿玛蒂亚·森语）的强弱，在利润最大化的追逐过程中，资本的增值意志与道德评价无关。在资本主义社会的总生产过程中，资本越来越像一架永动机，形成了一个不断扩大的旋涡，将一切都吸纳到自身中。特别是，在现代化的技术手段下，一个正在流水线上进行技术操作的工人，只能专注于眼下的技术操作，否则就会出现操作失误甚至破坏生产的危险。因此，在这里，占据主导的资本是拒绝“人”的任何情感因素的渗入的，资本家也只是资本逻辑的人格化体现。

第二，资本的“不道德”表现。资本的“事实描述”无法否认资本的不道德性，这主要体现在，市场“自由放任”的背后，资本会滋生出诸如剥削、压迫、野蛮、粗暴等非人性的“暴行”。

在资本主义制度安排下，私有制使生产资料的拥有者与生产劳动本身分离开来，资本的拥有者可能不劳而获，无产者只能靠出卖劳动力勉强过活。对于无产者来说，所谓的“人身自由”是出卖自身劳动的自由，因而是一种表象的自由；在资本的生产过程中，资本逻辑的总体性与内在分裂的直接后果带来的是人的异化状况的不断加深，人的被奴役状态日益加重，人的个性和独立性渐趋丧失；当物化成为人的活动的普遍性样态时，人的情感、良心与经济规则之间的矛盾和冲突也就变得更加尖锐。资本带给现代人的不是满足而是匮乏，是生命意义自身的匮乏；所有的东西都成为可以在商品，情感领域中的诸多美好的东西如爱情、尊严、德性、良心、信仰和自由等，都成为可以在市场上进行买卖的交易对象。在数字和符号的编码组成的技术统治下，金钱侵入人的精神世界，人沦为金钱的奴隶，精神世界被金钱所侵入，在被金钱钳制和“夷平化”（西美尔语）了的“等价性”的交换关系中痛苦挣扎着，一方面竭力挣脱这种畸形的物化关系大网，另一方面却又在或主动或被动地维护着这种关系，最终因无法摆脱“计算性思维”而难以自拔，成为一种遗忘“在”本身的“在者”。而这种失落、痛苦与折磨正是人的物化命运、精神和心灵世界异化加重的必然症候。资本通过控制消费从而全面控制了日常生活，将人类推进到一个消费被控制、欲望被制造、满足与匮乏交替循环的符号化消费时代。人的日常生活被虚假欲望和符号体系所深深奴役着。交换价值严重脱离使用价值，人的欲望不断被制造不断被满足又不断匮乏着，人因无法逃脱的符号化、体制化、抽象化、匿名化及“零度化”的钳制而倍感失落、孤独和绝望。同时，以增值为本性的资本在现实性运动过程中，一方面不断推动着社会的总体化进程，另一方面却成为社会生产过程的羁绊。不断发展的社会化大生产要求全社会范围内的总体性调制和把握，不然就会出现生产过程的内在脱节，带来生产的失调，失调的后果就是生产的浪费甚至破坏。然而，资本主义社会下的私有制是无法满足这种“合理性”的社会化要求的。进一步，当资本的力量从生产环节进入交换环节，当自由市场的交换情况影响到资本增值的实际效果时，这一被马克思称为“惊险的一跳”的过程就直接决定着资本的循环效果甚至资本的实现状况。当生产与交换发生脱节，生产过程就成为一种病态的悖论性存在，经济危机就不可避免地发生了。资本的无限扩张在一开始就埋下了矛盾的根源，最终导致资本主义制度无法消除的危机，这种结构性危机并不仅仅局限于社会经济领域，甚至更广泛地波及社会政治领域，最终将扩展到国家层面。“过度劳动的文明暴行”是资本对剩余价值无限需求的结果，其结果“使未开化和半开化的国家从属于文明的国家，使农民的民族从属于资产阶级的民族，使东方从属于西方”[7]。这一过程对落后民族来说，带来的是灾难深重的征服、掠夺、屠杀与血泪。

2. 资本与道德的会通

资本与道德的会通主要是指资本本身的道德性及其理解。资本自身的存在有着极为重要的“道德理由”，资本与道德是会通的，但这种会通同样也是有边界的，即，忽视资本运作的现实社会环境与人的“道德干预”，资本就会暴露出其“不道德”甚至“反道德”的特性。

第一，资本自身存在的“道德理由”。现代经济伦理所信奉的勤勉、节俭、致富等对资本主义社会所起的积极意义是不言而喻的，这在韦伯的“新教伦理精神”中得到了有效的阐发。唯物史观告诉我们，资本以及以资本为根本动力的技术是现代社会生产力提高的主要因素，资本的不断积累，技术的突飞猛进，带来了资本主义社会的迅速兴起，推动了传统社会向现代社会的结构转型，最终改变了整个世界的面貌。无疑，当斯密从英国早期工业资本积累和商业贸易的现实经验中发现“看不见的手”和“经济理性”所支配的原始而强大的行动驱动力时，他找到了揭示市场经济所具有的催生现代经济社会转型的基本动力：资本的源源不断的汇集，能够形成汹涌澎湃的商品之流，市场机制才得以不断地合理配置，市场经济也得以不断地活跃起来，经济社会才得以不断向前发展。资本是组织物质生产的一种形式，资本主义使社会生产力得到空前的发展。资本具有无限度地提高生产力的趋势，“资本把财富本身的生产，从而也把生产力的全面的发展，把自己的现有前提的不断变革，设定为它自己再生产的前提。”[8]一百多年的工业革命创造了比此前人类社会全部文明之总和还多得多的物质财富，市场的自由与平等为经济行为主体的自由竞争创造了条件，激发了他们的创造热情，因而最大限度地为人的潜力的开发提供了优越性。在资本的逐利本性刺激下，科技的巨大进步不断改善着生产工具，也提高着劳动者的素质，这是资本在现实生活实践中所表征的我们谁也无法否认的道德合理性。在资本全球化逻辑布展的今天，人与人之间交往与沟通的机会、深度与广度得以大幅度拓展，这使得物质资源与经济资本在全球范围内得以广泛流动，从而实现了资本更加有效的配置与利用，大大促进了生产的发展，提升了人们改造世界的能力，为最终实现人的幸福生活奠定了不可缺少的坚实基础，这同样是资本“道德性”的真实表现。

第二，资本的良性发展需要道德秩序的价值支撑。资本的存在带来了社会的持续发展与进步，这无疑是资本的一大“善行”。但我们必须清醒地看到，资本的道德性及其表现只是在理想化意义上来认识的。在许多情况下，这些理想非但不能实现，甚至还可能走向其反面。如无节制放任的自由市场，不仅不会创造生产的高效率，反而有可能造成效益的过度浪费，一次次爆发的世界性经济危机即是明证。况且，资本拥有者与无产者之间的不平等事实使得公平公正的愿望很难实现，能够进入游戏规则的有产者们是绝不会与无产者共享劳动成果的。因此，资本要想得到良性发展，还离不开道德秩序与道德规范的价值支撑。资本的求利本性使其只专注于增殖的最佳途径与方式，而不对增殖的途径与方式是否合理进行道德考量。然而，缺乏必要的伦理规范与伦理支持，生态环境难以得到科学保护，自然资源难以得到合理利用，人的欲望难以得到正确引导，最后的结果必然是，资本自身的增殖欲望与良性发展也就难以实现。资本可能在经济上创造了丰厚的物质财富，但在道德上却可能带来更多更大的不公平与非人性后果。资本进行经济竞争，很可能导致严重的社会失序，带来一定的道德风险和社会风险。在这种情况下，没有必要的道德规范与社会秩序的合理介入，实用主义与个人主义就会滋生和蔓延，最终使人陷入异化境地而畸变为“单面人”。马克思因此指出：“资本本身就是矛盾。”[9]从生产力的发展来看，“资本在具有无限度地提高生产力趋势的同时，又……使主要生产力，即人本身片面化，受到限制。”[10]因此，在一个“技术统治的世界”“经济动物的王国”里，道德的积极介入显得十分的必需和必要。德国经济伦理学家科斯洛夫斯基在其《伦理经济学原理》一书的“前言”中指出：“……我们将自由地回到宗教信仰和传统美德的那些最确切的原则上来——贪婪是一种罪恶，高利盘剥是一种不端行为……我们将再次把目的看得高于手段，宁愿取善而不为实用。”[11]

三、无法回避的思考

资本与道德之吊诡告诉我们，资本与道德可以是朋友，也可以是敌人，它们既可能冲突，也可能相容。深入思考资本与道德的关系，以下几个重要的理论问题是我们不应也不能回避的。

1. 经济发展与社会进步究竟何者优先

电影《阿凡达》在马克思主义者眼里，是一部以对资本的怀疑、批判为主题的自由左翼好莱坞精神的艺术表达。我们不由会问，这种视觉盛宴背后的隐喻与历史是什么？人类为何要征服潘多拉星球？人类到底有几种力量？在视觉盛宴背后，阿凡达是一个关于资本积累、暴力机器和科学研究之间共谋关系的道德评论，是一个关于“圈地运动”和“发现新大陆”“摧毁印第安人文明”“文明征服野蛮”“推土机——拆迁”的血腥现代化历史的隐喻，是一个美国自由派左翼文化传媒人反思西方中心主义，反思白人精英主流价值观的政治讽喻，是一个以艺术的方式表征着的关于我们当下就生活于其中的“现代—西方—资本主义文明”的困境、疾病和界限的十分高调的隐忧。当资本想利用人的属性去培养“具有高度文明的人”的愿望落空，当人对物的依赖成为一种现实，当资本的文明性限度日益加大之时，资本的双重性存在也就让“魔法师与魔鬼的二重奏”[12]困境在自己那里得以充分体现：浮士德与魔鬼的关系发生了颠倒，自然、社会以及人的存在状态都在资本的“普照”光亮下发生了重大改变，资本淋漓尽致地发挥其积极意义的创造性过程，也是其“文明暴行”的破坏性力量的展示过程。马克思提醒我们，“进步这个概念决不能在通常的抽象意义上去理解”[13]。沃尔特·米格若罗也说，“进步与发展只是蕴含着殖民性的现代性说辞”[14]。资本主义是一个文明与野蛮共生，进步与退化并存，自由与奴役相伴的世界。经济发展的结果是自由的人受抽象的统治、资本对劳动力的奴役，这不能不引起我们的思考：经济发展与社会进步究竟何者应该优先？经济发展的目的到底是什么？万俊人教授曾形象地说，经济发展这艘大船已经航行了许久，收获的物质财富也已丰腴，但却好像迷失了方向，忘却了当初为什么要出发。

经济发展与社会进步之间的失衡、背离与错位，是现代化进程中常遇到的难题。资本逻辑的主导使社会“发展”畸变为经济的“增长”，在很大程度上，经济增长代替了社会进步，以为经济的增长与财富的增加即为社会的进步，盲目崇拜 GDP 的增长，进而形成以“GDP 主义”来衡量一切的思维方式，致使许多人发出“有增长无发展”的感叹与惊呼。世界环境与发展委员会提出“可持续发展”的用意就是让我们今天的经济发展“既满足当代人的需要，又不对后代人满足其需要的能力构成威胁和危害的发展”[15]。这是从整体宏观的角度对当代社会发展悖论的前瞻性反思，指出了传统社会发展模式的根本误区，把批判的目光转向人类以科技为利器改造世界的物质生产活动。

无疑，经济的发展可以为社会的全面进步提供坚实的物质基础和保障，但仅有经济的发展是不够的，经济的发展并不能自然带来社会的全面进步，二者不具有同步性。社会的进步应该是包含经济发展在内的政治文明、文化繁荣等的全面发展与协调进步。马克思当年对资本增殖下的经济发展给予了赞誉，但却对人的命运和政治解放等问题表达了担忧：人处于自己创造物的奴役之下而无法自拔，资本成了世俗的上帝，作为物化劳动统治了人；无产阶级革命的最终目的不只是他们自身的经济解放，而且是整个人类社会的政治解放和真正自由，是建立财产公有制社会，以使每一个人获得全面的自由发展的机会和社会条件。华勒斯坦指出：“历史资本主义事实上的确孕育出一个经济人，但我必须补充一句，这个人几乎不可避免会有些糊里糊涂。”[16]因为这个“经济人”受到交换价值的控制，受到利益最大化原则的驱使，处于一种不由自主的状态。据麦克森斯考证：“‘进步’这个词本身，在其源初意义上，并非意指一般意义上的‘使得更好’，而是照其字面意义指为了金钱利润做某事。”[17]发展或进步这一范畴一开始就在清教徒对财富的执着追求中、在资本对现代性意义的遮蔽中实现自身。从历史的角度看这有其进步性，但也无法否认其固有的片面性，这也就是以新教伦理为代表的所谓资本主义精神。在这里，作为主体的“经济人”陷入了一个怪圈不能自拔，他永不停息地追求资本增值，不断地把自己的本质力量投注到对象中去，而劳动者的主体性越是发挥到极致，自己就显得越渺小，得到解放的希望就越渺茫。把人理解为主体，如果打一个比方，就像一个壮汉在滚动一个越来越大的雪球。他越是用力，雪球就越大，他也就越难滚动它，最后终有被雪球压倒之时。这个壮汉的“滚雪球悖论”恰恰就是现代“经济人”的命运，是资本追求增值的悖论，对于雇佣工人而言，就是马克思所说的“为自己铸造金锁链”。在丹尼尔·贝尔看来，经过几百年的发展演变，资本主义社会呈现出经济、政治、文化三大领域的对立态势。三大领域相互独立，各有自身的运转机制，不和谐的运转节律，甚至逆向摩擦，而且这是一种根本性的无法调和的对立和冲突。[18]德里达指出：“让我们永远也不要无视这一明显的、肉眼可见的事实的存在，它已经构成了不可胜数的特殊的苦难现场：任何一点儿的进步都不允许我们无视在地球上有如此之多的男人、女人和孩子在受奴役、挨饿和被灭绝，在绝对数字上，这是以前从未有过的。”[19]

众所周知，20世纪中叶以来，世界经济一直处于增长之中，然而，一些突出的社会问题却并未因此而得到改善。“在发展方面，从绝对数字来看，世界上挨饿的人比任何时候都要多，且人数仍在继续增加。同样，文盲的数字，无安全饮用水和安全、像样房屋的人以及没有足够柴火用于做饭和取暖的人的数目也在增加。富国和穷国之间的鸿沟正在扩大，而不是缩小。”[20]而作为典型的后发型的社会主义国家，中国在迈向现代化过程中的急切性非常明显：急于改变贫穷落后的面貌，急于提升国家的经济实力，急于提高人民的生活水平，于是将中国经济社会的发展定位于提高社会生产力，过度关注经济增长总量。改革开放三十多年来，中国经济发展取得了巨大的成就，特别是近几年，在西方不断受经济危机的影响，经济发展的步伐明显放缓的情况下，中国经济增长仍然保持着较高的态势，经济总量更是排在世界前列，这已被世人所瞩目。但不容忽视的是，这种单纯追求经济增长和生产力发展的价值方向无疑带来了一系列问题：发展的“片面性”与严重失衡突出表现在如社会公平严重缺失、社会建设趋于滞后、与经济发展息息相关的环境问题日益凸显、腐败事件屡见不鲜等许多突出的社会问题，而这些问题又反过来成为影响经济进一步发展的重要阻碍力量。

2. 道德到底可不可以转化为资本

如前所述，作为一种意识形式的道德究竟可不可以成为资本，如何成为资本，学界进行了激烈争论。“道德资本”的立论旨向并非资本的生产性效果，而是社会性效果，根本上还是对资本进行道德考量，是对资本的伦理主张。道德作为一种有效的调节方式与规范体系，能够有效地补给社会初次分配与再次分配带来的风险，完善我们当前的社会分配制度；在此基础上，道德作为社会公平正义的基本价值标准，能够更好地促进资本的合理利用，减少、降低并遏制资本可能的负面影响，进而规导着资本正确的发展方向与合理的路径选择。对于一个良性的社会运行机制来说，社会成员个体的文化心理与道德约束都是必要的和必需的，它是一种无形的秩序与约束，有着制度、法律等其他硬性规则所不可替代的作用。因而，对资本进行道德考量，其目的并不是限制资本的发展，而是要约束并规范资本的运行秩序，降低资本运行过程中潜在的风险，遏制资本存在所可能带来的缺陷，从而降低资本的成本，充分发挥资本的“正能量”与正价值，使资本更加合理有效地为人服务，更加有利于人们对美好生活的向往与愿望，保持人类政治、经济和文化之生活世界的完整和统一，最终实现人类社会理想。

道德作为一种思想资源与文化力量，之所以能够成为资本，究其原因在于道德自身的特性，在于它作为社会资本的特殊性。美国学者福山在其名著《信任——社会美德与繁荣的创造》一书中，通过对欧美、日本和其他东南亚国家或地区的社会信任度差异的实证审察和分析，揭示了诸如诚信一类的“社会美德”在这些国家或地区的现代化经济生活中所产生的不同作用和效果[21]。一个谁也无法否认的社会事实是，虽然我们无法精确地计算出道德究竟能够为资本的良性运行增加多少效益，但我们必须承认，道德可以为资本活动减少什么，降低什么。一个显而易见的事实是，社会成员普遍的诚信行为可以大大降低资本的交易成本，减少资本额外的不必要的交易成本。在这里，资本的“增长”效益即是道德的“功劳”。

3. 资本的理性操控是否需要政治文明的积极有效介入

第一，仅有公民个体的美德是不够的。作为一种靠人们内心信念与舆论力量而发挥作用的文化元素，道德的规范协调作用无疑对于整个社会的良性运转起着极为重要的作用，但维护一个社会的良性运行，仅靠“软约束”还是不够的。如前所述，人有自利与利他的双面性，当社会的基本结构发生转型，当市场经济的拓展激发起人们内心致富的愿望时，道德谴责与道德呼唤的不足之处就会暴露出来：好人做了好事得不到激励，坏人行凶之后得不到惩罚，其结果必然是，好人无法长久地成为好人，坏人也很难改邪归正。根据权利与义务的相关交换原则，一个好人的义务履行之后，却没有得到相应的权利，那么他的道德优越感就会丧失，在无任何担保的情况下，好人的“宽容”与忍耐绝不会持久。也就是说，要想确保人们善良愿望、美好动机以及道德行为的持久性与普遍性，对非善良愿望、非美好动机以及非道德行为必须有相应的惩罚机制，唯有此，善良、美好与道德才能长久和普遍。正因如此，在当代，制度伦理与制度建设的吁求声越来越高。

对于一个有着“道德文明古国”美誉的国家来说，我国在一个相当长的时间内一直重视个体美德，试图通过培育一代新人的方式建立起一个理想社会。这种思路自然不失合理之处，但却存在着一些无法回避的问题：如何提供培育一代新人的现实土壤？如何提供一条走出“道德沦丧”、遏制“道德滑坡”的有效路径？除非我们能够提供一种如同马克思所说的“合乎人性”健康生长的制度环境，否则，社会成员普遍美德的形成就是一句空话。在美德口号下的虚伪人格现象以及社会道德失范现象，迫使人们将视野由个体善转向制度善。这种视野的转向并不意味着伦理学不再注重个体美德，而是意味着一种思考问题的范式转变。个体美德在一种新的视野之下被关注，且它不再是伦理学中唯一或绝对宰制性的内容。

第二，有效地驾驭资本亟须政治制度的积极介入。罗尔斯在其《正义论》中说：“正义是社会制度的第一美德，一如真理是知识的第一美德一样。”[22]制度的一个最大特性是可以为人们提供社会“背景正义”与“程序正义”，并通过这一正义理念对社会成员施以广泛而深刻的影响，培育与塑造社会成员持续稳定的道德能力，将社会公平正义的价值通过制度的程式呈现出来，进而引领时代精神，塑造健全人格，打造出符合社会全面发展所需要的“第二天性”（黑格尔语）。随着现代社会公共领域与私人领域的急剧分化，公共生活的领地越来越大，私人空间越来越小，在这种情况下，人们对于社会公共制度的外部约束越来越依赖，其自主、自动意识越来越丧失。特别对于当下的中国来说，“摸着石头过河”的过程中，改革开放的进一步发展将制度变迁问题日益明显地提到人们面前，制度资源供应仍然不足甚至匮乏，经济、政治、文化、社会制度体制方面的改革，已成为制约改革开放的一个突出问题。因此，通过制度的不断完善来培育、引导，塑造出公正、自由的公民个性，成为一个十分紧迫的现实问题。

强调政治制度的介入，并非有意贬低个人道德规范的积极作用。当罗尔斯把正义称为社会制度的“第一美德”，并竭心尽力地论证社会制度与秩序的正义原则的优先地位时，另一位伦理学大师麦金太尔却以近乎嘲讽的口吻说，对于一个缺少正义品德的人来说，正义法则的规范作用等于零。无疑，缺乏社会成员普遍有效的正义品行，社会制度与规则的普遍遵守与维护也是不现实的。第三，政治制度介入的前提是确保政治制度的“文明性”。驾驭资本仅有公民个体美德是不够的，它还需要制度的不断演进、法律的不断完善等政治手段的积极干预。但是，要想真正发挥政治制度的积极作用，必要的前提是政治制度自身的“文明性”。

面对资本主义的生产方式给人类带来的既是物质的乐园又是人的囚笼的现代化“成果”，人们都在思索并寻求着如何消除剥削与压迫的行之有效的解决方案。活跃在当前西方左派文化理论中的诸多思想家们经过自己的理论努力，在继承马克思历史唯物主义遗产的基础上，一方面论证了资本主义必然被超越的事实，另一方面指出了作为人类解放主体的工人阶级应该担负起这一重要的历史使命。无论是拉克劳还是墨菲，都竭力强调无产阶级的主体解放作用与意义，但却在根本上忽视对当代资本主义生产过程的经济学分析与研究，忽视对资本主义政治制度的道德考量，而一味满足于哲学批判的力量，最终使“革命”成为一种空洞的口号而陷入乌托邦的泥潭当中。在这里，“只是主—客体关系的某种具体的历史水平”[23]，缺乏对特定的生产关系分析，真正的历史主体是被隐没的。而马克思恩格斯所创立的历史唯物主义之所以比同时代及后来的诸多思想深刻，就在于这种思想方法立场摈弃了那种抽象的人性、人道、善良之类空洞无物的思想方法，对待人类社会采取一种实践的和历史的态度。这不仅体现在他们寻求一条实现人类自由解放的现实道路上，也体现在他们对资本主义制度的具体分析上。

在中国，社会主义市场经济之所以是合理的，是因为它抛弃了计划经济的僵硬模式，在社会主义制度下为资源的合理利用与有效配置找到了最佳途径。但必须看到，市场经济本身并不是社会主义的目的本身，而只是一种更好地实现社会主义目的的手段，一种能够更好地解放与发展社会生产力的有效方式。因而，在当前中国，寻求公民平等自由的权利意识，孕育公民开放包容的创新精神，提升公民参与国家事务的管理能力，塑造出更多适合中国国情、有着优良道德品行的政治实践家，应该是政治制度之“文明性”的首要前提与价值取向。在这里，把握公民权利与义务的平衡，注重社会基本资源的公平分配，确立有效的符合不同利益群体诉求的表达机制，强调积极有效的对话协商机制，保证社会公权力的有效监督与制约，以及一种科学健康的政治制度变迁之规范理念，是当前中国政治制度“文明性”的必要走向与现实选择。

文明的政治制度是历史使命，是实现民族伟大复兴的必需。在担当的“未来与现实之间”（阿伦特语），中国政治制度的完善与创新尚有相当漫长而艰苦的路要走。

【注释】

[1][8][9][10][13] 马克思恩格斯全集（第30卷）[M]. 北京：人民出版社，1995：390、540、542、406、51.

[2] 邢国忠. “道德资本”论略 [N]. 光明日报，2012-3-27.

[3] 刘福森. 道德不是什么 [N]. 社会科学报，2012-8-23.

[4] 在西方的语境中，“他者”一般有两种含义，一是指与主体“我”相对于的客体“他”，一是指人的异化的命运。这里特指后者。

[5] 马克思恩格斯选集（第2卷）[M]. 北京：人民出版社，1995：101-102.

[6][法] 阿尔都塞，[法] 巴里巴尔. 读《资本论》[M]. 李其庆，冯文光，译. 北京：中央编译出版社，2001：159.

[7] 马克思恩格斯选集（第1卷）[M]. 北京：人民出版社，1995：277.

[11][德] 科斯洛夫斯基. 伦理经济学原理“前言”[M]. 孙瑜，译. 北京：中国社会科学出版社，1997.

[12][美] 马歇尔·伯曼. 一切坚固的东西都烟消云散了 [M]. 张辑等，译. 北京：商务印书馆，2003：130-131.

[14] 何卫华等. 去殖民性全新构想全球未来——著名学者沃尔特·米格若罗访谈录 [N]. 社会科学报，2012-8-30.

[15][20] 世界环境与发展委员会：我们共同的未来 [M]. 王之佳，柯金良，译. 长春：吉林人民出版社，1997：10、3.

[16][美] 华勒斯坦. 历史资本主义 [M]. 路爱国，丁浩金，译. 北京：社会科学文献出版社，1999：5.

[17] Ellen Meiksins Wood, *The Origin of Capitalism*, New York, Monthly Review Press, 1999：80.

[18][美] 贝尔. 资本主义文化矛盾 [M]. 严蓓雯，译. 北京：生活·读书·新知三联书店，1989：中译本前言.

[19][法] 德里达. 马克思的幽灵：债务国家、哀悼活动和新国际

[M]．何一，译．北京：中国人民大学出版社，1999：115－119、120－121.

[21]［美］弗兰西斯·福山．信任——社会美德与繁荣的创造[M]．李宛蓉，译．北京：远方出版社，1998.

[22]［美］罗尔斯．正义论[M]．何怀宏等，译．北京：中国社会科学出版社，1988：1.

[23]［马其顿］科西克．具体的辩证法[M]．傅小平，译．北京：社会科学文献出版社，1989：143.

（余达淮，原作发表于《江海学刊》2013年第3期）

资本逻辑与道德构境

资本自从诞生后，将人的历史篡改为资本的历史。作为一种现代性主导话语力量，资本一直是我们从各个层面和视角进行审思、考量以及追问的对象。在市场领域，资本因其自身内含的建设性和破坏力双重的特性而呈现出善恶交织的复杂面孔，致使我们很难厚此薄彼，笼统单一地将其归于“好”或“坏”的伦理评价行列当中。尤其是在现实构境中，资本自身以无可辩驳的事实不断改变、更新和修饰着整个社会生活的存在状态，在呈现给我们现实精神和品格力量的时代进步话语中，也内含着深深的道德隐痛。那么，在如何正确利用资本消灭资本的历史形态下，如何建构一种良性的道德秩序和价值导引，使资本在人的自由全面发展的道路上更多地成为“助推力”而不是羁绊，对资本“在场性”的道德合理性进行追问，揭示资本与道德之间关系的“应当”，无疑成为一个兼具理论与实践的重大课题。

一、资本逻辑的静态分析：论域与实质

以追求增值为目的的资本是不断变化的，但它同时又是一种“静态”的存在：作为一种普照的光，资本在资本主义社会里无可置辩地成为一种大写的“一”和“绝对精神”，安排着其他一切“动态”的存在。在《资本论》第一卷中，马克思将资本这一很“古怪的东西”抽象为巨大的“形而上学本质”，并称它充满了“形而上学的微妙和神学的怪诞”。[1]然而，剥去这个“微妙”和“怪诞”的神秘外衣，我们发现，这种“暴政”的力量颠倒了人与物的关系，破坏了人与人的依赖，也最终以自己的力量将自己送入了历史的“断头台”。

1. 资本逻辑的论域：资本作为总体性的存在

作为现代性基本力量的塑造者，资本构造了现代性的总体图景，因而是现代社会特有的一种逻辑规制。“资本”与“逻辑”的联姻决不是人为臆造的结果，而是有着自身的特殊规定性。在这一意义上，我们将

资本逻辑理解为资本占据支配地位的现代生产方式的景况；资本在现代社会是一种总体性的存在，这种总体性存在“一览无遗”地解释着资本社会所有的内在联系、运动轨迹和发展规律。

第一，资本是现代社会秩序、结构样态和现代人的价值理念、行为方式的规制者和塑造者。资本的出现，瓦解和消灭了传统社会森严的等级制度，打破了传统的家庭血缘关系，打碎了传统的羁绊，赤裸裸的利害关系将温情脉脉的面纱逐步揭开，一切固定的关系都烟消云散之后，资本按照自己的意愿“设计”出一整套有利于自身更好生长的社会秩序，形成了“同一性”的新的社会运作机制，现代社会的经济、政治和文化都在资本逻辑的“夷平”下呈现出不断同一化的趋势。正如马克思所指出的那样，资本在资本主义社会是“作为在法律的、政治的、社会的关系上发展了的东西，平等和自由不过是另一次方的这种基础而已”[2]。在资本逻辑的力量下，整个社会的政治结构与文化形态与以往相比都发生了重大变化。所谓的政治民主、自由和平等都是在资本的话语“挟制”下衍生的，因而都是为资本扩张服务的政治工具；在文化领域，不管是大众文化还是精英文化，都已经深深地烙上了商业的烙印而“整齐划一”地运作着。

同时，现代性的世俗化运动展现了理性的“祛魅”力量，但却改变了现代人的基本精神生活样态。货币化、资本化的赤裸裸行为，大大改变了人们的价值理念。商品拜物教、货币拜物教和资本拜物教的魔力吸引着每一个人，在他们心里，曾经至为重要的亲情、爱情、信仰等已经不再重要，资本逻辑可以帮助他们实现一切愿望，可支配的财富、社会的权力都可以在资本的魔棒下实现。作为“人格化的资本”，资本家自身的本性是由资本赋予的，他们内心极强的致富欲望是他们最为真实的存在状态。资本逻辑促成了人的理性化，也催生了人的同质化，质的差异性被量的同一性所取代，社会的总体性代替了人的个性，统治每个被“夷平化”的个体，人格的平面化的结果无疑是人格的资本化：人将激情、追求和向往都投注在货币和资本之上，理性于是畸变为非理性的疯狂的无止境的拜物狂潮，内心的神圣只剩下那个大写的“钱”。

因而，在资本逻辑的作用下，传统的社会机制、社会结构和人的存在方式都已发生重大变化，资本在延伸自己的触角和壮大自己的力量的同时，也完成了对现代社会秩序、结构样态和现代人的价值理念与行为方式的规制和塑造。

第二，资本逻辑催生着技术的不断进步，而技术的进步却以道德的破坏为代价。技术的不断进步是资本逻辑运作的必然结果。为了实现增值的目的，资本必然四处奔波，用尽浑身解数，不惜一切力量来提高作为“第一生产力”的科学技术。因而，新技术不断出现，人们生活水平不断提高，生产能力不断增强，技术又反过来统治人们的生活，使“人们生活世界的殖民化”出现。在后工业时代，数字技术使得我们的生产方式、生活方式以及关系世界、精神世界被编码和符号所控制。这时，作为主体的人已经被依附在主体上的符码所代替，失去了独立成活的意义。然而，技术的每一次革新都是以从事旧技术工人的失业为代价。更为可怕的是，失业在资本主义社会既是必然的又是必需的，它维系着整个社会生活的正常运转。同时，新技术的出现，必然伴随着对个人剥削程度的加深，“机器具有减少人类劳动和使劳动更有成效的神奇力量，然而却引起了饥饿和过度的疲劳”[3]。福柯也指出说：“尽管工人宁愿要行会制度也不要这种新的监视制度，雇主却认为后者是与工业生产、私有财产和利润体制密不可分的。在一个工厂、大铁厂或矿山里，支出的项目不胜繁杂。在每一项上稍有弄虚作假，合计起来就是巨大的欺诈。这不仅会吞噬利润，而且会流失资本。……他们的作用就是‘监督工人，巡视各工作地点，向经理报告各种情况’，这样，监视就变成一个决定性的经济活动因素，既是生产机构中的一个组成部分，又是规训权力的一个特殊机制。‘一旦受到资本控制的劳动成为协作劳动，管理、监督和调节的工作就变成资本的一个职能。一旦成为资本的职能，它就获得了特殊的性质’。”[4]该特殊性质有两个核心要义：一是为剩余价值而生产，二是为生产剩余价值的成本降低而努力。在福柯看来，资本逻辑在微观权力的作用下，渗透到人们的日常生活当中，已经内化为人们的一种生活习性，而不管人们是否愿意承认。马克思据此深刻指出：“在这个时代中，任何进步同时也是相对的退步，因为在这种进步中，一些人的幸福和发展是通过另一些人的痛苦和受压抑而实现的。”[5]因此可以说：“技术的胜利，似乎是以道德的败坏为代价换来的。”[6]

2. 资本逻辑的实质：由“自我实现”走向“自我毁灭”

资本是一个矛盾性的存在，一方面追求社会全面进步，另一方面却不断制造着社会的片面化和残缺化，这个矛盾决定了资本主义社会终究将被新的社会形态所取代，逃脱不了被历史扬弃的厄运。因而可以说，由资本逻辑主导的社会必然是一个让人喜忧参半的社会，这个社会必然表现为一个由自我生长起来的力量最终来摧毁自我的过程。马克思对此这样论述说："在资本的简单概念中必然自在地包含着资本的文明化趋势等等，这种趋势并非像迄今为止的经济学著作中所说的那样，只表现为外部的结果。同样必须指出，在资本的简单概念中已经潜在地包含着以后才暴露出来的那些矛盾。"[7]在资本的发展与舒展的过程中，它呈现出来的是就自我的生长、发展与灭亡，或者说，资本自身的局限性和狭隘性集中表现为资本推动的社会发展是在对抗分裂的社会形式中进行的。资本的增值结果促成了资本的贬值，资本的贬值使得资本不得不克服各种限制而寻求出路，在不断突破自我限制中实现着自我的价值，而自我价值实现的尽头必然是自我毁灭的命运，这构成了资本逻辑从无限扩张、无限舒展而最终走向自我灭亡的道路。

在资本主义社会，由于生产力与生产关系的对抗性矛盾的存在，使得资本逻辑的存在本身内在地包含着各种危机。在资本身上，体现着资本主义社会的私人占有与社会化大生产之间的矛盾，也即资本主义社会的生产是私人性质的，但是产品要想实现自身的价值又必须通过社会性来完成。这样一来，资本作为一种生产关系，在资本主义社会里就是一种客观的、现实的矛盾性存在。然而，伴随着社会生产力的发展，经济危机的不可避免，资本这一生产关系自身的内在矛盾终将会破裂开来，一种新的生产关系最终将取代旧的生产关系而成长起来。马克思据此指出，是资本的产生、发展产生了炸毁这个社会的"引线"和"地雷"："在以交换价值为基础的资产阶级社会内部，产生出一些交往关系和生产关系，它们同时又是炸毁这个社会的地雷。"因为在这里，生产的全部性质，是"资本的增值，而不是资本的消费"，因此，资本的发展结果一定会是这样，它不仅不断生产着自身，也不断生产着毁灭自身所需要的现实关系。资本的"自我增值"在现实中促发着资本的"自我贬值"，"克服限制"伴生着"自我限制"，再由"自我实现"走向"自我毁灭"。这是资本逻辑从"无限扩张"走向"自我克服"的矛盾性演化趋势。因而，资本逻辑就是通过自我贬值—消灭来自我实现—发展的过程，通过"自虐"的方式来"自恋"的过程。这样，资本逻辑的二重性就是文明化与对抗化的矛盾，创造与毁灭的矛盾，罗马双面神的矛盾。因此，"历史是认真的，经过许多阶段才把陈旧的形态送进坟墓。世界历史形态的最后一个阶段是它的喜剧。"[8]

总之，资本将现代性的多个要素、多重内涵和多种逻辑统合在一起，经济领域的商品生产、政治领域的权力生产还是文化思想的生产，都不得不臣服于资本支配的工业生产及其关系。资本广泛渗透并全面主宰了资本主义社会的全部方面和过程，甚至包括个人的身体、个性、心理等各个领域，成为一种总体性存在而渗透于资本主义社会的每一个细胞中。

二、历史视域中资本的道德实践：善与恶的两面性

在资本主义社会里，资本的根基在于生产与再生产的不断扩大，交换价值所表现出来的，只是一种外在的东西。而在资本的生产与再生产过程中，它给人们勾画出来的是一个喜忧参半的现实世界。

1. 繁荣与发展：资本的重大作用与积极力量

历史唯物主义认为，资本主义社会取代封建主义无疑是人类社会历史发展的一大进步。而这其中，资本作为一种新型的生产关系，它对生产力的促进作用是毋庸置疑的。马克思指出，资本的出现摧毁了一切陈旧的生产关系，因而极大地促进了社会生产的巨大发展；资本很大限度地拓展了市场，因而使得人们的需要也得以迅速扩大；在这一基础上，人们的消费需要使得生产再度扩大，而生产越来越呈现出多元化的趋势。不仅如此，由于资本自身增长的需要，它必然促使社会生产不断地改进技术，不断采用更加先进的生产方式，这样一来，资本就在客观上“更有利于生产力的发展，有利于社会关系的发展，有利于更高级的新形态的各种要素的创造”。而生产力和生产关系的不断发展的结果，就是资本主义财富的不断积累和人们的普遍勤劳，这导致资本主义社会的巨大繁荣。在这一意义上，资本主义社会无疑“产生了资本的伟大的文明作用；它创造了这样一个社会阶段，与这个社会阶段相比，一切以前的社会阶段都只表现为人类的地方性发展和对自然的崇拜”。资本主义社会里，大机器的普遍使用和生产社会化手段的不断推广，使得资产阶级四处开辟世界市场，促进民族交往，最终使得资本主义社会“在它的不到一百年的阶级统治中所创造的生产力，比过去一切世代创造的全部生产力还要多，还要大”。[9]正是由于这一原因，资本主义才能迅速发展起来，第一大社会形态才发展为第二大社会形态。资本按照自己的意愿创造了一个世界，为人的解放和自由发展创造了物质条件，这是应予以充分肯定的重大作用。

2. 剥削与贫困：资本的潜在危险与文明暴行

资本的增值行为看似是投资者的贪婪欲望，实质是社会关系的强制力量。在资本实现不断增值与吸吮活劳动的过程中，资本所隐含的各种潜在危险与文明暴行也就暴露出来了，有产者对无产者的剥削，无产者

自身贫困的不断加剧，富者对穷者的侵略，富者与穷者之间的差距不断加大，都是资本带给人类的无法言说的伤痛。

资本为了使整个世界和所有生产方式置于自己的统治之下，必然会到处落户，到处开发。历史上，农业民族打不过游牧民族（如古罗马时期的多数战争），工业民族征服所有的农业民族和游牧民族，也都说明了这一点。资本的强大打破了落后生产和生活方式的迷梦，给落后民族带去屈辱和灾难，使落后民族不得不在资本“过度的文明暴行”中书写着苦难的血泪历史。这被马克思视为一个“新时代”的开始，也被他痛斥为“地方从属于西方”的野蛮历史。因为资本在改造世界的过程中，并没有以其“先进的文明”给外来民族带来福音；相反带给外来民族的是征服、侵略、内战、血泪、屠杀等深重的灾难。马克思痛恨地指出：“在这场决斗中，陈腐世界的代表是激于道义，而最现代的社会的代表却是为了获得贱买贵卖的特权——这真是任何诗人想也不敢想的一种奇异的对联式悲歌。”[10]无疑，“这场决斗”的最终结果，就是强者不断欺凌弱者，并导致了阶级矛盾的不断加深和社会矛盾的不断加重。

三、现代视域中资本的道德之维：利用与控制的双重构境

在巴塔耶看来，今天我们的现实生活是建立在功利性的生产基础之上的，这种生活是以与人类世俗功用利益为目的的占有性的“俗事物”或世俗世界生活。在这个物性和功利性统治的世俗世界里，任何物品都以工具化、目的化一环指向另一环，以构成效用式的物的体系世界。[11]资本逻辑的统治导致并日益加剧着“物的人格化和人格的物化”[12]。在这个“经济动物的王国”里，至高无上的资本运转逻辑不仅规制着人们日常生活逻辑的习惯、秩序和规则，也规制着自然生态环境秩序。哈贝马斯认为，资本主导和膨胀的必然结果，是人的日常生活交往理性的萎缩和技术工具理性的泛滥，“日常生活的殖民化”是工具理性泛滥的直接恶果：资本的功利性严重侵害了人的日常生活秩序，传统道德政治生活规则以及国际关系，最终导致经济和金融持续性危机的发生。“消费社会”被列斐伏尔认定是一个“消费被控制的官僚政治社会”，人的日常生活日益被消费设计并符号化。资本主义通过控制消费从而全面控制了日常生活，获得了新的活力，却将人类推进了一个消费被控制、欲望被制造、满足与匮乏交替循环的符号化消费时代。在这个时代，人的生理、心理甚至想象的能力都被全面纳入资本主义的体系之中。历史终结了，阶级隐退了，“生产之镜”打碎了，主体死亡了。人的日常生活被

时装、休闲、旅游、汽车、广告、电视、网络等流动着的无形亚体系操控，被虚假欲望和符号体系所深深奴役着。现代商品世界是品牌的世界，每一品牌都是特定的具有增值能力的货币化符号，“品牌崇拜”成为现代经济生活的显著特征。交换价值严重脱离使用价值，人的欲望不断被制造不断被满足又不断匮乏着，人因无法逃脱的符号化、体制化、抽象化、匿名化及“零度化”的钳制而倍感失落、焦虑、孤独和绝望。列斐伏尔对此不禁悲叹：“马克思一百年前所界定的整个结构，因缺乏支持和巩固‘人类总体性’的革命而瓦解。世界被碎片化了……”[13]这种“消费恐怖主义”就是现代人的真实生活境遇。

在歌德那里，“浮士德难题”是浮士德人格中的两种矛盾冲突即“肯定”和“善”的因素同“否定”和“恶”的因素之间的复杂关系及其发展历程，它其实也是人类共同的难题，是每个人在追寻人生的价值和意义时都将无法逃避的“灵”与“肉”、自然欲求和道德灵境、个人幸福与社会责任之间的两难选择。马克思据此对现代社会这样描述：“现在，我们眼前又进行着类似的运动。资产阶级的生产关系和交换关系，资产阶级的所有制关系，这个曾经仿佛用法术创造了如此庞大的生产资料和交换手段的现代资产阶级社会，现在像一个魔法师一样不能再支配自己用法术呼唤出来的魔鬼了。”[14]魔鬼的强大让魔法师几乎难以驾驭和控制，究其原因，无疑是资本这一“魔鬼”在作怪。时至今日，马克思所批判的“经济统治社会生活”、外在于个人的市场的经济力量支配整个社会存在的状况仍然没有改变。居伊·德波在《景观社会》中认为，在现代社会，提高了的生活水平是一种镀金的贫穷，但不可能超越贫穷。迈克尔·桑德尔也认为，资本攫取一切领域进行交易，但市场本身并不自发产生道德，而是因更加关注效益造成对交换效果的忽视，因为“腐化现象内在于市场，它不能通过调整市场背景来得到遏制”[15]。“单面人”之所以存在，就是因为资本的功利性所导致的工具理性与价值理性发生了严重分裂，资本在人实现全面发展的道路上实现着“助推”作用的同时，又不光彩地扮演了“阻滞”的角色。现代文明就是人与资本之间的一场博弈，是价值与工具的对峙，是道德、良心与知识、技术、利益的对立，是自我实现的目的与自我实现的手段之间的相互斗争，表现为目的与手段的关系颠倒。人沦为金钱的奴隶，人日益异化和物化的命运控诉着资本的罪恶，也渴求并呼唤着作为价值主体的人能够清醒而有效地控制资本，以弥合工具理性与价值理性的分裂。

四、结语：资本本体的道德检视及其理论后果

资本究竟有没有道德属性，资本究竟在何种意义上具有道德属性，不同的学者站在不同的立场进行了论证。仔细思考资本与道德之间的“话语缠绕”，检视这种缠绕背后的理解“视差”，我们发现，在终极意义上对资本进行道德维度的检视是为了实现对资本的控制或超越，而这种形式的积淀为通向未来社会铺设了微观基础（即文化或文明意义上的积淀）的桥梁。

当然，未来的那个美好社会仅有这种微观基础是不够的，它还需要政治制度建构等的积极介入。而对资本本体进行道德检视，就是对当下社会发展与人的发展问题的深刻反思之必然。

马克思曾经明确表示，他坚决不用“玫瑰色”来描述资本家的面貌。作为一个汇集了善恶的潘多拉盒子，资本的最终消亡也是必然的。资本的本性是一种“必要的恶”（为了推动社会的进步与发展必须以对资本的充分利用为根本条件），资本在自身的生存中确立其特有的界限，然而却也在不断地突破和超越这一界限，进而，这一“活生生的矛盾”运动的后果就是资本对资本的排斥。哈贝马斯曾说：“任何臣服于资本积累需要的文明都蕴藏着自我毁灭的种子。”[16]在历史现象学看来，时间是承载着人的活动和人的感受的时间，时间是人类社会发展的空间。

因而，资本逻辑的统摄和主宰并不意味着这一逻辑的不可超越性，相反，资本逻辑自身所内含的善恶并存的矛盾性和自反性逻辑，为资本最终超越自身，更好地体现其“文明化”趋势提供了充分的物质条件及现实可能性。要打破皈依资本的迷梦，“资本既不是生产力发展的绝对形式，也不是与生产力发展绝对一致的财富形式”。而立足于利用资本瓦解和扬弃资本，是现时代条件下超越资本逻辑的必然选择。

马克思历史辩证法告诉我们，异化的扬弃与异化走的是一条道路，人的全面异化正是为未来人的自由个性的实现开辟道路、创造条件。近100年前卢森堡已经在《资本积累论》中给了我们这样的历史论断：“到了一定的发展阶段，除了实现社会主义外，没有其他的出路。”[17]也就是说，资本主义生产方式及其所缔结的布尔乔亚王国——现代资产阶级社会为什么必然要被超越，实际上不仅仅是因为它在社会生产关系上使雇佣劳动处在资本的剥削与压迫之中，而且还是因为它同时也是一种对自然生态环境的不可逆转的破坏与掠夺。实际上，这种对人和自然的双重压迫与剥削的生产方式，如同生态马克思主义者福斯特所说，需要

一种“社会正义和环境正义的联盟”，才有可能建构起一种新的生产方式，从而从资本主义资本逻辑中突围出来。故而，齐格蒙特·鲍曼在《现代性与矛盾性》中断言，实践中的社会主义是现代性的最后立场，也是现代性的彻底化。[18]

【注释】

［1］马克思恩格斯文集（第1卷）［M］．北京：人民出版社，2009：88.

［2］马克思恩格斯全集（第30卷）［M］．北京：人民出版社，1995：199.

［3］马克思恩格斯选集（第1卷）［M］．北京：人民出版社，1995：775.

［4］［法］米歇尔·福柯．规训与惩罚［M］．刘北成，杨远婴，译．上海：三联出版社，2003：198-199.

［5］马克思恩格斯选集（第4卷）［M］．北京：人民出版社，1995：63.

［6］马克思恩格斯选集（第1卷）［M］．北京：人民出版社，1995：775.

［7］马克思恩格斯选集（第30卷）［M］．北京：人民出版社，1995：395.

［8］马克思恩格斯选集（第1卷）［M］．北京：人民出版社，1995：5.

［9］马克思恩格斯选集（第1卷）［M］．北京：人民出版社，1995：22.

［10］马克思恩格斯选集（第1卷）［M］．北京：人民出版社，1995：716.

［11］张一兵．巴塔耶——没有伪装，没有光与影的游戏［J］．社会科学论坛，2004，（11）．

［12］马克思恩格斯文集（第8卷）［M］．北京：人民出版社，2009：393.

［13］Henri Lefebvre，*Everyday Life in the Modern World*. London：The Athlone Press，2000，p. 70.

［14］马克思恩格斯选集（第1卷）［M］．北京：人民出版社，1995：716.

[15] [美] 迈克尔·桑德尔．金钱不能买什么——重新思考市场的道德局限 [N]．社会科学报，2012-9-18.

[16] [德] 哈贝马斯．东欧剧变与《共产党宣言》[M]．//俞可平主编．全球化时代的“马克思主义”．北京：中央编译出版社，1998：42.

[17] [波兰] 罗莎·卢森堡．资本积累论 [M]．彭尘舜，吴纪先，译．上海：三联书店，1959：376.

[18] [英] 齐格蒙特·鲍曼．现代性与矛盾性 [M]．邵迎生，译．北京：商务印书馆，2003：396.

（程广丽，原作发表于《新视野》2015 年第 2 期）

第五章

资本伦理与经济伦理

资本伦理及在中国经济伦理发展中的地位

资本伦理问题随市场经济应运而生。一些经济学家认为，市场经济下人们的求利行为是人的基本天性的外在表现，并且是“经济人”自身进行经济活动的根本动机和推动力量。经济学作为一门科学本身不必也无法考虑道德因素。道德因素是无法量化、不易确定的，难以进入经济学的理论推理和论证，作为科学或知识的经济学是难以科学地考量道德要素的。也就是说，经济学可以不考虑经济主体参与市场竞争的动力问题，只是“单纯”地观照经济主体竞争行为如何自由和发展的市场机制问题。正是在知识或学科构建的意义上，经济学考虑的是资本、交易、产业、劳动力、市场及市场价格等等。然而从经济学家的口中讲出“经济学不讲道德”，其影响可能超出经济学家们的预期，它给社会公众传达的信息很可能被理解为现代市场经济不必讲道德。这就带来了问题：现代市场经济或中国特色社会主义市场经济是不是可以完全无视道德？一种不道德的经济是什么样的经济？依赖资本的市场经济本身是不是就一定是不道德的呢？

而且，我们还关心的是，在市场机制下，即便参与市场经济的运行规则非常健全，供给参与者的场所也没有问题，参与经济运作的主体都有足够充分的动力和清晰的目标，但市场经济本身也是很难保证“游戏”本身的公平、公正与有效的。究其原因，我们不难发现，每一个参与游戏规则的经济主体都是一个活生生的、有血有肉的、具有复杂情感和心理意愿的个人，他或她即便可以相信自己参与的市场能够提供所有条件，但是他或她是否能够对其他参与经济运行的经济主体者持有同样的心境呢？一些经济学家试图用“囚徒困境”来表明自己对这个问题的明确态度：不能。因此可见，作为保证市场经济正常运作的前提和设定绝不仅仅是经济的，而且还必须是道德的。显而易见，一种必要且必需的伦理资源和道德支撑，是健康的市场经济能够顺利运作和持久运行的前提之一。马克斯·韦伯以大量的实例论证出勤俭节约对于资本积累的重要价值，以及诚信老实之于健康的市场经济的重要意义。众所周知，日本实现现代化道路的一条重要的成功经验就是重视团队精神，社会的道义和人道精神对于企业发展是重要的支撑力量。因而可以说，资本只追求现实的财富与现世的利益而不追求形而上的意义与价值，必然导致一些深层问题的出现，进而造成巨大的破坏作用，导致以资本为最高原则的社会出现拜物教。在这样的社会里，人们不能通过资本实现全面的有意义的生活，而是为了追求现实的财富和现世的利益铤而走险。现代资本理论以大量的实证和数据证明，最有效的和最能促进经济增长的有效安排是那种既能满足经济主体的个人利益、又能承担一定社会责任的市场制度，因为只有权利和责任二元限定的制度安排才是最为合理的制度安排，因而也是一种现代契约精神的体现，它可以最大可能体现平等的权利，使合理的价格得以在市场交易中完整呈现出来。在这一意义上，我们可以说，资本的现实价值和力量只有在符合并促进社会公共利益或整体利益的情况下才是有意义的。

一、资本伦理的研究意义

资本伦理是指在资本形成和发展过程中，为了调整资本运行中所产生的资本与自然、资本与人以及人与人之间的关系而形成的道德规范的总称。从层次上来看，资本伦理可分为两层：一是处理人与资本之间关系的规范；二是处理资本条件下人与人、人与自然与人与自身之间关系的规范。

1. 理论意义

第一，使经济伦理学的研究领域大大拓宽，在学科建设上有利于应用伦理学乃至伦理学学科的发展。社会的急剧发展和科技的日新月异使社会生产力得以大大提高，但不可忽视的后果就是带来了许多包含道德争议性的社会难题，而且诸种社会难题在以往传统的道德规范和伦理体系中很难找到一个合理的解决路径与方案，因而，承载着以期解决诸多现实道德争议和道德难题的应用伦理学就被推上了历史的舞台，在现代社会中扮演着极为重要的角色，并且在科技日益发展的今天日益拓展着自己的研究领域，将研究的“触角”伸入社会生活的诸多方面去。这种强烈的实践精神和浓厚的现实关怀意识使得应用伦理学学科自身的发展拥有了更加强大和持久的生命力。资本伦理自身作为研究资本与伦理之关系的学问，在当代社会生活中自然担负着更加深切的历史重任，在资本与道德的冲突中日益凸显出自己的意义和价值。它集中于探讨资本与道德之间的关系，关注着资本的趋利本性，因而从根本上有利于伦理学在理论深度和广度上对资本与善行之间关系进行更加全面深入探究。

第二，旨在解决资本与伦理之内在关系的资本伦理研究也在很大程度上推动着经济学理论的深入研究。一般说来，理论研究具有两个明显的向度：为学术服务，也为现实服务。毋庸置疑，资本伦理的研究就具有马克思所言的理论思想研究既要有“理论为现实服务”的实践意识，也有要“现实趋于和体现思想”的理论精神。特别在后者上，资本伦理注重对“资本”的形上之思的理论关怀，势必会在很大程度上使那些实证与实验结果得到理论的升华和提升，凝练出具体实证科学研究的理论深度。因为资本伦理之对资本的道德追问、道德注解和道德反思，必然会引起人们对市场经济参与者们的道德合法性与伦理合理性进行不断的反思，最终必然促进经济学研究在研究对象和研究领域上的拓展，在很大程度上对扩展和提升经济学理论自身的研究有着重要的积极意义。

第三，资本伦理的研究必将在一定程度上不断激发经济学学者和专家对经济学发展中出现的道德问题的密切关注和思考，同时也促使伦理学学者对资本在现实生活中的实际运行现状的关注。资本伦理作为一种交叉性研究学科，可以在很大程度上促进经济学和伦理学之间的学术交流和对话，充分汲取伦理学和经济学的研究成果和研究方法，使二者能够彼此分享，最终达到提升两个学科的学术研究水平。

2. 现实价值

资本伦理研究的意义更重要的体现在其现实价值上。它致力于寻求资本与道德之深层矛盾的解决方案，寻求社会主义发展与资本应用的合理限度，寻求人们能够走出现代经济发展的道德困境的合理路径。

第一，有助于帮助人们全面审视资本的功能与作用，促进人们对资本自觉有效地支配。资本具有天然的扩张本性，如果不加以约束，它就可能像一头闯进瓷器店的野猪，造成自然资源日益枯竭、生态环境日益恶化、人际关系日趋紧张，最终导致经济衰退和社会危机。在现代市场经济下，人的理性是不可能完备的，科学的伦理道德本身即意味着某种人类有效合作的社会和个人理性精神。这种理性精神体现了社会化条件下经济运行过程中应该不应该的关系，诸如利己与利他统一的关系、人格平等下的劳资契约关系、信用关系等。因而，对资本的伦理审视和道德考量能够帮助我们正确认识资本的双重逻辑，即创造文明与追求价值增值的同一性逻辑，从而在运用资本的过程中防止资本的负面作用和消极意义，对资本的“资本像狼一般地贪求剩余劳动”的“冲动”给予道德的约束，阻止和防止这种“过度劳动的文明暴行”。

第二，有利于资本本身的健康发展。为了寻找经济发展与社会和谐的道德支柱，找到使中国企业成长壮大、推动财富不断涌流的精神源泉，对资本进行伦理批判和道德审查是十分必要的。对资本进行道德约束的目的决不是限制资本自身的发展，显而易见，资本伦理的主导思想是为了限制资本在运行过程中可能存在和潜在存在的风险及可能的缺陷，在现实中规导人们过度追逐资本的不良行为，使资本自身在市场经济的运行中更加合理地存在，使其褪去动物野性而趋向人性、神性和至善的境界，从而获得道德上的合理性，推动社会的和谐发展，最终实现真正合理高效的发展目标。

第三，有利于寻求社会的全面进步与发展。“GDP 至上主义”的发展理念带来的可怕后果是经济、社会和文化之间的严重失衡，以及生态环境的严重破坏。对这一问题进行反思和追问，在价值判断上强调“好”的方面，就是资本伦理自身的承载和期许。它不是限制社会的发展，而是强调发展的本质是关怀人，关注人的尊严、人的权利、人的价值，关心人的存在意义和价值。从伦理学的视角考量发展，发展要求全面，向往社会公平的发展；要求可持续，在担当意识中承担自身的责任；同时还要求协调发展，在物质文明和精神文明共同发展中平衡各种关系，在工具理性和价值理性的有效沟通中寻求最佳的契合点，从而实现经济与文化的和谐发展及经济社会的全面进步；避免文化之间的严重失衡，以及生态环境的严重破坏。对这一问题进行反思和追问，在价值判断上强调“好”的方面，就是资本伦理自身的承载和期许。它不是限制社会的发展，而是强调发展的本质是关怀人，关注人的尊严、人的权利、人的价值，关心人的存在意义和价值。从伦理学的视角考量发展，发展要求全面，向往社会公平的发展；要求可持续，在担当意识中承担自身的责任；同时还要求协调发展，在物质文明和精神文明共同发展中平衡各种关系，在工具理性和价值理性的有效沟通中寻求最佳的契合点，从而实现经济与文化的和谐发展及经济社会的全面进步。

二、资本伦理在中国经济伦理发展中的地位及研究方法

资本是现代社会发展的基础和动力，它构成了各种现代性现象的核心和灵魂，因而是解开现代社会秘密的一把钥匙。现代社会的形成轨迹和运行机制表明，资本及其运动不但创造了现代社会，而且还始终支配

着现代性的运行过程，从而内在地规定着现代性逻辑。恩格斯在评论《资本论》时指出："资本和劳动的关系，是我们全部现代社会体系所围绕旋转的轴心。"[1]马克思把"资本"一词提升到他一生中最重要著作的书名中，是因为他发现无论是对政治经济学的批判还是对现代社会的考察，都会不约而同地聚焦在"资本"这个现代社会的内在灵魂和核心原则上。现代社会生产力发展中出现的公平和效率、发展和代价、服务与制约等矛盾都是资本运作中内生的。因而，资本伦理并不是经济伦理之下的某个分支理论，或笼统地将其归结在某一个经济活动的层面，而是经济伦理学的一种特殊形态，在整个经济伦理学中占据着核心与主导地位。从根本上说，资本伦理是一个立足于经济学与伦理学之间的交叉研究领域，是伦理学与经济学之学科相互融合、彼此渗透的产物。从这一点上说，资本伦理体现着经济伦理学学科属性的根本性质，是经济伦理学最为重要的组成部分。

介于伦理学和经济学之间的资本伦理研究，是依赖于伦理学和经济学学科属性的，因而，资本伦理的研究方法一定是多元的。从发展方向上看，它必然且必须从实践出发，在实践的不断发展中运用和借鉴多角度、多学科的研究方法，从伦理学的视角探讨资本，在形上之思中探讨和研究资本的道德属性，合理定位资本自身的存在价值，因而，一般意义上伦理学的研究方法就应成为资本伦理的主要研究方法。具体说来，就应该以科学合理的道德要求、道德规范和道德体系去分析和解决实践生活中那些具体的，特别是争议和分歧较大的道德问题，即"既不把现实生活当作当然合理的，也不把自己信持的伦理道德思想当作绝对无可置疑的绝对真理。反思既经常地针对生活现实，也不排斥反思者对自己所信持的伦理道德思想和世界观进行反思"[3]，紧紧围绕着资本与道德的关系、资本"在场"的合法性地位等基础性问题进行不间断地批判、追问和反思，在资本运行的体系上进行道德的考量和审视，就金钱至上、拜金主义、见利忘义等经济学中的道德难题努力达成道德共识。

除此之外，资本伦理的研究还应当在广泛吸收其他人文社会科学的各种成果和研究方法中反思这种吸收的后果，在充分借鉴经济学中惯用的实证方法、实验方法和价值分析方法中不断追问这一借鉴的实际效果如何。因为经济学、心理学、社会学、政治学以及历史学等具体科学的研究方法都有极强的针对性和具体性，适合于某一科学的方法不一定也适用于其他学科，也就是说，借鉴是必要的，但是需要在借鉴中鉴别和反思。资本是一种复杂的现象和存在，在研究中，我们需要既综合和比较，又分析和鉴别，因而资本伦理的研究必须在借鉴和反思中准确地定位自身。

三、中国现代性语境中资本伦理的出路

资本在追求自身价值扩张的过程中生成了现代社会结构。那么资本在中国现代化的历史进程中扮演了什么样的角色？资本主义与中国有无关系？如果有的话是什么关系：内与外？他与我？分庭抗礼？并存与竞争？是超越“冷战意识形态”之外的两个世界，两种意识形态的对立？

姑且承认中国现在也有资本主义，与其说中国之内有资本主义经济，不如说资本主义世界体系之内有中国，当代中国镶嵌在资本主义世界体系之中。沃勒斯坦认为资本主义主要不是一个国家制度或意识形态概念，而是一个超国家的“世界体系”概念。劳动分工的全球生产体系，货币商品的全球市场交换体系以及资本主义主导的全球化时代，资本主义在推动历史的世界化过程中从地域、民族历史转化为“世界历史”。殖民主义的历史始于早期西方冒险家们远渡重洋及其野蛮地征服和掠夺，而在19世纪末西方一些主要资本主义国家先后进入帝国主义阶段之后，资本的力量大为膨胀，资本输出作为帝国主义进行殖民掠夺的主要形式，在侵略印度、中国等广大殖民地和半殖民地国家这一“血与火的历史”中扮演着极不光彩的丑恶角色，殖民主义扩张充当了“历史的不自觉的工具”。

在此后的一百多年的历史中，资本依然肆虐，建立世界市场的雄心和欲望虽然受到世界大战和经济危机的严重挑战，但是越挫越勇，直至建立起来如阿瑞吉所言的享受资本主义世界市场丰厚保护费的现代霸权国家或如哈维所言的新帝国主义——美国。当代资本主义的特征是，一方面资本积累与政治积累并驾齐驱，为重组但始终更为财产集中的资产阶级及其政权服务；另一方面，资本的全球化、市场化扩张已经将像中国、印度、巴西这样的发展中国家拉进世界资本主义体系当中，在利益机制上出现新的问题和危机；这造成两个不可回避的后果，一是资本制度在全球的合法性危机和不同利益诉求与纷争，一是那些有着资本依赖的发展中国家“已确定无疑地迈向新自由主义化和阶级力量的重建”[3]，从而造成国家意识形态的混乱与重构。资本何去何从？它在现代社会环境下有何担当和如何担当，已经是一个无法回避的问题。被马克思恩格斯赞叹过的资本主义对人类生产力的解放，资本作为工具在其中创造了巨大的物质财富；然而，这一工具带来的直接影响使得“财富的新源泉，由于某种奇怪的、不可思议的魔力而变成贫困的源泉”[4]。

目前国内资本伦理的研究主要集中于以下几个问题：首先，研究者们对资本自身存在的前提和条件进行伦理的考量和道德的批判，对资本作为一种社会关系存在进行道德合理性与非合理性的证明与论述；其次，在伦理维度上分析资本自身引发的各种社会现象，在资本与道德的内在关联上进行解读；再次，研究者们也对资本在经济社会发展中所产生的重要的有道德争议的现实问题进行追问，把资本运行中的道德困境问题（如对资本的依赖带来的人的异化等问题）与社会发展的文化自信与自觉联系起来。我们认为，随着资本伦理研究的逐步深入，资本伦理的研究视域还需要进一步拓宽。资本伦理的研究亟待把对资本的道德合理性的追问，对资本与道德关系的探讨，延伸至具体的资本运作过程之中，在生产、分配、交换、消费各环节加以具体考量，以此来深化对各种资本形态的道德追问和伦理探求。

就目前的资本伦理研究现状来看，还未在学理层面形成较为系统的理论和完整的体系，也未能形成关于资本伦理理解上的共识。对中国资本伦理研究的出路问题的思考，充分体现了伦理学对时代问题的理论关切。在当代对中国资本问题的思考，必须从对鸦片战争以来中国的近现代历史和中西文化间的历史进行深入的哲学反思开始。在这种反思的基础上，要求我们建构中国资本的当代基本哲学理念。这种建构不只需要世界主义的伦理学视角，更需要我们对中国传统文化及其蕴含的哲学理念进行重新学习和研究。由此，建立起中国人自己的具有民族文化主体性的新伦理学，即建立起中国资本伦理学自身的学术“主体性”。中国的近代化-现代化进程产生于鸦片战争以来中西古今文化的碰撞、交流、融会和重构，这一背景决定了中国资本伦理研究应以中国现代化为主题，走进现实生活，并通过对中国传统伦理学的改造，创造出以现代化的资本创生为内核的本体论，并把对资本的现实和形上的思考结合为一体。因而，在一定意义上，无论中西方资本价值观念，还是现代资本观与传统资本观之间有怎样的复杂关系，展开一种资本理论的对话将是人类文化健康发展的有效途径。要实现这种对话，就需要当代资本伦理从一种“独白”的哲学范式走向一种“对话”的哲学范式。因此，一种“商谈”（哈贝马斯）式的资本伦理的建立将是当代伦理学研究发展中一项刻不容缓的任务。

如前所述，市场经济自身是有缺陷的，它容许自由、竞争和开放的环境不能自动带来公平、公正和人道的伦理精神和人文关怀向度。因而，如何在充分发育的市场经济下寻求资本与伦理的更好结合，就成为摆在我们面前的时代性重大课题。以儒家伦理主导的中国传统经济伦理思想具有一定的理论意义和现实价值，但这种以家族本位的现实导向，以安贫乐道的精神旨趣与以人治和集权为特质的伦理精神也无法适应现实中国社会的需要，因而无法承担起形塑当代中国经济伦理精神的历史任务。资产阶级意识形态所推崇的自由主义主张弱肉强食，强调“丛林法则”，为了追求利润本身可以不顾一切后果的“野蛮”行为更不能解决眼下出现的诸多问题。马克思主义是科学辩证法主体向度与客体向度的统一，它不抽象地肯定利益也不抽象地反对利益，而是主张在具体历史的语境下对资本自身进行道德评判和考量，坚持以历史唯物主义的科学方法为根本指导，从“当前的经济事实出发”，揭示“资本主义伦理关系的不平等由生产关系的不平等性制约”[5]，进而寻找到资本与劳动的根本矛盾以及解决这一矛盾的现实路径。因而以为人民谋利益为终极价值旨归的马克思主义资本伦理思想本质上必然是超越于西方和中国传统经济伦理思想的，是我们在研究和深化资本伦理时应当坚持且不能动摇的指导思想。正是在这一意义上，除却萨特对马克思偏执的存在主义人学解读，在方法论上，我们认可并同意萨特的掷地有声的判断：“马克思主义是不可超越的，因为产生它的情势没有被超越。马克思主义依然是我们现时代的哲学。”[6]

【注释】

[1] 马克思恩格斯选集（第2卷）［M］. 北京：人民出版社，1995：589.

[2] 卢风，肖巍. 应用伦理学概论［M］. 北京：中国人民大学出版社，2008：174.

[3]［美］大卫·哈维. 新自由主义简史［M］. 王钦，译. 上海：上海译文出版社，2010：174.

[4] 马克思恩格斯选集（第1卷）［M］. 北京：人民出版社，1995：775.

[5] 余达淮. 马克思对剥削与贫困问题经济伦理意蕴的揭示［J］. 河海大学学报（哲学社会科学版），2010，(1).

[6]［法］保罗·萨特. 辩证理性批判（上）［M］. 合肥：安徽文艺出版社，1998：28.

（余达淮　程广丽，原作发表于《理论探讨》2016年第6期）

经济伦理学面临的全球现实背景探析

后危机时代的一个直接后果就是风险社会的形成。而全球化的出现，不仅深刻影响着世界历史进程，而且对各个国家、民族的社会发展有着重大影响。全球化有着多重角色，但核心是经济全球化。经济全球化使得国家与国家之间的经济联系和文化联系愈发紧密。经济全球化有助于消除资源自由流动的限制，但同时也带来了经济规则、政治制度以及文化观念的冲突，这在很大程度上呼唤伦理规范的协调。从国际上看，在各国政治、经济高度依存的今天，风险社会和经济全球化趋势为我国经济伦理学的研究和发展提供了一个国际化的大背景，同时也要求经济伦理学的发展必须立足于这种大背景。

一、后危机时代与风险社会的形成

马克思曾用详尽的论证揭示出现代社会是一个“金融资本统治的世界”。这个世界在他之后的又一个世纪里顽固地存在着，这个世界的流动性与“不确定性”非但没有减弱，反而出现了加剧的趋势：生活在今天的我们感受和面对的矛盾和问题愈加复杂多样，且很多问题的出现本身已经超出了传统历史经验所能解释的范围，以及我们的理智所能把握的边界。在“历史不断向世界历史转变”的全球化的深刻统摄下，数字化、信息化的快速发展又反过来加速着这一“转变”的态势。这是生活在这个“全新”年代里的我们所不得不面对的基本境遇。从现代到后现代，金融资本始终如影随形，伴随着我们走过并将继续过着喜忧参半的生活。很显然，后危机时代是当年马克思语境中的那个“金融资本统治的世界”的继续。在时间的坐标上，金融资本成长壮大的方式与手段也许已经超过了马克思的想象，但它给这个世界带来的善恶交织的复杂后果使得马克思的“在场性”依然鲜活如初。这一点可以从金融危机爆发的危害后果上得到证明。吉登斯指出，“现代性以前所未有的方式，把我们抛离了所有类型的社会秩序的轨道，从而形成了其生活形态。”[1]“它被引入系统的再生产每一基础之内，致使思想和行动总是处在连续不断地彼此相互反映的过程之中。”[1]针对过去人们将标新立异作为现代性的基本特征的做法，他指出：“现代性的特征并不是为新事物而接受新事物，而是对整个反思性的认定，这当然也包括对反思性自身的反思。”[1]断裂、反思引发的社会的脱序，安全稳定性的丧失，信任的风险等等，被吉登斯用以阐述现代性。金融危机的爆发使得源于现代化过程、始于人为决策、高度不确定性的“风险社会（risk society）”理论再度成为学界热议的话题。“风险社会”是德国杰出的社会与政治理论家贝克在其《风险社会：迈向一种新的现代性》中首次使用的概念，用来描述当今西方高度发达的现代社会，从社会学层面反思、批判现代性出现以来风险因素日益突出的社会现象。风险表征了现代社会所具有的某种潜在状态或社会张力，以及这种张力所具有的危机水平。风险是基于对“现代性社会”或当代“社会现实状况”的“不确定性”的一种界定，并企图在科学技术进步与社会制度演变的张力之间寻求新的“平衡点”或未来的“确定性”，贝克称之为“虚拟的现实性”，不确定性是风险社会的基本特征或内在品性。贝克认为：“现代性正从古典工业社会的轮廓中脱颖而出，正在形成一种崭新的形式——（工业的）风险社会。”[2]吉登斯认为，人类社会“由于现代性的到来而引入了一种新的风险景象”[1]。科技与文明的发展极大地改变了人们的日常生活形态，风险经常地渗入人与科技的互动之中，成为人们思考现代秩序及意义不可忽略的一环。在全球化的背景下，核辐射、食品污染、生态恶化，乃至信息传播本身都可能或已经成为现代社会风险的来源，世界进入贝克所言的“风险社会”或吉登斯所预言的“失控社会”。而在当前人们围绕着金融危机本身有关的话题进行的所有思考中，我们发现，贝克的风险社会理论再度成为人们讨论的重心话题。新自由主义的弊端导致了金融危机的爆发，而在全球化进程日益加快的今天，其后果是风险的不断出现与加剧。金融危机爆发的最大的时代背景是，当今资本主义社会进入了曼德尔所说的“弹性生产”的后组织化的“晚期资本主义”的时代：“晚期资本主义这一概念是帝国主义或垄断资本主义时代的一个新的阶段，其特征是资本主义生产方式的一种结构上的危机”，但这种危机并不是过去所谓的生产力的衰退，而是“晚期资本主义生来就不可能把第三次技术革命或者说自动化的广泛可能性加以推广普及，这构成了晚期资本主义在这一趋势中的一种有力的表现”[3]。曼德尔对“晚期资本主义”这一新阶段特征的刻画，在这次金融危机中得到了很好的佐证。同时，这个后组织化的时代也是西方后现代主义话语在全球性范围内继续渗透并蔓延开来的时代。后现代主义对总体性概念继续解构与重构着[4]，而且，与现代性的话语纠缠与较量也一直没有停息。因而，在这一意义上，后危机时代是后现代主义的蔓延与扩散，是后现代主义“碎片化”的现实表征。撇开后现代主义如何对现代性进行解构话语与解放作用之外，我们必须看到，后现代主义所秉承的“去中心、反总体性、寻求差异与多样性”的理论指向，是我们今天这个后危机时代所要面对的最基本的理论依托。

恩格斯在分析资本主义现实时指出，“文明每前进一步，不平等也同时前进一步。随着文明而产生的社会为自己所建立的一切机构，都转变为它们原来的目的的反面”[5]。资本主义发展的历史证明，它在不断推动社会进步的同时，也在不断地制造不文明甚至罪恶的东西：贫困、不公、剥削、侵略等。由资本的运行逻辑所引发的世界范围内的生产和消费运动导致诸多道德问题的产生，吉登斯把现代性称为“自反性现代性”，贝克把由现代性引发的后果称为“风险社会的来临”，鲍曼把“后现代道德”称为“生活在碎片之中”，贝格尔把现代社会称为“世俗化”的时代等等。显然，这种审视是以资本流动所产生的后果为主轴对现代社会进行道德考量的现代性话语。面对危机，人们开始对资本主义社会进行更加细致而全面的检视与反思。“对实践的唯物主义者即共产主义者来说，全部问题都在于使现存世界革命化，实际地反对并改变现存的事物。”[6]金融危机给人类带来了困惑、痛苦与灾难，但也促激社会生活不断变动，同时也孕育着人类社会变革的新的希望。在这一意义上说，危机是一种善恶兼具的经济灾难。

表面上看，这是一场金融危机和经济危机，但背后折射的是美国的文化危机和信仰危机。“每个原理都有其出现的世纪”[6]，为什么某一原理出现在这个世纪而不是另一个世纪？“这就需要我们研究在每个世纪中，人们的生产条件、生产方式以及生产中使用的原料是怎样的；最后，由这一切生存条件所产生的人与人之间的关系是怎样的。探讨这一切问题就是研究每个世纪中人们的现实的、世俗的历史。”[6]这是马克思在《哲学的贫困》中精要表述的关于思想和时代的关系。无疑，这里的“时代”是指2008年金融风暴之后的时期。然而，由2007年美国的次贷危机所燃起的2008年那场金融海啸被美国等发达国家以“私人债务国有化”等手段逐渐平息之后，2011年7月初8月底，以美国两党“提限”“减赤”政治纠纷以及标普降低美国主权评级为诱因，国际金融危机再度爆发，危机由“私人债务国家化”的“上半场”进入“国家债务国际化”的“下半场”。这时，国际社会又开始围绕着“转嫁危机”和“拒绝危机转嫁”问题进行着激烈的斗争。进而，原本“上半场”尚未解决的危机又不得不遭遇着“上半场”“下本场”以及“上、下半场混合”危机的尴尬境遇。虽然我们无法预知，下一场危机又将从何时何地开始，但我们必须承认：资本主义发展的历史现实已经无可辩驳地证实了马克思当年所预言的、表面上是由生产过剩所导致的、深层根源却在于资本主义社会的基本矛盾所致的金融危机乃至经济危机的爆发是必然的，从这一意义上讲，后危机时代注定是一场影响深远的时代变革，也注定是一场发生在变革年代的关于经济、关于政府、关于发展、关于正义、关于公平、关于良知的风险。

二、经济全球化与主权国家经济规则之间的冲突

经济全球化从本质上来看是一种产业结构变动和调整的趋势，这种趋势以发达国家为龙头、以跨国集团为载体，在世界范围内寻求最大程度的资源配置。经济全球化为发展中国家尤其是欠发达国家的发展提供了机遇，但在发达国家和发展中国家话语权不平等的现实下也加剧了国际经济秩序被扭曲的风险。全球化导致市场经济规则延伸到国际交往领域，发展中国家参与国际贸易必须接受普遍的市场经济规则。部分推行强权政治的发达国家在创制国际经济交往的规则时，更偏重于维护自身的利益，并将这种显失公平的游戏规则通过霸权主义推广至全球。这种起跑线上的不平等体现了发达国家以自我为中心的狭隘利益倾向，同时也将多数发展中国家和不发达国家置于不公正的竞争地位。而我国是从高度集中的计划经济体制向市场经济体制转变的发展中国家，目前还处在社会主义市场经济发展的初级阶段，国内市场与国际市场不衔接，国内惯例与国际规则还不完全协调。因此，我国在加入 WTO 以后，作为 WTO 的重要成员国和联合国安理会的常任理事国，除了应当遵守国际条约及协定以外，应当充分利用自己的政治影响力，充分行使自身在国际贸易方面的发言权，阐明适合发展中国家遵循的经济规则，在制定这些游戏规则中发挥自己的主动性和积极性，并通过不同层面的国际合作，为推动建立公平合理的国际经济新秩序作出贡献。作为最大的发展中国家，我国在国际经济交往中既要遵循国际经济秩序，更要着眼于本国经济利益的维护。国家利益是一个主权国家生存与发展的根本前提，也是

国家意志的重要表现，这就决定了全球经济伦理的建立，不能够忽视发展中国家以及欠发达国家的利益，而应是世界各国谋求各自利益与全球整体利益最大化的平衡进程。在这种国际背景之下，我国经济伦理学的研究势必要立足本国，放眼世界，从理论上确立我国参与国际经济活动时的道德法则。

三、经济发展与政治、文化因素的矛盾

从国际经济环境的角度看，经济全球化要求一国经济伦理学的发展必须关注由于资源的国际流动和市场的相互影响而产生的国际伦理问题。在全球化趋势下，调节经济关系的经济伦理势必伴随着经济关系全球化的进程而超出主权国家的范围。在这个进程中，愈来愈多的伦理问题开始伴随着经济的发展而逐渐凸显。由于不同国家之间的政治、经济、文化联系日趋紧密，一国经济的动荡反映到国际平台上来可能呈几何级数的增长，如国际股市的低迷、美国经济的衰退、石油价格的上涨等等，“多米诺骨牌”效应的存在使我国经济伦理学的构建必须直面经济问题的全球性和经济政治文化的交融性。全球化是各民族国家之间建立在金融和生产一体化基础上的经济、政治和文化的同质化过程[7]。不均衡的全球化格局不仅要求经济伦理的发展能够推动建立更为公平合理的国际经济新秩序，而且也要求建立国际政治和文化的新秩序。

随着全球化的发展，各国政治、文化在互相交流、互相吸收的过程中，也必然产生广泛的碰撞和冲突。经济活动的全球化必然衍生出相应的政治、文化准则。这些准则中有些适合民族国家的政治发展，需要共同遵循，比如民主、平等、人权等等，但也有些可能只是发达国家的一厢情愿。因为全球化进程是以美国为首的西方发达资本主义国家主导和推动的，使得全球化进程不可避免地要打上西方发达国家的烙印。他们在全球化过程中存在着将美国等西方国家的政治、经济和文化变为人类终极的共同价值的倾向，从而可能将全球化引向西方化或美国化。在经济全球化进程中，西方的政治思潮、文化观念、生活方式，经由各种渠道，不断冲击着我们原有的政治文化理念，这种冲击在一定程度上改变着人们的基本政治观念和价值标准，改变着公民对本国政治制度及政治领导的评判标准。[8]比如，在社会发展道路和意识形态方面，全球化的浪潮冲击着“社会主义-资本主义”的意识形态两分法，而这会使我国作为立国之本的制度、价值面临被瓦解的风险，这也是对中国特色社会

主义建设道路的极大威胁。如果我们不坚持社会主义建设道路，不但不能超越历史，华丽转身，实现伟大而光荣的中国梦，相反，我们就可能被重新引回资本主义的发展道路。

另一方面，在全球化进程中，中国作为世界上第二大经济体，既要注重对普适的政治、文化价值的吸收和借鉴，也应当充分利用自己蓬勃发展的经济、政治、文化力量去影响国际上的政治思潮和文化观念，同广大发展中国家一道去积极改变少数发达国家主宰的全球化价值标准。实际上，在全球化进程中，之所以不断出现经济、政治等方面的纷争，很重要的原因在于缺乏一个普遍认同的价值标准，各国在政治、经济、文化的发展方面存在着价值观的根本对立。因此，全球经济伦理的构建与确立，将直接关系到全球经济一体化的趋势能否顺利地促进各国的共同发展。全球化对我们提出了许多有启示意义的经济伦理问题，但全球化又不仅仅是伦理问题，它涉及政治、经济、法律、文化等诸多方面错综复杂的问题，而如何协调和解决这些相互纠结、彼此牵制的关系，又确实需要伦理视角的观察与思考。这在客观上要求我们，将中国经济伦理的研究视野延伸到经济现象背后的文化差异尤其是价值观的冲突与协调方面。在世界经济逐步全球化的今天，国际伦理规范占据着重要地位，我国应积极寻求本国经济伦理研究与世界伦理规范的契合点，在国际经济伦理研究中抢占中国伦理文化的一席之地，从而影响和推动全球伦理文化和伦理学科的发展。

【注释】

[1]［英］安东尼·吉登斯．现代性的后果［M］．田禾，译．南京：译林出版社，2000：4、33、34、96.

[2]［德］乌尔里希·贝克．风险社会［M］．何博闻，译．南京：译林出版社，2004：2.

[3]［比利时］埃内斯特·曼德尔．晚期资本主义［M］．马清文，译．哈尔滨：黑龙江人民出版社，1983：241.

[4] 仰海峰．后现代语境与马克思哲学总体性概念的再思考［J］．中国哲学，2004，(4)．

[5] 马克思恩格斯文集（第9卷）［M］．北京：人民出版社，2009：147.

[6] 马克思恩格斯文集（第1卷）［M］．北京：人民出版社，2009：527、607.

[7] [德] 赖纳·特茨拉夫．全球化压力下的世界文化 [M]．吴志成等，译．南昌：江西人民出版社，2001：96.

[8] 熊光清．经济全球化背景下中国政治发展道路的几点思考 [J]．唯实，2007，(1).

（余达淮　阮爱莺，原作发表于《伦理学研究》2013 年第 5 期）

经济伦理学的研究框架综述和研究方法评析

20世纪70年代，“经济伦理学运动”在美国兴起，之后，这门新兴的学科在日本、欧洲等国家和地区获得了长足的发展。中国的经济伦理学研究伴随着改革开放的进程而逐渐受到关注和重视，经济伦理学逐渐成长为一门相对独立的学科，其研究内容、研究主题、研究方法等都发生了重大变化，然而，对于全球视野下中外经济伦理学研究框架及研究方法的探讨却显得明显不足，或是专注于“全球视野”层面的抽象话语评述，或是侧重于“中国语境”的中国话语建构。面对新时期经济全球化态势日趋深入的今天，进一步厘清经济伦理学的研究框架及研究方法，成为一个必然选择和现实面对。对发展中的经济伦理学研究框架与方法的追问与反思，就是对不断变迁着的时代的哲学追问、伦理审思与价值叩问，对全球经济伦理构建具有积极意义和实践价值，对于丰富和拓展中国经济伦理学向纵深方向发展，具有显著的应用价值和时代意义。

一、中外经济伦理学研究框架探究

经济伦理学的研究框架主导经济伦理学研究的方向。20世纪70年代中期，由美国堪萨斯大学发起召开的第一届经济伦理学讨论会标志着经济伦理学作为一门独立的学科正式诞生。之后，这门新兴的学科在日本、欧洲等国家和地区获得了长足的发展。许多哲学家开始将经济社会发展中出现的问题作为研究的中心问题，在前人研究的基础上把伦理学的理论与哲学的分析方法带入了经济伦理学的研究当中，这无疑在客观上促成了经济伦理学学科体系的探索性研究，为一门完整意义上的经济伦理学研究框架的合理搭建作出了重大贡献。对经济伦理学研究框架的探寻，应基于当前国内外现有经济伦理学研究框架的研究。思索经济伦理学合理科学的研究框架，是我们在今天经济全球化向纵深发展、后危机时代各种错综复杂问题不断涌现与凸显的时代背景下的合理思路。

1. 学科性质探析

从学科一般来说，经济伦理学是应用伦理学，是相关的理论伦理学-道德哲学在经济领域的实践应用。在美国，经济伦理作为一个学科领域已经具有相当的发展基础。维拉斯科茨指出，经济伦理学作为应用伦理学，是一门针对道德对错的特殊学科。当代经济伦理学研究的开创者，美国经济伦理学研究的代表性人物德乔治（Richard T. De George）将经济伦理学定位为一种专业伦理学或者应用伦理学。恩德勒认为："在现阶段，经济伦理似乎离一门已经定型的学科相距甚远。"[1]概念的混乱和不一致是这个研究领域的重大缺陷。一些学者对"经济伦理学"能否作为一门学科的"合法性"地位提出质疑，认定当前中国学界关于经济伦理问题的探讨还处于起步阶段，因而从一门成熟学科构建①的要求来看，中国经济伦理的研究还远没有在宽度和广度上展开，因而应该审慎斟酌作为学科形态的"中国经济伦理学"这一提法。

在我国，陆晓禾也认为经济伦理学是应用伦理学，研究的是经济领域的特殊伦理问题，是经济学与伦理学的交叉学科，是经济学与伦理学通过互相交流和补充而形成的一个学科整体。经济伦理学界普遍赞同他的观点。在后续的研究中，学者们认为经济伦理学除了以经济学和伦理学为主体学科，管理学、社会学、政治学等学科知识也应该被运用其中。我国学者在这方面做了深入的探讨，东方朔在《经济伦理思想初探》一文中，将"经济"与"伦理"两个问题的联姻正式提了出来。1990年刘光明在《一门经济学与伦理学的边缘学科——经济伦理学》一文中，指出了经济伦理学科的边缘性，并就该学科连接经济与伦理的关系进行了较为深入的研究。王小锡在《经济伦理学论纲》和《中国经济伦理学》中首次提出了"经济伦理学"概念，并全面系统地分析和阐述了该学科的理论基础、研究对象及内容等问题，勾画了这门学科的基本研究框架。他指出，经济伦理学具有理论和实践双重属性。研究经济伦理学应该从哲学高度把握社会经济规律；从实践角度揭示伦理道德与经济活动的一致方面；把握经济活动的主体模块，探讨经济活动基本目的、经济伦理情感和理念，从而形成经济伦理的基本规范样式及规律。

① 按照理解，一门成熟学科体系的构建，至少应当基于两个基本维度的思考：第一，坚实的学理基础；第二，完善的学科构建。前者是后者的理论基础和奠基，后者是前者的实践落实和检验。而这两个维度的内容在当前中国经济伦理学研究中都远未达到"成熟"状态。

1995 年陈泽环在其论文《现代经济伦理学初探》中，对现代经济伦理的研究方向和基本内容作了详细的分析和阐释。此外，1994 年何怀宏所著的《良心论》以及万俊人所著的《伦理学新论》，使得“人学价值论伦理学体系”得以初步建立。所以，经济伦理学是理论及实践学科的统一，既是研究经济活动的伦理分析及价值考量的理论学科，又是规范经济行为与行动方式的实践学科。

2. 研究对象探析

从总体上看，经济伦理学的研究大多将经济活动的伦理解读与道德认定作为经济伦理学的研究对象。由于经济与社会、环境、政治以及意识形态等错综交织，所以经济伦理学在研究框架和内容上显得复杂特殊，它包含一切同道德有关的决策、政策、制度、法令、问题、行为、规范等，是对这些原则和规范的研究，而不是道德本身。学者们对经济伦理学学科框架的构建问题主要集中在经济伦理学的各个层面的宏观、中观与微观层面的研究。在经济伦理学研究相对成熟的美国，20 世纪 90 年代，伦理理论与管理实践的广泛结合使得经济伦理学研究对象产生了两个主要的趋势：一是基于价值的伦理管理，二是面向行动的伦理管理。威廉·费雷德里克阐述了源于亚里士多德思想或美德伦理的基于价值的伦理管理思想，他强调个人在经济活动或经济组织的具体情形中作为道德人的行为；林恩·佩恩提出了与之类似的“组织诚信管理”①，该理论除了突出道德行为人的角色和作用外，更强调了诚信在伦理塑造中的重要性。与工具性的伦理理论不同，他们认为伦理管理并不仅仅是作为实现企业获利目标的一个工具，而应该通过伦理管理切实促进企业价值和信任环境的建设。

在国内，王小锡教授在他的《经济伦理学论纲》一文中将经济伦理学研究的直接对象界定为经济活动现象的伦理道德研究，明确勾画了这门学科的研究对象、研究方法和研究框架。他认为，经济伦理学研究各种利益关系的善恶取向及其应该不应该的经济行为规定；应从实践——精神的视角上研究经济与伦理的关联；经济伦理学研究框架内容可以划分为劳动伦理、企业管理伦理、经营伦理、分配伦理、消费伦理。[2] 夏伟东认为，经济学视野中的经济伦理学关注较多的体现在经济体制、产权制度和经济规律等对伦理的影响；伦理学视野中的经济伦理学广义上

① Lynne Sharp Paine Value Shift：*Why Companies Must Merge Socialand Financial Perspectivesto Achieve Superior Performance*；Chicago：McGraw-Hill. 2003.

是研究政策、制度、行为、决策等在经济领域的伦理合理性，并研究活动中的经济组织和个人的伦理行为的合理性；管理学视野中的经济伦理学研究的是经济管理活动和经济管理领域中的行为规范或制度，为了更好地进行管理。[3]

3. 结构层次探析

从中西经济伦理学研究看，比较普遍和通行的经济伦理学研究框架趋向于“三层次说”。美国《伦理学百科全书》中的“business ethics”条目明确包含三层次研究，即制度伦理、组织伦理和个人伦理研究。[4]美国著名经济伦理学教授德乔治提出，“business ethics”并不限于企业伦理研究，它的研究范围更广，包含三个层次[5]：第一层次研究经济制度的价值构想；第二层次研究企业内部经营活动的伦理判断；第三层次研究个体活动者经济行为的道德合理。也即按宏观制度、中观组织和微观个人这三个行动层次来提出经济伦理问题。欧美及亚洲的很多国家都倾向于此种框架结构的研究。霍夫曼按制度环境、企业的性质和作用、产生的特殊伦理问题、隐含的价值和伦理评价问题等四个方面来归类经济伦理问题；索雷尔将经济伦理问题分为广义经济伦理问题和狭义经济伦理问题；布赖尔·哈维将伦理问题区别为具体问题和抽象经济伦理问题。

在我国，陆晓禾教授从国外经济伦理学研究成果合理借鉴的角度来探讨中国经济伦理学的学科框架。她主张按经济主体而非生产要素框架来研究经济伦理问题，她提出经济伦理问题应沿袭西方经济学划分经济学科的办法，从宏观制度、中观组织、微观个人的角度构建经济伦理的学科框架，随着全球经济的发展，经济伦理的学科框架应扩大到国际商务伦理等方面。[6]她认为用经济社会生产的四个环节划分经济伦理学框架似乎不尽合理。与陆晓禾持同样观点的还有周中之教授。周中之在《经济伦理学学科的构建》一文中提出，根据当代中国的国情，“三层次说”对于经济伦理学学科的发展更为有利。他认为在全球化背景下，宏观的经济制度和经济政策的伦理评价、中观组织的性质和作用以及他们之间的关系问题、微观个体之间的伦理关系及道德素质等研究，在当代中国是一个具有深远意义的理论和实践重大课题，“三层次说”能在更大程度上满足全球化对中国经济伦理学发展的需求，理论前景是乐观的。但他也并不拒绝“企业伦理说”和“四环节说”，而是把它们的内容有机地结合进理论框架中。夏伟东认为，经济伦理学涉及领域不尽相同，应站在不同角度，依不同领域特点，对经济伦理学进行不同定位及研究。他认为经济伦理学应始终围绕生产、分配、交换、消费四个领域确定自己学科总框架的基本依据，不宜直接按宏观、中观、微观来构建经济伦理学学科框架，可以围绕生产、分配、交换、消费四个环节，把宏观、中观、微观三个层次的道德评价重点进行研究。[7]在体系创建上，王小锡教授从经济伦理学结构层次出发，对于如何建构经济伦理学学科体系进行了总体性评述。他在其《〈经济伦理学〉简评》一文中阐明，学术界对于经济伦理学学科体系构建有“三层次说”“四环节说”“三层次和四环节统一说”“三层次和五环节统一说”“企业伦理说”等，并高度评价了乔法容、朱金瑞等人在吸取上述各种观点合理之处后，结合“三层次”和“五环节”，对“企业伦理”进行充分探究，形成了较为合理的经济伦理学学科体系。[8]故经济伦理学是从伦理学角度对经济提出问题，具体研究对象是经济伦理问题，是经济领域的道德现象。

4. 研究范畴探析

经济伦理研究需要深入探究其范畴，而范畴研究需要借助合理知识的运用，对经济行为及活动进行科学抽象。章海山在《经济伦理范畴研究》一书中认为，研究经济伦理范畴应从经济活动的伦理定位入手，以“经济人”的抽象为基础，将劳动和资本贯穿整个研究，在市场运行上始终体现自由与公平、竞争与诚信，形成利益合理化，从而构建整个研究体系。他认为，经济人、劳动、资本、自由、公平、竞争、诚信、利益等范畴可以视为经济伦理学的核心范畴[9]。万俊人以“市场经济的道德维度”之探寻为研究经济伦理的根本出发点，对市场的附魅与祛魅，公正与道义，劳动与“工作伦理”等重点问题进行了深入探讨。[10]刘可风提出经济伦理学核心范畴是经济正义，从制度、权利角度，整体上把握经济行为规范，而不是从个人德性、义务角度，具体分为四个角度：一是自主权利角度；二是合理分配角度；三是主体心态角度；四是人的本质角度[11]。张雄主张经济正义研究效率及公正问题，经济活动显现平等，同时又体现效率即为“经济正义”[12]。还有学者从生产、分配、交换、消费四个环节着手，从人的本性出发，对经济行为和经济制度等方面进行经济正义研究。罗能生提出，经济关系最基本的关系为产权关系，产权理论贯穿整个经济伦理研究。[13]还有论者也认为，价值判断与伦理评析的基础和前提是一定经济利益关系和产权。产权不清、个体权益区分不明，可能导致现实经济伦理研究和框架建构乏力。[14]

二、中外经济伦理学研究方法评介

辩证唯物主义认识论认为，人们对社会活动的认识是在长期活动实践中形成的。任何一门学科的研究方法，既是一种研究工具，又是一种达于目的的途径；既是人们掌握现实的一种形式，又是人们认识与实践活动的原则指导体系。罗尔斯在《正义论》里着重指出“应当努力寻求一种具有几何学全部严密性的道德几何学”，意思就是说建立研究方法体系的重要性。黑格尔强调说，研究方法对于任何一种理论研究来说，绝非是外在的影响因素，而是研究的内在灵魂与核心。因而，研究方法的恰当选择与正确运用程度，又直接影响和制约理论研究水平的高低。

经济伦理学方法论研究的是人们运用怎样的观点考察经济活动中的道德行为，并把认识加工成为系统化的理论结构的方法。根据经济伦理学学科的性质，经济伦理学研究方法必然首先来自于经济学领域和伦理学领域，它的方法论形成也无法与这两大学科割离，同时，这些思想方法很多都来源于科学哲学思想。经济伦理学研究方法的形成受研究对象特点及所借用学科方法两方面限制，由此形成目前阶段经济伦理学研究方法两大特点：一是多学科研究方法运用和结合；二是取之于又有别于父母学科，正逐步创建具有学科特色的研究方法。

1. 归纳演绎法

归纳演绎法适用于人类一切科学的发现和证明，因而也可以运用到经济伦理学，并且归纳法是更为基本更为重要的科学发现和证明方法。[15]演绎和归纳都是人们思维过程中所运用的推理形式。约翰·穆勒曾说，归纳和演绎方法不仅仅是科学发现的方法，同时也是科学证明的方法：“归纳法可以定义为发现和证明普遍命题的运作。”[15]归纳演绎法是归纳、演绎主义方法论的直接工具。归纳主义是归纳推理的思想方法在认识论中的系统化反映，它强调观察和系统的经验总结是获取知识的主要手段。归纳主义的思想渊源可以追溯到 17 世纪弗朗西斯·培根（1561—1624）的著作。培根从经验主义认识论出发，致力于寻求从感觉经验上升到一般公理的方法，力求把科学发现建立在经验主义的基础之上。到 19 世纪，约翰·穆勒进一步提出了归纳方法的具体程序和规则，用以探寻现象之间的因果联系。演绎主义强调演绎方法是获取知识、建立理论的基本方法，主张借助事物之间的逻辑关系，运用演绎逻辑的推理思想，通过思维的方式来获取知识，建立知识体系。演绎主义方法论的思想来自 17 世纪法国数学家和哲学家笛卡尔（1596—1690）。笛卡尔的演绎主义方法论主张通过逻辑演绎从已有的知识推断出新的知识，把逻辑推理作为获取知识的唯一手段。在科学方法论史上，演绎主义是同归纳主义相对立的一种方法论。

2. 实证研究法

实证研究法，即用实验法、描述法、案例法、纯经济分析及数学等方法，研究经济活动中的伦理现象，论证经济行为合理性。中外经济学家普遍推崇这种方法。实证研究法试图超越或排斥价值判断，只揭示客观现象的内在构成因素及因素间的普遍联系，归纳概括现象的本质及其运行规律。实证研究方法有广义和狭义之分，广义实证研究方法泛指所有经验型研究方法，如经验描述法、观察实验法、比较法、调查研究法、实地研究法、统计分析法等。狭义实证研究方法是指利用统计和计量分析方法，对经济活动中的数据信息进行数量分析，考察影响经济活动各有关因素的相互影响及其影响方式的研究方法。实证研究方法以实践为研究起点，重视研究中第一手资料的积累，利用专门数量分析技术，分析和确定有关因素间相互作用方式和数量关系。实证研究法目的在于认识客观事实，研究现象自身运动规律及内在逻辑。对研究现象所得结论具有客观性，并根据经验和事实进行检验。这种方法已经成为科学研究中一种通用的专门方法。

运用实证研究法进行经济伦理学研究的当属著名行为经济学家和实验经济学家恩斯特·费尔（Ernst Fehr），他在传统经济学与哲学逻辑方法融会贯通基础上，用实验方法证明了普遍存在于人类社会中的公平、互惠等伦理规范何以成为必然。1990 年，兰德尔和吉布森对经济伦理领域发表论文进行统计并对实证性研究的方法进行了概述和分析。[16]

在中国，运用实证纯经济分析法、数学方法的典型是韦森教授的《经济学与伦理学》。沈昊驹、乔洪武教授指出，在行为经济学和实验经济学发展背景下，对现代西方经济伦理学研究里出现的数理解释现象进行剖析，追溯其历史渊源，介绍数理方法在当代经济伦理研究现状和影响，将经济伦理研究中数理方法归纳为基础数学与统计学方法、经济数学方法、经典博弈论方法和演化博弈论方法、实验的方法以及计算机模拟仿真等方法，主要在公平正义、合作诚信、利他行为、非主流社会规范和幸福快乐的研究中取得突出成果。[17]

3. 抽象思维法

抽象思维法是马克思在分析经济问题中采用的最具代表性思想方法，是一切科学的发现方法，是对事物普遍性及其体系或整体的发现方法，它对于科学地理解经济事物及现象有着十分重要的指导作用。

由于人们对《资本论》思想主题的不同认识和理解，马克思的研究曾被批判“过于形而上学”或“太实证”，恩格斯《在马克思墓前的讲话》中说过，“马克思是精通数学的”，“并且在这个领域有独到的见解”。[18]马克思虽然也运用一些数学分析方法，但主要采取辩证方法和定性分析方法，正如他自己说的：“研究必须充分占有材料，分析它的各种发展形式，探索这些形式的内在联系”；“分析经济形式，既不能用显微镜，也不能用化学试剂。二者都必须用抽象力来代替”，[19]这样才能发现资本主义社会“神秘外壳中的合理内核”，“揭示现代社会的经济运动规律”。“经济形式”是指社会经济关系，“两者”是指显微镜和化学试剂。抽象是指人们的抽象思维能力，包括从具体到抽象，从复杂到简单，也包括从抽象到具体，从简单到复杂分析能力。抽象思维是马克思主义得以确立的根本支撑，哲学就是抽象思维的产物。经济伦理学从根本上说是一门伦理学，是建立在经济现象与经济活动的科学分析之上的，因而，经济伦理学所要研究的主要问题，绝不是满足于停留在对经济现象与经济活动描述、解释的层面上，也是要在描述和解释经济活动的基础之上，将这些现象层面的描述进行上升，运用抽象思维方法，以“去伪存真”的立场与精神再度进行追问、反思与批判，最终以科学合理的道德规范与准则去评判经济活动，达到规约、预防与制止不良经济活动的目的。

4. 元伦理学方法

19世纪末，英国学者乔治·摩尔发表《伦理学原理》一书，宣告“元伦理学”诞生。而后半个多世纪，元伦理学在西方伦理学界一直处于主导地位。它的代表人物还有普里查德、罗斯、罗素、维特根斯坦、石里克、卡尔普纳、艾耶尔、史蒂文森等等。这样，自1903年以来，伦理学便分为元伦理学与规范伦理学两大类型。规范伦理学是关于道德应该、道德善和道德价值的科学，是道德价值本身的科学；元伦理学是关于道德价值研究方法的科学。陆晓禾提出，元伦理学研究方法是对道德术语的含义和道德推理的逻辑进行分析，追问例如我们使用善、恶、责任、义务和其他类似道德术语时表达的意思是什么。元伦理学方法并不规定任何东西，也不直接讨论规范体系，而是超出规范，着力研究道德语言和论证的逻辑性质而非内容。在经济伦理学研究中，元伦理学方法被用来分析和澄清经济活动中基本术语和伦理假定。直觉主义与情感主义伦理思想方法是元伦理学的两个分支。

此外，美国著名经济伦理学家德乔治还提出了“伦理置换法”，其主要内容是指在经济伦理学研究过程中，如遇到无法有效判断或论证的伦理现象，可以在不同层次上进行置换，从不同角度和层面上寻求解决的一种方法。德乔治将这种方法认定为一种应对伦理困境的合理方法。

5. 系统分析法

系统分析的方法论来源于科学方法论、系统论以及为数众多的涉及选择现象的科学分支。就其本质而言，是一种根据客观事物所具有的系统特征，从事物整体出发，着眼于整体与部分，整体与结构及层次，结构与功能、系统与环境等的相互联系和相互作用，求得优化整体目标的现代科学方法。系统科学是20世纪40年代以后迅速发展起来的一个横跨各个学科的新的科学部门，它从系统的着眼点或角度去考察和研究整个客观世界，为人类认识和改造世界提供了科学的理论和方法。系统分析最早是由美国兰德公司在二战结束前后提出并加以使用的。它的产生和发展标志着人类科学思维由主要以“实物为中心”逐渐过渡到以“系统为中心”，是科学思维的一个划时代突破。人们把马克思主义唯物史观方法论意义下的抽象思维方法、科学发现方法归结为“分析”的思维方法，所以系统分析方法被视为科学的思维方法。它的发展路线一是运用数学工具和经济学原理分析和研究新型防御武器系统；二是与学科研究与教学活动相联系。系统分析作为一种一般科学方法论，已被运用于广泛学科领域中，特别是在解决有风险和不确定性经济社会政策的制定以及公共决策系统改进上。经济伦理研究中，在经济伦理问题不确定情况下，运用系统分析方法这种研究方略，把一个复杂经济理论问题看成为一个系统，对系统存在基础——“要素”进行综合分析，通过系统目标分析、系统环境分析、系统资源分析和系统管理分析，可以准确地发现问题，深刻地揭示问题起因，找出解决问题可行方案的方法。系统分析方法具体步骤包括：限定问题、确定目标、调查研究收集数据、提出备选方案和评价标准、备选方案评估和提出最可行方案。

6. 案例决策法

早期西方经济伦理学研究几乎都是以某个具体的、有典型代表性的案例作为理论研究入口，不断扩展个案影响，以发散性思维进行立论，进而由点带面，将研究铺展开来。近年来，国内学者也将有典型代表性案例融入对理论问题的分析当中，在企业伦理问题、产权伦理问题研究中体现尤为明显。例如“三鹿奶粉事件”之后，以此为典型案例展开的企业伦理研究就是例证。陆晓禾在他的《经济伦理学研究》一书中提到了案例方法和决策方法，认为这两种方法在西方尤其是美国相当发达，特别是案例方法，是美国经济伦理学中主要的具体研究方法，这一方法来源于法学和工商管理教育中的案例法。案例法处理的题材是已经发生的、静态的，决策法则是动态的，且注重过程和实用，突出伦理学思想和推理的工具作用，所以，将二者结合使用，动态与静态互补，基本方法与具体方法综合运用，可以收到特殊效果。1990年，马文·T. 布朗博士在《实践伦理学：决策方法和公司责任》中将决策法与案例法结合，这一方法首先提出案例、收集资料，运用描述的方法提出具有实际意义的典型案例，让参与这个伦理过程的人进行“提议和观察”、倾听对立意见，然后找出案例中发生行为事实的价值判断、揭示支撑整个论证背后的假定，这个过程是案例法与决策法“收集资料”的交叉点。其次，分析评价资料，根据一定标准对观察、价值判断和假定进行分析归纳和评价，从而发现各方观点的合理性，调整改进自己的立场，限定提议的范围和条件。再次，论证资料，即对决策提议的目的、提议隐含的原则以及提议行动将产生的正负效果进行评价；分别采用目的论伦理学、原则论伦理学和后果论伦理学三种理论观点。如果三种理论都支持这个提议，这个提议被视为好的提议，否则将需要发展其他目的、原则和后果，尝试其他选择。最后，对话阶段，将参与这个伦理过程的成员分成两组进行对话，一一列出对立的观点，对话的目的则是促进对案例以及分析和论证过程的理解，从而更好地论证和修改决策，最后得到关于这个典型案例的最好决策。这种对话是论证性对话，不同于辩论，无须决出胜负，是一个综合过程。

三、简要总结

从总体上看，以上研究方法分别是各个不同科学领域通用的基本方法，是对经济理论问题某一角度或某一侧面的揭示或主观表达，而不是对经济理论问题的完整系统认识。由于缺乏具体可行的、有针对性的科学研究方法，一些含混的、模糊不清的研究方法引入到经济伦理学研究当中，影响了经济伦理学学科建设与发展。国内外经济伦理学在研究方法上大都主张既要借鉴经济学研究方法，也要借鉴伦理学研究方法，同时也要参照其他社会科学如社会学、管理学、政治学、心理学等研究方法，以服务于经济伦理学这门交叉性、边缘性学科。

因此，探索经济伦理学的研究方法，以下几点应该引起学界重视：第一，必须以马克思主义、中国特色社会主义理论体系为指导。这是经济伦理学研究的基本理论归旨。第二，强化实证研究和实验研究。要研究全球背景下经济伦理问题，必须深入经济活动实践，广泛开展调查研究和实验分析，通过对个案的充分剖析和实验论证，进而进行综合概括和哲学论证，才能揭示经济行为的道德合理性及其相关规律。第三，重视宏观角度经济伦理理论架构创建，同时注重微观角度经济伦理情感和观念的形成过程及规律探究。

【注释】

[1]［美］乔治·恩德勒．面向行动的经济伦理学［M］．高国希，吴新文等，译．上海：上海社会科学出版社，2002：50.

[2] 王小锡．经济伦理学论纲［J］．江苏社会科学，1994，(1)：17-20.

[3] 夏伟东．经济伦理学是什么［J］．苏州科技学院学报（社会科学版），2004，(1)：43-50.

[4] Goodpastr，K. E. *Business Ethics*，*Encyclopedia of Ethics*，New York/London：Garland Publishing，1992，p. 111-115.

[5] Richard T. De George. *The Status of Business Ethics*：*Past and Future*. Journal of Business Ethics，1987（6）：201-211.

[6] 陆晓禾．论经济伦理学的研究框架和学科特征［J］．上海社会科学院学术季刊，1998，(4)：89-97.

[7] 夏伟东．经济伦理学研究什么［J］．江苏社会科学，2000，(3)：91-93.

[8] 王小锡．《经济伦理学》简评［J］．高校理论战线，2005，(2)：64-65.

[9] 章海山．经济伦理及其范畴研究［M］．广州：中山大学出版社，2005：256-282.

[10] 万俊人．道德之维——现代经济伦理导论［M］．广州：广东人民出版社，2000：123-128.

[11] 刘可风．略论经济正义［J］．马克思主义与现实，2002，(4)：78-84.

[12] 张雄．经济正义，被定义了的话语［J］．河北学刊，2002，(5)：44-46.

[13] 罗能生．产权伦理学论纲［J］．湖南师范大学学报（社会科学版），2001，(6)：22-26.

[14] 霍桂恒．从产权到伦理——跨文化视角下的当代中国伦理问题［J］．学术月刊，2008，(2)：66.

[15] John Stuart Mill. *System of Logic Ratiocinative and Inductive.*

London: Longmans, Green and Co. 1919, p. 186.

[16] Randall D. M. and Gibson A. M. *Methodology in business ethics research: A review on critical assessment.* Journal of business Ethics, 1990 (9): 457-471.

[17] 沈昊驹，乔洪武．当代经济伦理研究的数理方法探索［J］．伦理学研究，2012，(2)：83-89.

[18] 马克思恩格斯选集（第3卷）［M］．北京：人民出版社，1972：575.

[19] 马克思恩格斯全集（第44卷）［M］．北京：人民出版社，2001：8.

[赵苍丽　余达淮，原作发表于《扬州大学学报》（人文社会科学版）2015年第5期]

策略的德性：论企业伦理在企业管理中的价值与运用

虽然企业存在的最主要目的是作为商业组织而满足其股东的利益，但在经济全球化的历史背景中，现代企业还必须承担起除经济效益以外更重要的社会责任，包括对于企业的供应商、消费者、员工、环境乃至国家的责任。因此，那些坚守强有力伦理政策的企业更有可能享有长期的竞争性优势，并通过建立合乎道德理念的企业文化和价值观来实现其可持续发展的战略目标。想实现这个目标，业界一致认为唯一方式就是把基于经济的、社会的、环境的行为准则整合进企业的发展战略中。此外，全球化的发展趋势也要求企业进一步融入不同文化与社会经济系统。伴随着这种发展趋势，“企业伦理”的考虑变得更为重要。因此，在企业管理中建立一种强有力的伦理文化对任何企业的名誉、发展以及业绩是必不可少的。

一、企业伦理的德性内涵

企业在追求经济利益过程中因道德缺失问题带来的严重社会后果直接推动了企业伦理的产生和发展。“企业伦理”概念和学科最早产生于20世纪70年代的美国，经过四十多年的理论实践和探索，其基本内涵也经历了从最初的模糊到逐步明晰的过程。1985年，美国学者P. V. 刘易斯在对三百多种关于企业伦理的定义进行分析后认为，企业伦理是为企业及其员工提供道德指南的各种规则、标准和规范。其他学者则从伦理主体、对象和内容等方面对企业伦理进行了深入分析，但“企业伦理是企业应该遵循的道德规范”这一核心内容得到了多数研究者的认可。企业伦理的德性内涵主要体现在以下几个方面：

首先，企业伦理是约束企业及其员工行为的道德规范。其伦理性主要是在一个共有的集体单位中所体现的，企业通过员工的共同努力来实现自己的目标、利益和行为。在经济经营活动中，企业被看作道德行为主体，企业员工被看作道德行为的实施者，因此，企业员工与企业必须共同遵守符合社会道德要求的行为规范。

其次，企业伦理是企业经营行为的道德规范。以盈利为目的的经营活动应遵循向善的行为原则，即从事那些对他人及社会有利的行为和实践活动。这要求企业从领导层、管理层再到基层确立坚实的道德意识和完备的思想体系，成为引导和规范企业的生产、采购、物流、销售等多个环节根本行为准则。

再次，企业伦理是协调利益相关者的道德规范。企业不是在真空中经营的，而是运营在一个充满同多方利益相关者关系的世界中。企业的利益相关者产生于企业经营活动关涉的多个对象，在资金层面，有股东、银行和其他中小投资者；在生产层面，有管理者、技术人员和一线工人；还有存在供求关系的消费者、争夺利益的竞争者、寻求共赢的合作者等。企业利益相关者之间复杂而相互交叠的关系需要建立良性的互动与合作关系，企业伦理成为从事各种运营活动的先决条件。

另外，企业伦理与法律的效力不同，它是通过社会舆论、内心观念和企业内部规范来发挥作用的。这与企业伦理中作为主体的“人”的“道德性”有密切关系，企业中的个体存在差异性和独特性，企业必须制定出具体的行为守则，对模范遵守守则者予以表扬、加薪、晋升等方式的肯定，而对违反守则者予以批评、减薪等负面处理，才能维护企业伦理的权威性和持久性。

二、现代企业管理中伦理价值的缺失

企业是社会发展的重要组成部分，企业的良性健康发展是国家经济健康和可持续发展的重要保证，但在现代企业管理中，一些企业盲目地以经济利益为导向，置社会道德于不顾，轻视乃至无视基本的伦理规范，给社会及消费者带来了极大的损害，也导致自身名誉扫地甚至灭亡。近年来，污染、矿难、毒粉丝、三聚氰胺等等这些触目惊心的字眼频频出现，还有企业侵犯员工权益、恶意竞争、偷漏税等反伦理现象的大量出现，不仅为涉事企业敲响了道德的丧钟，也让更多的企业愈发重视企业伦理的建设和积极树立伦理经营的发展理念。现代企业管理中伦理价值的缺失主要表现在外部伦理和内部伦理两个方面。

1. 外部伦理：对消费者及社会公众利益的漠视

企业的外部伦理是指企业在处理与外部对象的关系过程中应遵循的道德规范，这些外部对象主要包括消费者、政府以及其他社会公众。以

20世纪70年代福特PINTO汽车事件为例，为了抢占市场先机，原本应在四十三个月内完成设计及生产工作的新车在二十五个月就生产出来，由于缩短了生产程序，PINTO汽车没有参加汽车追尾撞击测试。该款汽车投产后才追加了这项测试，但并未达到标准，而如果这款车以超过20英里/时的速度撞上另一辆车，则极易引起火灾并发生爆炸。仅1976—1977年间，PINTO车就发生了十三起严重的汽车追尾相撞事故，数倍高于同类车型。事故原因查明后，福特公司遭到起诉，并承担了巨额赔偿，其公司形象也在公众心中受到了极大的损害。在案例中，福特公司擅自缩减了生产程序，且对消费者隐瞒了汽车的安全隐患，不仅造成了严重的伤亡事故，也使公司百年的良好声誉毁于一旦。因而企业在处理与外部对象的关系中，必须维护外部对象的合法利益，遵循诚信、公正等原则，任何败德行为都只能满足一时之需，短暂的逐利行为将为企业带来巨大的损失。企业的生存和发展离不开外部对象的支持，而企业的外部伦理对企业形象的维护和提升有着至关重要的作用，在竞争残酷的今天，只有赢得更多外部支持的企业才能获得可持续发展的空间和机遇。

2. 内部伦理：对企业员工道德关怀的严重缺位

企业的内部伦理主要是指企业在管理员工过程中必须遵循的道德规范和准则。员工是企业的生产者和创造者，企业也是员工的衣食之源，企业应对进入企业工作的员工承担应有的社会责任，并激发他们的创新潜能，实现员工自我价值的实现和企业效益增长的共赢。如果单纯将员工定义为创造财富的工具和机器，忽视对员工的道德关怀和人本体恤，必然会造成企业管理中的巨大漏洞。以富士康事件为例，从2010年1月23日至2010年11月5日不到十个月的时间里，富士康科技集团连续发生了十四起员工跳楼事件，引发了社会各界乃至全球的关注。创立于1974年的富士康科技集团，是专业从事电脑、通信、汽车零组件、通路等6C产业的科技企业，也是全球最大的代工企业。富士康内部有着严格的等级制度，一线员工长期处于高强度工作状态，一旦出错就要忍受管理人员的辱骂甚至体罚。企业过分注重效率造成对人性的漠视，员工们将自己的时间和精力几乎全用在了流水线上，自尊心几乎完全被忽视。企业发展需要一个平等、信任的内部伦理环境，使员工拥有轻松的心境投入工作和创造性劳动，温暖的道德关怀和以人为本的管理理念是促进企业内部和谐的基础和条件，对内部伦理规范的有效性将帮助企业创造更多的社会财富和价值。

以上仅是从内部伦理和外部伦理两个方面简单举例分析了企业管理中伦理价值的缺失问题，在企业的经营活动中，还有许多值得分析和关注的企业伦理问题，如环境污染、就业歧视、失业保护等等。伴随着经济全球化的趋势，企业运营场景在全球化利益相关群体的出现后，变得愈发的复杂。“企业伦理”是一种自然市场条件下的商业结果，消费者、投资人和员工都希望给他们提供产品和服务的企业或者雇佣他们的企业是道德的，所以，从这种意义上来说，“企业伦理”对一个企业来说，可以作为企业在当今商业世界中竞争的有价值的无形资产。

三、企业伦理在企业管理中的核心地位和主导作用

企业伦理处于企业管理最高层次的道德思想领域，对企业而言企业伦理是企业管理中一以贯之的规范和价值观，对企业的生存和发展至关重要。企业伦理引领企业文化的基本方向，建立企业制度和规范，规范员工行为，激发企业活力，增强企业的凝聚力和向心力，成功塑造企业形象，发挥企业的品牌优势。

1. 企业伦理是企业文化的核心

相对于有形的企业管理制度，很多成功的企业都拥有无形的管理秘器，它强大的张力和吸引力使员工团结一致，使企业成员的潜能得到激发，使企业充满活力和凝聚力，这就是企业文化。有学者曾经指出，大量的案例证明，企业文化是推动企业在不同发展阶段最重要的原动力和竞争力。企业文化包含很多内容，它不仅包括精神层面的企业哲学、企业精神等，也包括物质层面的企业行为规范等等。但企业文化的核心和精髓是企业伦理价值观，即企业伦理。企业的伦理价值观决定了公司的基本特征，是企业全体人员的共识，是企业长期坚守的信念和追求的目标，也是调节员工行为及企业内外关系的规范，它对企业的生存和发展至关重要。20 世纪 90 年代，哈佛商学院曾经做过一项调查，他们用了五年的时间对美国七十二家企业进行了研究，证明了企业的伦理价值观对企业经营业绩有十分重要的影响。企业伦理使全体员工在理念上和核心价值观上趋于一致，它不仅能够消除企业的管理摩擦、减少监督成本和决策失误，还能有效防范各种危机和风险的发生，从而提高企业的运转能力和效益。

2. 企业伦理是企业可持续发展的内在动力

经济伦理学的研究和企业经营实例让越来越多的企业认识到从“伦

理丑闻”到“伦理战略”转变的重要性，也让企业管理者意识到了企业伦理是一种无价的资产，增强对它的有效管理是实现企业可持续发展的内在动力。早在20世纪70年代就有学者指出，经济如果无限制增长，地球的大部分天然资源都会在一百年内枯竭。而经济的限制性发展只能通过企业伦理来实现，使企业发展与社会发展、人类发展相适应。企业的发展动力来自社会发展的需要，不适应社会发展的过快或过慢的发展速度不会带给企业持久的发展，在伦理层面也是如此，企业伦理与社会伦理相适合，就能与之形成和谐一致的发展态势，让企业永葆发展活力。而企业伦理与自然生态伦理的契合，会客观上避免企业以牺牲后代资源为代价谋求短暂的发展，而是追求长远的与自然生态伦理相符合的发展。另外，企业满足人们的需要，伦理提供道德上的规范，企业伦理使企业以一种诚恳、可靠的方式去投递有质量的产品与服务，并通过构建相应的企业文化把工作场所变得更加有趣与富于挑战性，进而提高员工的生活质量；它能够改善企业同其所有利益相关者之间的关系，并且营造培养创造性与革新性的合作氛围，进而达到提高企业发展水平和改善社会关系的效应，使企业进入与社会发展、生态发展相适应的良性循环之中。

3. 企业伦理是企业核心竞争力的灵魂

企业是运用各种生产要素向市场提供商品或服务的社会经济组织，一般而言，企业的资金、技术、人才和产品都可以成为企业的竞争力，但这些竞争力总是处于局部而且经常波动的浅层竞争力，而企业的核心竞争力则是相对稳定、处于核心位置、影响企业综合实力的竞争力。它是企业赖以生存和发展的关键，也是企业能够超越竞争对手、自身独有、他人难以复制和效仿的能力。与其他竞争力相比，核心竞争力最主要的特征就是独特性、价值性和持续性，而企业伦理正是企业持续发展中独特价值观的体现，因而成为企业核心竞争力的灵魂，引导企业发展，凝聚企业合力，形成企业发展优势。企业伦理是企业发展的基本准则，能够帮助企业实现一种竞争性的优势。短期来讲，竞争性优势是通过在目标外部市场上引起客户兴趣而获得的，然而，长期来说，可持久的竞争性优势是对一种通过管理有形与无形内部技能与资产而形成的。企业伦理是企业在竞争中无价的无形资产，随着企业间仿效的步伐变得越来越快，企业如果想要去维持独有的竞争优势就需要去保护、开拓与增强自身独一无二的无形资产，而当一个企业实施其他公司仿效不了的价值创造战略时，它的可持久性竞争优势就产生了。另外，企业伦理是企业历史发展中形成的价值理念，是企业创造者、管理者和员工共同遵守的价值共识，它不仅难以复制而且体现了企业综合的发展实力，是企业最有可能延续自身发展的命脉。

四、企业伦理构建的方法和途径

对于企业来说，把企业伦理视为一种独立实施、为企业实现竞争性优势的企业发展策略，而不是等待企业因伦理问题发生才予以补救和回应，已经变得愈发重要。企业伦理的有效构建是一个长期的过程，它需要外部相对完善的市场经济体制和环境，更需要在内部不断加强企业文化建设，建立健全企业伦理管理制度，形成从企业经营者到员工自觉遵守和共同维护的企业行为规范。

1. 以诚信和责任为基本原则构建企业文化

一个良好声誉的企业，是拥有经济伦理价值形象的个体，它意味着企业内的信任，也是企业与其利益相关者良性关系的体现。以诚信和责任为基本原则构建企业文化不仅是社会伦理的要求，也符合企业价值观和发展战略。

诚信是人们道德规范中关涉荣辱的基本范畴，也是企业伦理的构建中最关键的原则。信任与否决定了企业合作的广度、深度和长度，合作者之间的诚信可以有效化解经济活动中的矛盾和冲突；反过来，一旦失去彼此的信任，再坚固的合作与经济往来都会面临全面崩塌。华人首富李嘉诚认为自己和家族企业的成功都得益于诚信，20 世纪 50 年代，他的塑胶花厂曾因产品供不应求出现了产品质量降低的问题，结果客户退货、银行追债、客户追款，企业陷入困境，濒临破产。面对问题李嘉诚并没有逃避，他认真查找企业管理中的漏洞，并凭借自己的诚信打动了银行、供货商和员工，扭转了企业的形势，用危机成就了商机，从此在商界站稳了脚跟。

企业在创造效益的同时，作为经济社会的组成要素必须承担对员工、社会、利益相关者以及环境的责任。以责任为基础建立企业伦理价值观有助于企业建立长远的经营目标、保护员工和消费者权益，提升企业的形象和市场认可程度，并最终实现企业的可持续健康发展。2008 年汶川地震发生后，中国王老吉集团向灾区捐赠了一亿元善款，诠释了企业在国家危难之际勇于承担责任的精神，也成为中国网民最感激和最尊重的企业。善款捐出后，很多人在选择饮品是都主动购买和选择王老吉，“王老吉”似乎已经成为支援灾区的代名词和标志，其企业的品牌和信誉也在短时间内大幅攀升。

2. 以身作则的企业领导团队

企业的经营者和领导者是企业的“头脑”，也是企业理念和规范行动表率，员工总是期待能够在任何情况下信赖和依靠他们带领企业开创未来。这要求企业的领导团队具有优秀的能力、素质、气度和价值观。企业的领导团队的成功与产品的质量、企业的威望、企业的感召力和凝聚力都有十分密切的关系。因而企业伦理的建设得益于领导团队的以身作则，任何与企业道德行为规范相悖的举动都会引发员工的争议。1923年，沃尔特·迪斯尼创建迪斯尼公司，在他管理迪斯尼公司的几十年里，他和他的经营团队逐渐形成和建立了迪斯尼核心的管理理念。沃尔特·迪斯尼去世以后，他的继承人也曾彷徨、迷惘，公司将近十五年停滞不前，但他们始终坚持沃尔特的企业理念和价值观不动摇，最终带领员工走出低谷并取得了成功。每当迪斯尼招入新员工，他们会被安排进行企业文化和理念的培训，企业领导团队亲自讲授迪斯尼的历史、传统和发展宗旨，使迪斯尼的理念得到良好的传承和贯彻。迪斯尼的宗旨是给人们带来欢乐，所以即使工作辛苦劳累，在企业领导和员工的脸上也不会看到疲倦和沮丧，他们会露出发自内心的真诚微笑，将工作的快乐融入自己的生活，这些正面的价值观引导员工和企业造就了辉煌的业绩。

3. 以人为本的员工激励机制

企业员工是企业发展的宝贵财富，是企业伦理不可或缺的参与者和执行者。把员工的成长和企业发展紧密联系起来，建立以人为本的员工激励机制是构建企业伦理的重要途径。科学的激励机制可以挖掘员工的潜力，激发他们的积极性和创造性，提高人力资源质量和企业效益。员工激励机制建立的基础应是公正、平等、尊重等人本发展理念，并通过给员工提供满足需要的岗位、制定规范的薪酬和福利制度以及建立人性化的管理方式来实现。很多企业都将激励员工和为员工提供良好的发展空间当做企业发展的持久动力，英国头号企业维珍集团的老板理查德·布兰森就是对员工进行激励的范例。他参与创办和管理了350多家企业，并把分散在各个领域的众多公司管理得井井有条。布兰森成功的关键是什么，媒体认为他具备诚信的品质，但他个人认为，善于鼓励员工的积极力量和只做最重要的事才是他成功的原因。老板必须确保员工可以快乐地工作，并且从工作中获得乐趣。如果一个人每天因为工作而苦恼，找不到工作的焦点，那么再优秀的领导者在他眼里也会失去权威性，失去鼓动、引导和改造他们工作状态的资格和权力。

企业伦理的建设重在坚守和执行，在企业管理中需要通过制度化的手段和方法，使企业伦理约束、凝聚、协调等方面的功能得到充分发挥。对于企业员工而言，要把企业伦理内化进自己的价值观，通过实践将个人发展与企业发展相融合，在企业发展中实现自我的发展。

（李红梅　余达淮，原作发表于《企业研究》2014 年第 4 期）

经济伦理学的理论基础和时代主题

进入21世纪以来，全球化已经成为中国经济伦理学发展的当然背景。因此，由全球化而引发全球范围内经济伦理学的发展就成为一种必然。然而，在这种背景下，建设一个统一开放、竞争有序的市场体系，重新审视经济伦理学的研究内容、研究主题、研究方法，无疑需要制定与之相适应的中国气派、中国价值的经济伦理学话语体系。

一、经济伦理学学科概念的创建

20世纪80年代之后，中国经济伦理学界以西方为参照，积极投身于中国经济伦理学科体系的框架建构中，逐步形成了中国语境下经济伦理学研究的基本态势：围绕着经济学、伦理学以及经济学与伦理学之间的内在性关联问题进行了探讨与研究，这些研究也为今天我们建构发展中的经济伦理学提供了极为宝贵的思想资源。[1]但是，作为一门学科，经济伦理学的合法性地位究竟是何种意义上的？是主观人为的还是客观存在的？如果是客观的，其学科依据在哪里？中国经济领域中突出的现实问题是怎样的？中国的经济社会与西方社会究竟有何不同？等等，这些问题构成了我们对中国特色经济伦理学学科框架构建的基本追问。因为从根本上看，“离开了社会生活和实践的现实，道德理论自觉将没有依据和根基，而没有依据和根基的理论是解决不了任何现实道德问题的。”[2]

基于这些认识，我们认为，中国特色的经济伦理学学科概念应当涵盖以下内容：（1）经济伦理学的母学科是经济学和伦理学，是将伦理学应用于经济领域，因而它在理论上是一门伦理学与经济学的交叉学科。（2）经济伦理学主要的学科背景是经济学、伦理学和管理学，是当代经济学、伦理学和管理学发展的一个重要生长点。单纯从某一个学科来解说经济伦理学的学科特征都是行不通的，只有从相关学科的有机结合上，才能够比较准确地定位经济伦理学的学科概念。在此，道德的经济价值、企业的社会责任、经济正义特别是分配正义、权利平等、金融危机的伦理反思以及消费伦理等应当成为经济伦理学这门学科的核心概念加以重点研究。

总体来说，经济伦理学是经济学与伦理学相互联姻的交叉学科。没有经济学或没有伦理学的理论支撑，经济伦理学的学科大厦是绝不可能建立起来的。但是，经济伦理学也不是经济学和伦理学的简单叠加，而只能是经济学与伦理学的有机结合。必须从经济现象本身出发去寻找道德问题，而不是把道德哲学的一般原理机械地移植过来用以解释经济现象；同理，也必须从道德现象本身出发去寻找经济的根源，而不是把经济学的一般原理机械挪过来解释道德现象。一个合格的经济伦理学家，既应当熟知经济学，也应当熟知伦理学，只有具备这样的知识和理论素养，才能够真正从经济现象中看到道德问题，从伦理现象中看到经济根源。因此，经济伦理学应以经济学和伦理学为主干学科基础，同时要运用哲学、社会学、政治学、管理学等多学科的知识和方法，这样才能形成一个科学的学科体系。

二、经济伦理学的理论基础

在美国，经济伦理作为一个学科领域以及作为管理的需求与实践已经具有相当的发展基础。从经济伦理理论的分析层次上看，主要包括宏观的经济体制与商业文明中的道德性、中观的经济活动中各种组织的伦理行为以及经济和商业活动中的个人的伦理标准和道德性，其中对经济组织（企业）伦理问题及伦理管理的讨论是目前最广泛关注的话题。

那么，什么是经济伦理学的理论基础？如果我们将经济伦理学认定为一门以对经济活动的伦理追问为基本逻辑起点，以寻求经济活动的合理、有效的价值秩序为主要导向，以实现人的全面发展与社会的全面进步为最终价值旨归的一门学问的话，那么，功利主义、社团主义、利益相关者理论和社会契约理论都应该是分析经济中伦理问题的重要理论资源。从20世纪80年代起，托马斯·唐纳德森（Thomas Donaldson）开始将西方的社会契约论作为经济伦理分析的理论框架，他将企业与其利益相关者之间所遵循的所有契约形式称为综合性社会契约，认为企业是社会系统中不可分割的一部分，是利益相关者之间各种契约的载体。在弗里德曼看来，所谓利益相关者，其实就是那些能够影响公司目标的实现，或者被公司目标所能够影响的集团、个人。[3]这个概念突破了传统的股东利益为上的观点，此理论的主要内容包括：论证和区别企业除股东外的其他利益相关者，以及为了回应企业利益相关者的合法利益所应该有的伦理义务，同时检验利益相关者管理和不同企业绩效目标之间是否存在以及存在什么联系，从而进一步了解企业如何并在何种程度上制定和实施利益相关者战略，以实现企业的目标。明尼苏达州大学的埃尔默·埃尔·安德逊、企业社会责任研究机构的领袖诺曼·E. 鲍伊（Norman E. Bowie）与研究生院企业伦理学系的教授、《企业伦理季刊》（Business Ethics Quarterly）的前总编帕特里夏·H. 沃哈尼（Patrcia H. Werhane）在其著作《伦理学》[4]中以全新视角对“利益相关者说”进行了分析，明确指出了对管理层决策有着特殊指导意义的道德义务，通过叙述一些令人信服的例子和对核心概念的分析，清晰地描述了管理者的真实处境，以及管理者的伦理基础和企业承担的社会责任。这不仅为竞争压力之下的管理者提供了理论上的支持，也为他们的决策过程提供了实质性的指导。随着金融危机的爆发和持续演进，我们认为，微观和中观层面经济伦理问题固然仍然可以采用上述理论做支撑，但是问题的变化使得分析问题的难度增加，需要启用新的理论资源。经济伦理学理论基础应该寻求经济伦理学何以形成或成立的理论基石，同时，这些基石应该是符合逻辑地联系在一起的基础理论体系。在此，我们将人的全面发展理论、价值秩序理论、制度变迁理论与系统论作为发展的经济伦理学的理论基础。这样的选择表面看有随意之处，但是从经济伦理学日益演进的定义和其问题复杂所表现出来的对学理性的需求，又是切合实际的。

1. 人的自由全面发展理论

马克思主义的根本命题和最高价值是人的自由全面发展。人的自由全面发展就是人的社会关系的全面发展，是人的社会交往的普遍性和人对社会关系控制程度的高度发展。马克思和恩格斯在《德意志意识形态》中曾经这样生动地描述过共产主义社会全面发展的理想人格：“在共产主义社会里，任何人都没有特定的活动范围，每个人都可以在任何部门内发展。社会调节着整个生产，因而使我有可能随我自己的心愿，今天干这事，明天干那事，上午打猎，下午捕鱼，傍晚从事畜牧，晚饭后从事批判，但并不因此就使我成为一个猎人、渔夫、牧人或批判者。”[5]马克思对于人的个性自由和全面发展的憧憬虽然是指向共产主义阶段的，但是马克思同时坚定地认为：“自由的、有意识的活动恰恰就是人的类特性。”[6]所以，不同历史阶段应当理解为人的个性全面、自由发展逐步实现的过程。个性自由和全面发展是马克思主义关于人的全面发展学说的灵魂。马克思主义认为，人的本质在其现实性上，它是一切社会关系的总和。因而，人的全面发展的本质在于人的社会属性和社会关系、社会性需要和精神需要、社会素质和能力素质的全面发展。人的自由全面发展与社会发展的辩证关系主要表现在两个方面：其一，一方面，人的发展与社会发展互为前提和目的，离开人的发展就谈不上社会的发展，另一方面，社会发展也为人的发展提供条件和手段，没有社会各方面的不断进步和发展，人的发展就只能是一句空话。其二，人的发展与社会发展相互促进、共同发展。正如马克思和恩格斯在《共产党宣言》中指出的那样，在共产主义社会中，每个人的自由发展是一切人的自由发展的条件。

经济伦理学所研究的是经济与伦理趋向统一的内在过程，并以此为基础研究伦理对经济活动过程和经济行为的调节作用（包含调节的方式、途径、作用等），实现促进经济发展和伦理建设的双重目标。康德认为伦理学或者说实践理性、道德法则所追求的全部对象和最高目的就是“至善”。“至善”就是德性和幸福的统一。就个人而言，只有把德性和幸福结合起来，才算达到了“至善”。在肉体与灵魂、感性与理性、幸福与德行、事实世界与价值世界之间，以及在经济与伦理、经济学与伦理学之间本来就存在割不断的纽带。然而，从根本上说，经济伦理学研究的最终目的是为了人的完善与幸福，实现人的自由与解放。这一终极价值旨归决定了经济伦理学研究的根本方向。因而，偏离对人的关怀、人的尊严、人的幸福的经济伦理学研究，注定会陷入抽象的话语虚设当中去。

2. 经济秩序理论

经济秩序理论源自西方发达国家，是自由主义与保守主义两大流派都热衷论述的核心话题。自由主义把自由、自决、自治、竞争作为基本价值观，强调法律面前的平等和机会均等，因而需要建立秩序来保护这种自由与平等。如联邦德国信奉新自由主义，其经济模式称为社会市场经济，又称之为“奥尔多自由主义的市场经济”（Ordoliberale Marktwirtschaft），“奥尔多”本身就是指合理的秩序。保守主义的基本价值观是传统、连续性、秩序、等级与权威，维护现存秩序成为其学说的基本精神，建立与巩固秩序显得更为重要。

一般而论，经济秩序是指在经济生活、经济运行过程中起实际支配作用的规则的总和。现代经济是建立在社会化大生产基础上的、各种联系非常复杂的巨型系统。这种经济不仅要求建立经济秩序，而且要求这种秩序能反映现代经济的特点。经济秩序的概念可在两种意义上使用，一种是不带价值判断，对国民经济现存秩序作纯描述性分析的实际经济秩序，一种是根据某种秩序理想，努力追求和塑造的经济秩序。当某种秩序理想通过法律秩序得以体现，贯穿于经济运行过程之中时，便形成所谓经济宪法。除去西方意识形态话语的论争起因与背景，就其价值诉求来看，一种良性的经济秩序对经济社会发展的重要性不言而喻。从秩序化的职能看，经济伦理代表着一种批判性的理论姿态，即对社会经济生活和个人经济行为做出道德合理性的批判反省。在这里，道德合理性是一种最基本的价值评价尺度，它要求任何个人和群体在经济活动中不仅要遵循基本有效的经济技术规范，追求其经济价值目标，而且要保持其行为的道德正当合理性。

市场在资源配置中起决定性作用。建立市场经济新秩序是现阶段中国经济社会发展的现实要求。它主要包括以下几个方面的内容：（1）关于各个经济主体权利与义务的规范。包括各个经济主体在财产占有、生产经营、产品分配等方面的权利和相应的对社会、对他人应尽的义务；（2）关于经济主体相互关系的规范。这种相互关系包括分工、协作、交换的关系，交换关系是最主要的，这种规范也主要表现为市场、竞争的规范。（3）经济主体与行政权力机构相互关系的规范。政府及所属行政部门均直接参与经济过程，在这个意义上，政府部门也是一种经济主体。但它毕竟不同于一般的经济主体，它承担着协调、控制、引导各种经济主体行为，保证社会整体利益的责任。因此，需要对政府机构本身的行为做出规范，处理其与一般经济主体的相互关系。从中国社会主义市场经济经济秩序的构成要素看，主要有生产与经营秩序，竞争秩序，市场秩序，货币、金融秩序，财政、税收秩序，劳动与分配秩序，行政管理秩序等等。

我们强调经济社会发展中道德因素的介入与干预，注重道德考量的积极意义，倡导伦理审视的现实性与必要性，就是最大可能地消除社会主义市场经济条件下的秩序混乱状态，进而安顿我们的心灵秩序，实现经济社会发展的良性运作。

3. 制度变迁理论

20 世纪 70 年代前后，旨在解释经济增长的研究受到长期经济史研究的巨大推动，最终把制度因素纳入解释经济增长中来。美国经济学家道格拉斯·C. 诺斯（Douglass C. North）在研究中重新发现了制度因素的重要作用，他的新经济史论和制度变迁理论使其在经济学界声誉鹊起，成为新制度经济学的代表人物之一。道格拉斯·C. 诺斯的制度变迁理论由以下三部分构成：描述一个体制中激励个人和团体的产权理论；界定实施产权的国家理论；影响人们对客观存在变化的不同反映的意识形态理论。制度变迁理论中经济学意义上的制度，“是一系列被制定出来的规则、服从程序和道德、伦理的行为规范”[7]，道格拉斯·C. 诺斯称之为“制度安排”。制度安排指的是支配经济单位之间可能合作与竞争的方式的一种安排。制度安排旨在提供一种使其成员的合作获得一些在结构外不可能获得的追加收入，或提供一种能影响法律或产权变迁的机制，以改变个人或团体可以合法竞争的方式。也就是说，一种合理而有效的制度安排可以最大限度地消除人们“搭便车”等机会主义行为的可能性，使每个社会成员从事生产性活动的成果都能够得到有效保护，进而最大限度地发挥生产要素的潜力，保证每一个社会成员积极性都能够得到充分发挥。

经济伦理学发展研究框架的建构也自然要将制度的道德考量纳入自己的研究重心，同时积极发挥道德和伦理法则对制度乃至社会进步的积极引导因素。

4. 社会公正理论

公正是一个涉及伦理学、哲学、政治学和法学的跨学科范畴，多年来鲜有明确的概念。亚里士多德认为，正义是指人们在社会关系中所产生的一种美德，城邦以正义为原则，正义是树立社会秩序的基础，其实质载于“平等的公正”，它以城邦整个利益以及全体公民的共同善业为依据。西方近代思想家也都认为，一个正义的社会就应该是一个受社会契约约束的社会，也应该是一个由法律保护的自由平等的社会。从伦理学角度看，公正是人类普适性的基本价值，是一种道德原则、准则或道德价值和价值观念，表现为分配的均衡、合理。因而，社会公正最一般的意义是对社会权利和社会义务的公平分配以及与此相适应的道德品质。在经济伦理的范围内，社会公正是社会经济权益的责任的合理分配。就公正本身而言，它反映的是一种价值关系，是利益与责任均衡合理地安排、调节。如何实现经济权益的合理分配，如何保证经济主体权利与义务的公平分配，以及如何为优良经济主体的道德品质提供制度支撑等都是经济伦理学研究的核心话题。

公正是社会的一种基本权利和义务，规定着资源与利益在社会群体之间的适当安排和合理分配。换句话说就是公正表现为“给每一个人他所应得的”这种基本形式。社会公正是符合社会整体实践的性质、要求和目的的全体社会成员之间的利益关系状态。在这种利益关系状态中，价值主体是全体社会成员，价值客体是全体社会成员合作产生的社会价值。联系价值主体与价值客体的中介是合理的社会价值分配方式。从根本意义上，社会公正是一种社会状态、价值准则、观念或理念。因而，当改革进入深水区域，作为一门旨在合理安排人与人之间合理的利益关系，实现人与人之间责任的均衡，实现人的自由发展为宗旨的经济伦理学研究，就应该以社会正义理论为理论基础，在制度安排、程序合理、规约到位的前提下，将实现整个社会的公平正义作为支配经济社会发展的主导性价值取向。

三、经济伦理学的时代主题

其实理论基础只不过是一种说明问题和提出规则的范式，而时代主题才是一门学科发展和转换的精髓。作为一门不断发展的学科，经济伦理学在21世纪旨在研究当前开放型经济新体制下中国经济社会发展中不断凸显出来的重点问题，将当前经济社会发展的重大现实作为伦理考量的对象。主要表现为：

1. 经济全球化进程中的伦理问题

经济全球化带来了一系列的伦理问题，例如经济全球化在增进全球经济指标的同时，是否能够推进人类社会伦理目标的实现？生活在经济全球化中的人们是否都能获得公平的对待并过上有尊严、有价值的生活？能否使绝大多数人的生活状况向好的方向转化、并最大限度地改变处于弱势地位的人类同胞的生活现状？随着全球化趋势的进一步深化，国际领域的各种经济问题变得十分紧迫，因而，在全球范围内对各种经济社会问题展开探讨，对跨国企业及其变化的角色及状态的伦理分析，都会上升为亟待解决的重大理论与现实课题。此外，现代高科技的发展和随之带来的伦理议题，经济组织结构由垂直化向一体化的转变、各个行业中的多元化组织际关系的广泛建立、各种新的商务模式等新经济形式的产生形成的个人、组织及社会的伦理都是值得研究的课题。再次，经济全球化过程中全球经济危机及其金融危机、主权信用的伦理问题、资本伦理问题、本土企业伦理问题、中国传统伦理思想的发展问题、公民身份的认同问题、高科技的道德风险问题、多元价值的冲突与融合问题等等也都成为我们应当重点研究的对象。从伦理学角度讨论经济全球化，并不是要否定经济全球化存在和发展的必要性，也不是要用公平与和谐的伦理观念来取代或削弱市场效率，相反，在经济全球化中融入伦理关怀，并把这样的关怀有效地落实到经济全球化的整个发展进程中，正是为了促进各国各地区经济和社会的平衡发展，使得各国各地区的人们在经济全球化中普遍受益，并使经济全球化沿着合伦理的轨道前进，更好地发挥合理配置全球经济资源的功能，为更多的人造福。这样的考虑，既符合人类向往良好和有序的伦理社会的生活追求，也有利于人类社会各个成员自身的全面发展。[8]

经济全球化还给经济社会带来一个重要的经济伦理学课题，即：经济伦理新范畴的产生与发展。后危机时代人们自然而然地应当讨论国际正义范畴、主权信用范畴、人类发展范畴、全球和谐范畴。

2. 金融危机引发的经济社会各个领域及各种主题的伦理问题

对金融危机的伦理思考并不是一个新话题，马克思当年对金融危机的成因、表现及后果的分析成为经济伦理学界常常探讨的话语主题，在今天更是成为学界和社会普遍关注的热点问题。金融危机的伦理解读主要由以下几个方面组成：金融危机的形成原因、表现、危害以及应对危机的措施的道德考量等。由此引发的诸领域伦理及其治理问题，如企业伦理及其新变化、金融领域伦理问题、全球经济伦理问题、国际正义问题、国家经济安全问题、生态经济伦理问题、虚拟经济伦理问题等等。在后危机时代，不仅一些新的领域的经济伦理问题凸显出来，原来一些经典的经济伦理的主要问题也被赋予了新的内涵。如资本伦理问题、发展伦理问题、经济安全伦理问题、劳动伦理问题、产权伦理问题、财富伦理问题、消费伦理问题等等，都在新的时代背景下得到了新的发展。

以金融伦理问题为例。在金融危机爆发之前与爆发之后，金融伦理研究的重心发生了变化。金融危机爆发之前，其研究重点往往是金融交易过程中参与者应当遵守的道德准则与行为规范，金融交易者的诚信问题、金融监管问题等等，然而，2008 年之后愈演愈烈的“金融风暴”将“欧债危机”问题推向了金融危机的风口浪尖，于是，欧债危机的国家主权信用、货币伦理问题、伦理文化建设问题就开始“上升”为金融伦理研究领域的“新”问题。

3. 经济伦理问题研究的政治维度

经济问题与政治问题的紧密关联无论在理论研究还是在现实实践中都是不证自明的问题。因而，经济伦理学研究框架的建构也就无法绕开政治话语。道德从一种宰制性的社会意识形态和无所不及的社会治理“王位”上退位了，而且随着新自由主义“政治中立性”和“政治合法性”的强劲诉求，经济伦理学任何层面的研究都已经内在地包含着政治强势的力量，因而，经济全球化下的种种伦理问题、国际经济制裁的政治伦理问题、国家主权的伦理审视问题、政府职能问题、政府政策目标与治理问题、制度的伦理问题等等，都必须接受道义层面的规范性与正当性之检阅，都跟政治话语密切相关。

【注释】

[1] 王小锡．道德资本与经济伦理［M］．北京：人民出版社，2009：15.

[2] 王小锡．系统工程视角下的我国公民道德建设［J］．江苏社会科学，2014，(3)．

[3] 周和生，尹贻林．政府投资项目全生命周期项目管理［M］．天津：天津大学出版社，2010：72.

[4]［英］诺曼·鲍伊，［英］帕特里夏·H. 沃哈尼．伦理学［M］．李伟等，译．北京：经济管理出版社，2009：29.

[5] 马克思恩格斯文集（第1卷）［M］．北京：人民出版社，2009：537.

[6] 马克思恩格斯全集（第3卷）［M］．北京：人民出版社，2000：273.

[7]［美］道格拉斯·C. 诺斯．经济史中的结构与变迁［M］．陈郁等，译．上海：三联书店，1994：225-226.

[8] 孙春晨．经济全球化与仁爱伦理［J］．哲学动态，2004，(9)．

（余达淮　赵苍丽　程广丽，原作发表于《江苏社会科学》2015 年第 1 期）

第六章

新范畴与新问题

经济伦理学视域下的主权信用

信用是现代经济社会有序运行的重要保障。信用评级作为金融市场不可或缺的重要组成部分，已经成为维护国际资本市场公平、公正和诚信的重要基石。全球金融危机再次将信用、主权信用、信用评级、主权信用等级以及金融安全问题的重要性凸显了出来，一般来说，经济伦理学研究中的主权信用主要包括主权国家的政府职能问题、金融监管问题、国家信用管理（当前尤其指企业信用机构设置问题、评级体系问题、信用风险问题）的道德考量，以及由此所引发的全球治理问题、国际公正问题等等。将主权信用问题置于中国经济伦理学发展研究的视阈之内，既是创新中国经济伦理学研究的理论需要，也是我们在后危机时代思考如何加强国家信用管理，规避道德风险，以更有效地推动我国信用评级制度发展所必然面临的一个现实问题。

一、主权信用的概念与内涵

主权概念是随着国家形式的演化而逐渐形成的，它的基本含义被理解为国家的本质特征，即对国内的最高统治权。卢梭曾基于社会契约精神，提出了比较完整的人民主权学说，认为主权源于公意，而且是神圣不可转让与分割的，“主权既然不外是公意的运用，所以就永远不能转让；并且主权者既然只不过是一个集体的生命，所以就只能由他自己来代表自己；权力可以转移，但是意志却不可以转移。”[1]

经济全球化削弱了国家独立自主制定经济和社会政策的能力，原来一国范围内实行的政策措施很可能受到国际社会的广泛关注和不同程度的介入干预。同时，全球范围内还出现了许多新的非领土化的经济政治组织形式，如跨国公司、各种国际组织等非国家行为体日趋活跃，对国家的权力行使产生了重要影响。比如跨国公司通过建立生产、贸易和金融的跨国网络从事“无国界”经济活动，其领域超越了传统的国家领土和民族国家能力控制的范围，而国家对跨国公司的全球生产、贸易、金融活动还缺乏有效的监管手段。当然，尽管国家主权受到了一定程度的挑战，但主权国家仍然是最主要的国际关系行为主体，国家利益仍然是国家对外关系中考虑的首要因素。

“主权信用”的概念是从当下经济学、金融学、统计学、管理学和国际关系学中流行的词语“主权信用评级”中提炼、衍生出来的一个新词语，主要指作为债务国的主权国家在履行偿债责任时的信用意愿与信用能力。一般来说，“主权信用评级”是对债务国的主权国家履行偿债责任的信用意愿与信用能力的评判，是评级机构按照某种规定的方法和程序对主权国家的政治状况、经济状况以及信用等级状况进行评定，并据此得出的相应评级结果，且用一定的符号来表示。主权信用评级一般从高到低分为 AAA，AA，A，BBB，BB，B，CCC，CC，C。AA 级至 CCC 级可用+号和-号，分别表示强弱。主权信用评级除了要对一个国家国内生产总值增长趋势、对外贸易、国际收支情况、外汇储备、外债总量及结构、财政收支、政策实施等影响国家偿还能力的因素进行分析外，还要对金融体制改革、国企改革、社会保障体制改革所造成的财政负担进行分析，最后进行评级。

对于本国之外的债权人所形成的债务，一般都由信用评级机构对其进行国家主权信用评级。目前，国际上设定了涉及主权信用业务的评级机构，有代表性的如惠誉评级、标准普尔和穆迪。国内四大评级机构中的大公国际于2010 年7 月份发表了第一篇中国版的主权评级报告，涉及全球50 多个国家，报告首次将中国的信用评级升至美国等西方发达国家之上，引起了巨大反响。

二、主权信用的基本特征

一般来说，经济学意义上的信用主要指借贷信用，是一种以偿还和支付利息为条件的借贷行为。如上所述，主权信用是拥有主权的国家在偿债意愿与能力上的信用状况，国际上通常用“主权信用等级”来形象化、量化地展现一国的实际信用状况，主权国家可以以此为参照服务于本国的政策制定、外币债券的发行以及金融市场的预测等。因此，一个国家的主权信用状况，可以说在很大程度上表征着本国的经济实力、发展潜力与国际形象状况。主权信用可以通过具体的主权信用等级指数来展示，主权信用等级也就是国家主权信用的量化、具体化的表现。一般说来，国家主权信用等级的考量因素主要有一国的对外贸易状况、国际收支情况、外汇储备总量、外债总量状况等等，对这些因素进行具体分析，然后根据分析结果进行评级。在这一意义上，国家主权信用就是国家借贷信用的代名词。其特征主要表现在以下几个方面：

1. 不稳定性

如上所说，评定一国的主权信用指数就是主权信用等级，而构成主权信用等级的评定因素极为复杂，如穆迪信用评级级别由最高的AAA级到最低的C级，一共有二十一个级别，评级级别又分为两个部分，包括投资等级和投机等级。从整体上看，无论是一国国内生产总值的变动还是国际收支情况的变动，无论是外汇储备的变动还是金融体制改革，都会带来国家主权信用等级的变动。在这种情况下，用以承载主权信用的主权信用等级在不同条件下会出现上升或下降的浮动状况，因而，主权信用的不稳定性也就极为明显。

2011年8月5日，出于对美国预算赤字问题的担忧，标普将美国主权信用评级由AAA调低至AA+。AA+评级意味着美国国债信用水平低于英国、德国、法国、加拿大等国国债的水平。标准普尔表示，下调美国主权信用评级主要基于三方面原因，一是美国债务状况堪忧，债务占国内生产总值（GDP）的比例逐年上升，二是美国国会日前通过的提高债务上限法案效力不够，三是标普对美国国会未来应对类似问题能力的信心受挫。此次美国信用评级被降，是对美国政府削减赤字无能表现的批评和对美元霸占国际货币主导地位的挑战。欧洲各大媒体也纷纷将美国主权信用评级调降称为“历史性事件”。降级将对美国经济造成破坏性影响。由降级推高的借贷成本，将使美国通过削减预算省下来的钱都失去意义。同时，消费者的抵押贷款、信用卡和商家的借贷利率都会相应走高。降级还会对州及地方经济构成严重打击。地方政府的债券可能会随之降级，使本已困难重重的地方财政雪上加霜，进而影响美国经济复苏和就业情况。美债被降级还将给全球经济带来巨大的不确定性。因为全球金融经济的基石之一就是美国国债，是一种无风险投资。降级意味着美国国债不再安全，将动摇整个体制。对欧洲债务危机恶化和美国经济前景的担忧，已让全球投资者甚为惊慌。

2. 偏好性

一般来说，主权信用等级的稳定能够为金融市场的稳定保驾护航，因而，尽可能地确保主权信用等级的稳定是各国政府以及金融当局的重要任务。在当前情况下，美国三大评级机构垄断了全球金融市场的主权信用评级业务，这导致国外评级机构垄断评级市场危及弱国和不发达国家的金融安全，各国政府对本国主权信用评级的决定几乎无能为力。在经济全球化不断深入的情况下，能否掌握国际信用评级权对一个国家的金融定价权甚至经济社会发展影响重大。当前，在国际三大信用等级机构被美国掌握的情况下，虽然中国已经是美国最大的债权国，但是却由于不能掌控国际评级的话语权而在很大程度上缺乏保护其作为债权国根本利益的能力。例如近些年来，虽然中国经济社会发展迅速，但是却不能拥有对人民币进行国际定价的权利，而这导致中国不能保护人民币国际化进程中中国的根本利益。

但对于美国来说，虽然次贷危机的表现形式不同，但是国际投资银行却利用美国国内经济周期性波动和一些投资者对国际信用等的盲目听从，极力向世界市场输出并转嫁危机，这从根本上就是国际投资银行和信用等级机构联合起来掠夺金融市场以获取利益的表现。虽然经历次贷危机、金融危机以及经济衰退的残酷现实，以及美国多家金融机构破产倒闭的厄运，但美国政府却极力实施扩张性财政政策和货币政策以挽救本国的金融危机，这引起了全球投资者对美国国债安全性的普遍担心。在这种情况下，美国的主权信用级别极有可能降低。然而事实却是，2011 年之前，国际三大评级机构依然维持了美国最高的信用级别。而作为美国最大债权国的中国，其主权信用等级 2003 年前一直维持在 BBB 级，2005 年之后才得以调升。这种状况导致了在 2008 年 10 月 22 日美国国会的听证会上，穆迪、标准普尔、惠誉三家评级机构承认他们犯下了道德错误，向市场提供了虚假评级信息[2]。而主权信用评级的偏好性使得其极易扭曲被评级国的金融主权，致使被评级国金融市场产生动荡，极易爆发金融危机。

3. 竞争性

一国主权信用表征着一国的经济发展实力、国家的发展潜力与国际形象，因而，不断提升自身国家主权信用等级指数，提高国家在国际主权信用等级制定规则中的话语权，就成为新时期国与国之间进行综合国力竞争的一个重要表现。根据国际惯例，一般来说，由于对外币转移与国家系统风险的担忧，国家上限评级往往代表着外币债务发行人所能得到的最高评级。也就是说，一个国家的主权信用等级往往被列为该国境内单位发行外币债券的评级上限，因而其不得超过国家主权等级。汉德等人（Hand，Hlothwusen and Leftwich，1992）研究表明，评级发布直接影响公司证券，其中中央政府的外债负担以及清偿债务的能力是其主要的考察内容，但这其中，一国自身的经济增长前景对于主权信用等级来说是极为重要的。在这种情况下，一国为了提高发行外币债券的数量，就不得不高度重视该国的主权信用等级，不得不与他国在金融体制改革、社会保障体系改革、国际收支状况、外汇储备状况以及国内生产总值等因素上展开激烈的竞争，以不断提高自身的经济实力，以提升或保持自身主权信用等级的高级别。当前，中国正致力于自身国家信用管理体系的建设与完善，其用意就在于不断提高中国在主权信用评级中的竞争力，以服务于自身国际形象的提升与国家经济社会的健康发展之目标。

4. 协调性

在今天，日趋激烈的国际竞争使得各国不得不重视国家主权信用问题。主权信用评级直接影响一国国债的融资成本，于是，迫于国际竞争的压力，一国往往会根据主权信用等级变动指数而积极调整本国的经济政策、金融改革方向以及外汇储备的发放状况。

我们看到，一国政府如果实施适当的经济改革措施就会对主权信用评级产生积极影响，因而，该国政府往往会非常严密地观察利率及汇率等反映金融市场稳定的指标的变动状况，他们一般会采取大幅下调利率的措施，或者采取保持汇率相对稳定的政策，以有效减轻融资压力。另外，一国的政局稳定与否往往也成为主权信用等级的重要考虑因素。如果一国政局不稳，该国政府就会考虑到主权评级及前景而积极协调内外政策，以不断提高自己的主权信用等级。因此，对于主权信用等级下降的国家来说，主权信用的协调性就表现得更为明显。如果经济繁荣，评级机构上调目标国主权评级，国际投行就会介入目标国，寻找潜在风险，同时，投行联合评级机构对潜在风险构建衍生品，参与买卖，结果导致经济衰退，投行构建卖空目标国头寸时使潜在风险暴露，评级机构就会下调目标国主权评级。这时，国际投行往往会参与复制投行头寸，参与目标国金融市场，而投资者销售目标国金融产品，目标国经济前景悲观，接着，评级机构快速下调目标国主权评级，进而引发金融市场动荡，爆发金融危机。

三、主权信用的伦理意蕴

在全球化逐步深入的今天，一个国家宏观调控变得越来越必不可少，宏观调控水平成为政府经济职能行使好坏的一个重要标准。现实中，各国政府负债经营变得越来越普遍，也就是以主权信用作为担保来举债实行宏观调控。主权债务以其特有的优势为政府带来大量财源，解决许多突发性的危机，一定程度上促进了经济的平稳发展，但是当主权债务超过一定“度”的时候，危机也就呈现出来，国家经济安全面临巨大挑战，欧债危机就是个典型的例子。希腊、葡萄牙、西班牙、爱尔兰、意大利等国为了解决生产率下降和高福利带来的矛盾，大量举债经营，当主权债务评级被下调的时候，整个国家的经济就陷入危险的境地。2008 年底开始，我国为应对金融危机的冲击，也出台了大规模的经济刺激政策，实行四万亿投资计划，同时相应放宽了有关信贷和地方融资的政策，地方政府债务的规模迅速增大，增长速度也是前所未见，其中蕴含着巨大的风险，对主权信用构成的挑战不可忽视。因此，一国在实行宏观调控的时候，尤其在发行主权债务的时候，必须要有经济安全意识，把维护主权信用放在十分突出的位置。

所谓主权信用的伦理意蕴，就是指主权信用特别是主权信用评级存在自身所蕴含的道德或道义力量，以及对主权信用在实际运作中所产生的效应或影响进行道德评价。它主要包括两个方面：对主权信用评级机构职能的道德评价、对主权信用评定模型与评级标准的道德认定。

1. 主权信用评级机构职能的道德评价

主权信用说到底是一种信用，是主权国家对于自身偿债意愿和偿债能力所交付的一份“道德答卷”。从总体上看，主权信用评级机构的职能就是评定某国家某公司发行的证券（例如股票债券等）在未来的安全性、收益性、流动性等方面的前景，得出这些证券的投资价值和风险级别，他们的评定对世界各国投资者有指导和影响作用。因此，在全球金融危机背景下，主权信用评级机构所起的积极作用也是明显的，信用衍生工具的引入减少了主权国家的道德风险，一旦发生违约，债务重新安排能更有效率地进行；信用评级有利于资本市场的公平、公正、诚信。（1）随着金融市场的发展，各类有价证券发行日益增多，广大投资者迫切需要了解发行主体的信息情况，以优化投资选择，实现投资安全性，取得可靠收益。而信用评级可以为投资者提供公正、客观的信息，从而起到保护投资者利益的作用。（2）可以作为资本市场管理部门审查决策的依据，保持资本市场的秩序稳定。因为信用等级是政府主管部门审批债券发行的前提条件，它可以使发行主体限制在偿债能力较强，信用程度较高的企业。（3）信用评级也有利于企业低成本地筹集资金。企业迫切要求自己的经营状况得到合理的分析和恰当的评价，以利于银行和社会公众投资者按照自己的经营管理水平和信用状况给予资金支持，并通过不断改善经营管理，提高自己的资信级别，降低筹贷成本，最大限度地享受相应的权益。同时其负面影响也是不可忽视的，如评级机构对于各国经济金融情况没有准确理解和把握、出于自身名誉的考虑而刻意推迟评级修正、主权信用评级技术的不完备使主权信用风险的预测能力有限等带来的消极影响，警惕主权信用评级周期性的变动使得金融市场波动性加剧，市场的脆弱性也进一步增加。近年来，国际性金融危机总是与国际评级机构及这些机构失败的信用评级相随[3]。实践证明，在金融开放的条件下，评级机构本身所承担的公共责任就是发现金融风险，维护金融稳定，但公共利益与评级机构作为一个私营机构的自身利益最大化之间又存在着本质的矛盾。

2. 主权信用评定模型与评级标准的道德认定

主权信用评级是信用评级机构对主权国家对外经济信用的一种评价，主要反映该国政府作为债务人，对内对外偿付自身债务的能力和意愿，并按照一定的分级标准将其形象化、可衡量化。在这里，对主权信用评定模型与评级标准的道德评价问题主要包括对主权信用评定模型建构、主权信用评级标准制定以及主权信用评级趋势的预测等的道德评价。

由于主权风险评估模型在应用时存在六个方面的技术问题：关键变量的度量，组群问题，政治风险因素，有价证券因素，激励因素，稳定性[4]。而技术的变动是影响国家风险评估的重要因素，这就带来了一个根本性的问题：究竟如何对主权风险评估模型进行道德上的善恶认定？这一模型在应用中究竟该如何进行制度规导？美国《纽约时报》专栏作家弗里德曼曾说过一句话，“我们生活在两个超级大国之间，一个就是美国，一个就是穆迪，美国可以用炸弹摧毁一个国家，穆迪可以用评级毁灭一个国家。”因此，从根本上说，主权信用评级是美国全球金融霸权的重要组成部分。因此，由大国操纵下制定的主权信用等级引发的一个重要伦理问题就是国际公正问题。穆迪、标准普尔和惠誉国际为全球三大评级机构且均为美国公司。在目前条件下，影响标准普尔主权信用评级的因素很多，但标准普尔的评级标准最为看重一国的真实经济实力乃至背后的综合国力，然而中国、印度及巴西等国的高速增长似乎并没有引起标普公司的足够关注[5]。在这种情况下，目前三大评级公司就成为西方某些势力持续推行美国价值观与强权，进而威胁主权国家经济安全的一个新工具[6]。这就自然引发了我们对于主权信用评级标准的伦理思考：作为一个威胁主权国家经济安全的“新工具”，由强国主导的评级标准是否可以直接导致公平？弱国在国际金融市场信用评级话语权的丧失问题该作何种道德评价？中国在国际中争取金融资产定价权的伦理意义如何得到重视？等等。

由美国次贷危机引发的国际金融危机致使西方许多国家陷入严重的政治、社会和社会危机当中，新自由主义的泛滥使这些国家的各种经济社会矛盾更加尖锐和突出，同时也再一次将“主权信用”与“主权信用等级”置于一个极为特殊的地位。毋庸置疑，在经济全球化越来越深入和国际竞争越来越激烈的“后危机时代”（post-financial-crisis era/post-crisis era），任何一个国家一旦发生主权信用危机，都有可能导致该国的企业破产甚至“国家破产”。在当前情况下，美国金融资本的强大使得其在国际金融市场中占据着绝对的话语权和垄断地位，因此，渗透了美国意识形态与国家利益的信用等级机构无疑会破坏评价自身的公正性，从而做出有损别国利益的“信用风险评价”。为此，中国政府近年来一直把维护主权信用等级的高水平作为金融市场改革甚至经济体制改革的重要价值参考。总之，作为维系债权国与债务国之间的一种信用保证，主权信用在维护国家金融主权、保持金融市场稳定以及提升经济安全方面发挥着重要的作用。也正因为此，各国政府也越来越把自己的主权信用等级置于十分重要的地位来看待，并在很大程度上将主权信用等级与宏观调控结合起来，切实维护自己的主权信用。因此，具体研究信用风险形成的特殊性，建立健全公平的信用评价方法，无疑是当前摆在我们面前的重大的理论与现实课题。

【注释】

[1]［法］卢梭．社会契约论［M］．北京：商务印书馆，2005：22-33.

[2] 郑新立．争取国际信用评级话语权［J］．瞭望，2010，(5)．

[3] 唐明琴．信用评级引发的误导风险成因与控制研究［J］．征信，2009，(1)．

[4] 林孝成等．金融机构的国家风险评估模型评介［J］．当代经济科学，2000，(1)．

[5] 屠强．试析影响标准普尔主权信用评级的因素［J］．企业导报，2010，(9)．

[6] 周宝义，李政丹．主权信用评级与发展中国家国际融资［J］．中国金融，2002，(6)．

（程广丽　余达淮，原作发表于《江苏社会科学》2013 年第 3 期）

金融危机之后对全球和谐与人类发展的深度反思

全球和谐面向国际社会，旨在调解作为国际关系中最主要行为体的主权国家之间的关系。世界国家众多，各国之间差异很大，矛盾和问题纷繁复杂。全球和谐是“和谐”理念在最高层次上的呈现，是一个宏大而艰巨的事业，全球和谐是经济伦理学研究的终极旨归。

一、全球和谐：经济伦理引向的终极旨归

全球经济和谐发展，协同进行，涉及方方面面，主要是经济发展带来世界和平，实现人民富裕、生活快乐，成就全球和谐。全球和谐是指全球经济伦理的达成状况，即人们在全球经济活动中通过调整各种伦理关系达成一种理想的状态。

全球和谐要求人们在全球化的经济活动中应遵循共同的道德行为准则，基本内涵和宗旨是实现世界经济的“协同发展”与各国的“共同繁荣”。第一，价值理性趋同性。今日世界并非一个互信共同体，是因为缺乏能够以一种合作与和平之文化来替代一种竞争与不信任文化的“普世”价值。具有这些“普世”价值必须全球合作，携手共建。当代社会正在走向经济乃至社会、文化的全球化，在这一过程中，具有不同利益诉求、文化传统和宗教信仰的各国捐弃前嫌，创造有助于人间和解、世界和平、人际和睦、团体和合、身心和乐、自然亲和的某些“普世”价值理念不仅必要，而且可能。当然价值的普世适用性不等于毫无差异性，而是积极合作，和而不同，和谐共生、和平共处。第二，经济互利共赢性。经济利益是经济活动的真正驱动力。全球和谐意指要维护全人类的根本利益，从而使人类能够和谐共处，持续发展。因此，利益合作、互利共赢是全球和谐的核心和关键。建设全球和谐的“普世”价值，就是要做到各国友好合作，照顾彼此的利益，反对欺诈盘剥，实现互利共赢、共同繁荣。后危机时代，以国家为单位的经济往来，如国际

贸易、投资等可能会出现相互不信任甚至相互欺骗的行为，国家之间的经济摩擦会因为集团利益而变得更加频繁，甚至出现由国家实行的贸易保护或经济壁垒。[1]因此，全球化经济活动中的参与方是否能够互相理解、包容、配合和支持，使全球化的经济活动有效开展，符合全球经济伦理的行为是否会得到激励而不断强化，违背全球经济伦理的行为是否会被谴责而不断弱化，就尤为重要。近年来，世界各国都在积极采取国内“自救”和国际“互助”措施应对经济危机，虽各有侧重，但都以坚持“全球合作原则”为前提，以实现效用最大化，体现了一种经济协同互利的趋势。第三，诚信互信共治性。全球经济发展中，贸易保护主义是短视利益、利己终害己，是不理性博弈。因而，应保持国际经济交往的开放性、竞争性，增加各国间的相互信任。信任与否决定了合作的广度、深度和长度，合作者之间的信任能够化解很多经济活动中的矛盾和冲突；反过来，一旦失去彼此的信任，再坚固的合作与经济往来都会面临全面崩塌。当代西方构建了成熟的信任体系，用信任指数来规范经济活动中的行为，为投资者提供参考和借鉴，应该说，诚信原则是东西方文化中都有的伦理范畴。引发世界范围内经济危机的雷曼兄弟破产，最初就是源于信用的破产。因而，经济全球化的程度越深，越需要不同文化之间的互相尊重和互相信任，异质文化的接触和交流，应当确立一个互信共治的原则。只有在多元文化共同繁荣、和谐相处的环境中，世界才能获得可持续发展的动力。[2]

二、全球和谐隐含着“本体性”的经济伦理价值

胡锦涛提出“和谐世界”的理念，现在这一全新理念逐渐进入国际社会的视野。时至今日，“建设和谐世界”这一富含中国智慧的国际政治经济新理念频频出现在重大国际场合，它所描绘的国际经济关系的理想状态，正得到越来越多国家的广泛理解和认同。全球和谐隐含了国家利益与全球利益、短期利益与长期利益、当前利益与长远利益的“和谐之善”经济伦理关系。全球经济和谐应该使各国特别是广大发展中国家普遍受益，而不应造成贫者愈贫、富者愈富的两极分化，使21世纪真正成为“人人享有发展的世纪”。

首先，全球和谐是共同繁荣、持久和平。今天的全球资本主义，至少存在着四种危机的共生性爆发，包括经济的、社会的、生态的和政治的危机。它们的结合使危机具有强爆炸性的特点，也导致不同社会意识形态冲突的加剧，使整个地球的社会生存环境处于危险之中。经济全球

化呼唤全球性合作，在世界各国相互依存和利益融合日益加深的今天，没有世界经济的稳定，就不会有一个国家或地区的和平安宁；没有世界经济的稳定健康发展，就不会有一个国家或地区的长期繁荣；没有有效的国际合作，就不可能成功应对层出不穷的全球性挑战。

其次，全球和谐是弘扬协作、互利共赢。全球和谐不是一个没有差异和矛盾的世界。它提倡“和而不同”，是在承认多元性、多样性、差异性的前提下，主张通过各国间的对话、协商与合作，寻找和扩大各方的共同点，妥善处理矛盾，发展和增长现实世界中的和谐因素，在友好合作中实现共赢。它所体现的是一种以合作共赢、和谐共进为主要内涵的新型国际经济秩序观。因此，需要一种新的国际关系伦理来调节，必须使国际社会中各个民族、各个国家能够在一个共存共荣、求同存异的绿色生态型模式下和平、公正与公平地生存和发展，应当确立和贯彻一种新的符合生态理性的绿色生态观，这就是和谐世界观。

第三，全球和谐是优势互补、均衡普惠。人类发展是一个有机整体，在南北差距的鸿沟上无法建立起共同繁荣的大厦。没有各国共同的发展，也不会有世界的持久和平与稳定。在经济全球化条件下，各国应该加强协商、扩大合作，努力建立一个公正、公开、合理、非歧视的多边贸易体制，而不是动辄采取单方面制裁措施，实行贸易保护主义。应该使各国普遍受益，而不应造成贫者愈贫、富者愈富的两极分化。发达国家应该为实现全球经济协调、均衡发展承担更多的责任，帮助发展中国家增强自主发展和可持续发展能力。

第四，全球和谐是相互协助、共同呵护。国际社会应该坚持有区别的责任原则，在充分考虑不同国家经济发展水平、历史责任的基础上，加强国际合作；应该加大对发展中国家的支持，发达国家应该履行对发展中国家的经济承诺，切实帮助发展中国家提高经济发展的能力。时代发展要求各国人民树立新的利益观和经济合作模式，应协调一致，共同呵护，最终实现人类社会的永续发展。

三、全球和谐：掩隐着经济与伦理的同构层序

全球和谐就是构建世界经济和谐体，只有建立在伦理道德基础上的世界经济，才能真正维护人类的长远利益。全球和谐伦理在约束和规范全球经济行为时，是通过非强制性的力量，即通过人们的内省、自律或社会舆论等影响人们的观念、态度和内心信念而实现的，是凭借道德的劝导力和说服力来发挥作用。人类经济的理想本质就是让所有愿意诚实

劳动与正直生活的人们都能够诚实地劳动与正直地生活下去；让所有愿意活下去的人都活下去。当今世界在将全球人们更加紧密地联系在一起的同时，也使得人们的命运进一步地息息相关了。人们受经济利益至上的思想观念所主导，将几乎全部的精力倾注于直接的经济利益攫取上，而忘却了伦理价值对提高人类生存智慧的重要性，以致为了获得经济利益，而变得偏执和疯狂，无视经济规则、法律制约及道德标准，使经济变成了一柄利弊参半的双刃剑。人类只有将经济活动与伦理道德充分结合，才能实现将经济手段转化为真正造福人类社会的“功德”目的，使人类的经济活动和谐发展。否则，即使全球经济得到进一步发展，也难免会因发展失衡而导致崩溃，现在的全球金融危机就是最好的例证。所以，欲使全球经济扬长避短，需要充分重视经济的伦理价值，将“外治”和“内治”充分结合起来作为经济行为理念，就定能使人类社会发展进入更加和谐美好的境界，也才能进一步推进生态和谐、社会和谐、全球和谐，提高人类的幸福指数。概之，全球和谐的经济发展趋势必然是经济与伦理的同构。[3]

四、人类发展：关乎发展之善的深层伦理运演

人类发展更着重可持续的经济、社会、文化和人的发展，是基于政治稳定、经济发展与环境保护相结合，最终目标是改善人的生活质量。后危机背景下，全球化是一个会激起超乎寻常的强烈情绪的话题，它创造财富的力量，会让我们对它合掌激赞，它引起的人类发展从来没有像今天这样，深刻地牵连着人类伦理关系的运演，也从来没有像今天这样，关乎着人们的情感价值和生活方式，更关乎人类的生命价值质量。或许是因为全球化带来了超越国家疆界的经济体系，所以也直接关乎当下人类的层层利益格局，深刻地预示着人类发展的前景。由之，人类发展中隐含的经济与伦理的悖论也从来没有像今天这样如此凸显。

人类发展是指人们能充分激发内在潜能、提高自身的能力，拥有高质量的生活水平，扩大可以做的事情和可以实现的理想范围。一切都应以人为中心，主要体现于人类的各种能力的增强，因此，人类发展更应着重于人类自身的发展，包括获得更多知识、享受健康身体、拥有充分收入来购买各种商品和服务、延长寿命、参与社会公共事务等。人类发展不仅包括经济增长，还内含了深层的伦理问题，就发展与经济的伦理定位而言，经济增长仅只是手段，而人类发展才是人们真正关注的目的。

首先，人类发展并不必然基于经济的增长。人类发展按照传统发展观，发展等同于经济发展，经济发展似乎仅指经济增长。事实上，经济增长水平并不必然增进人类发展，经济增长与人类发展水平之间并不一定存在同等的、必然的发展步调，“增长”不等同于“发展”。以伦理视角观照：当代人类发展应避免五种“有增长而无发展”的情况，即：无未来的增长，指经济增长对生态、资源和环境造成的破坏，影响了经济增长的可持续性；无工作的增长，指经济增长未能制造足够多的工作岗位，甚至恶化了就业形势；无情的增长，指经济增长导致了收入分配格局的恶化，财富的扩大带来了新的贫困阶级；无声的增长，指经济增长未能带来民众参与和管理公共事务、自由表达自己的意见和观点的可能性；无根的增长，指经济增长对文化多样性造成破坏。人类发展指数是评价人类发展状况的标尺，其主要从社会、经济和文化三个方面来综合反映社会的进步。人类发展指数（HDI）是指人在社会发展过程中提升自身的能力，它更加强调每个人的全面发展和全社会成员的共同发展，并以人的发展指数来评价社会的协调发展。从世界各国的人类发展状况来看，HDI 指数显示的一些国家人类发展水平与 GDP 之间存在巨大差距，一些国家人均 GDP 很高，但人类发展水平却并不高，相反，另外一些国家的人类发展水平高于其人均 GDP。可见，人类发展水平与其经济增长之间并不一定同步发展，经济增长水平并不必然促进其人类发展。

其次，人类发展应面向可持续发展的远景。只有发展才能使人们摆脱贫困，但科学的发展应该强调发展的可持续性。人类历史是一个连续的过程，国别的、区域的人类发展应促进人类整体的发展，当代人必须留给后代人生存和发展所需要的“资本”。承认各国的发展权十分重要，但是因为人类发展涉及历史条件、文化渊源、环境资源状况和分配机制，所以在尊重各国独立自主发展、差异化发展的同时，避免局部的、群体的发展与人类整体发展的冲突。要强调发展与环境的辩证关系，为持续发展留足环境资本，经济发展要为环境保护提供必要的资金和技术，可以讲环境保护的好坏也是衡量发展质量的指标之一。发展之善在于充分尊重后代人所拥有的与当代人相同的生存权和发展权，首先应在代际公平的基础上解决代内公平的问题。毫无疑问，发达国家在早期发展过程中消耗了大量的资源和能源，对全球环境造成的影响最大。因此，发达国家应该承担更多的环境修复责任。

第三，人类发展更应是人自身发展。人既是发展的主体，也是发展的最终动力。马克思恩格斯认为，人类发展的高级阶段意味着每个人得到了自由发展，但这一主题在现实境遇中遭遇到极大的挑战。人们正日益关注人自身的命运问题。发展不仅是经济、社会的发展，也是健康人格和人的素质发展，发展的最终目的是人，应该是“以人为中心”的发展。对此，阿马蒂亚·森提出的“以自由看待发展”理论尤其宝贵，认为扩展自由既是发展的首要目的，也是发展的主要手段；发展的本质在于扩展人的生活践行能力（capability），即人们做自己想要做的事情、增长自己想要达到状态的能力、过自己认为有价值的生活能力。

第四，人类发展终极于人的全面发展。随着全球人类财富的增加以及社会的全面进步，中国提出“促进人的全面发展”，并将它作为经济发展体系的核心，作为充分满足已经继续呈现上升、趋旺态势是人民物质需求、文化需求和政治需求的伦理价值旨归，这本质上是与人类发展的核心理念内在相通的。随着全球化潮流的涌动，对于中国现代社会来说，不发达经济阶段的人类发展问题（如几千万贫困人口等）没有解决，人类发展发达阶段以及全球人类共同面临的问题（如老龄化、人权保障、人类生存环境等）又迅猛涌来。人类发展所涉及的诸如“生活美好与物品丰富之间是什么关系？社会对自然力与技术的态度由什么标准来加以决定？”[4]这些都对人类的全面发展提出了新的更多的道德框架。

五、人类发展本质上隐喻的伦理特征

由于人类自身发展的全方位性，其伦理视域就不可能是单一的善恶标尺。单一的善恶尺度无法客观、科学地诠释涵盖了人与自然各个领域和各个层面的人类发展价值之维。于是，从伦理的视角对人类发展进行价值梳理、价值辨析、价值评判和价值确证成为人类发展特有的职责。一方面，通过对人类发展中出现的反伦理的现象进行清理与批判，对人类发展中的真假伦理价值进行辨析，明确人类发展的伦理价值取向；另一方面，通过对人类发展进行道德意义上的“解蔽”和“超越”，以此来保持人类发展的向善意识、求真意识和创美意识，确证真实人类发展的终极价值目标。发展伦理学家古莱认为，传统伦理研究缺乏对现实发展问题的关注，使发展问题与伦理问题相互隔离。的确，人类发展的目的就是“使得发展行动保持人道，以保证在发展旗号下发展的痛苦变革不产生反发展”[5]。归根结底，人类发展的本质是平衡伦理道德与经济活动的耦合点、动力点和目标与理想的一致点。

1. 自由性。人类发展的本质就是要将人置于发展的中心，扩大人的选择及其选择能力以实现人的自由，让人们过上他们自由选择的生活。

狭隘的发展观把发展看作国民生产总值的增长、个人收入的提高，或者工业化、技术进步或者社会现代化等等，而人类发展应该是“人们享有的一个可以扩展真实自由过程”。其基本思想是使普通人生活富裕并享有更多自由，印度经济学家哈克也认为自由的扩展是判断发展的标准，发展可以看作是扩展人们享有的真实自由的一个过程。

2. 可持续性。人的可持续发展是伦理学的终极关怀。可持续发展涉及到代内公正与代际公正的基本伦理原则，强调通过公正原则提升可持续发展的质量，保证后代人的幸福，以促进社会与自然的和谐发展。人类可持续发展视域下，要注重代内发展和代际发展，并强调代内发展是代际发展的基础，代内发展问题的解决是代际发展问题得以解决的前提；而代际发展是代内发展得以延续的充分体现。

3. 科学性。人类发展既是一种新的发展理论，又是一种新的伦理形态。“对在引致发展危机和发展困境的传统发展观进行批判和反思的基础上，对新的发展观提供价值理念和相应的伦理支撑，进而对人类发展尤其是经济活动起导引、规范作用。或者说是，对过去的发展进行反思和批判，对当下的发展进行规约和规范，对未来的发展进行规划和引领，是发展伦理的主要使命。”[6]在终极价值目标上，科学发展是人类发展的最终归宿。无疑，人类发展需要伦理道德的导引、定位与规约，从而使之趋于合理科学，最终实现普世的公正、整体的和谐以及全球人类的真正幸福。

4. 公正性。公正是人类发展的重要伦理原则，也是幸福美好生活的有力保障。科学而真实的人类发展应当是不同人类主体的权与责之机会均等的发展，是对等的、均衡人类主体的发展，是人类经济公正、政治公正、文化公正和环境公正的圆满发展，是人类发展责任分当、社会利益成果共享的发展。幸福美好生活的现实展示有赖于“善”对“恶”的超越。人类对幸福美好生活的追求，并不是仅限于追求物质的丰裕，更是终极人性善的真实需求的满足和经济社会发展的终极伦理价值追求。

5. 超越性。人的健全与完善是一个不断超越的过程，人类发展本身具有超越性。作为社会存在的、现实的、具体的人是不完善的，是未完成的，是不断发展和日益完善的。卡尔·雅斯贝尔斯说：“人是一个没有完成而且不可能完成的东西，它永远向将来敞开大门。”人类发展意味着人类能够超越时间、空间和地域的局限性，将自身的视域延伸到社会、自然界甚至浩瀚的宇宙。正是由于人的超越性，人类才能够超越当下而展望未来，向着人与自然、个人与人类的和谐发展。人类可以通过这样一种超越性的视野来整合各方面的因素，突破自身的“狭隘性”，进而为全人类共同的全面发展而努力。

六、后危机时代人类发展衍生的伦理问题

经济后危机背景下，生态危机、“发展异化”① 等滋生出人类发展的伦理问题，当代人类发展之所以会出现“生存危机”，根本原因就在于它所关注的只是“如何发展”，而对于“什么样的发展才是好的发展”和“为了什么而发展”的哲学伦理问题却漠不关心。可以讲，文明和科技的迅速发展带来的人类发展问题和发展障碍以及实践层面一系列反发展的态势，彰显了发展结果与人类发展初衷的严重相悖，经济发展的一系列异化现象使人类自身变得越来越工具化，越来越不完整，甚至使人类自身发展也陷入了越来越深的困境。显然，经济发展并没有带给人类更多的幸福，经济发展成为一个亟待反思和厘清的重大理论和现实问题。它不仅是经济问题，更是一个必须加以伦理检视的问题，更要从伦理道德的视角去研究和评判所有发展的目的、手段和过程，揭示出人类发展内含的伦理价值意义。人类发展异化引发的伦理问题，必然逻辑地提出要对人类发展的天然合理性问题进行道德价值梳理和考量。作为人类发展自我控制、自我校正、自我约束、自我免疫不可或缺的社会元素，人类发展的伦理向度成为保证社会健康、和谐、公正、真实和全面发展的道德基础。

1. 人类发展自身回射的伦理道德价值。发展的目的是使人过上美好的生活。即使从伦理学的一般意义上来看，增进人的利益即为善，而使人过上美好的生活比使人过丑陋的生活无疑更符合人的利益，因此，使人过美好的生活无疑是善的，是道德的。人类发展的终极价值目标，应该是幸福美好的生活[7]，就目前来看，人与自然的关系、公平公正、如何实现幸福生活[8]以及消除贫困、正义（包括种际正义、人际正义）[9]是人类发展要解决的基本伦理问题。

如果把美好的生活界定为物质充裕的生活，那么人类发展的任务是否就是为人提供充足的物质产品？

应该说物质是社会存在发展的基础。然而，人类的发展却不能以物

---

① 关于发展的异化，林春逸教授所指的是反发展、伪发展。主要是一方面表现在阶级对立、贫富悬殊，另一方面表现为人的自我异化。王玲玲教授所指的发展异化是指在人类发展实践中出现的阻碍社会发展的外在异己力量，突出表现为生态家园、社会家园、精神家园的恶化。

质产品作为发展的目的。美好生活“指人们对于自身受到尊重、他人不能违背自身意愿而用以达到其目的的感受”[10]。但是，物质并不是尊重的全部，勇气、胆识、创新、谋略、美德、信仰等等都可以成为一个人赢得他人尊重的因素。因此，当一个社会脱离了对生存所必需的物质的依赖后，仍然长期把物质作为发展的目标，而不关注对尊重内涵的培育，这样发展虽然会带来物质产品的充裕但不会满足人对尊重的需求，也就不会给人以美好生活的享受。

人类发展异化引发的伦理问题必然逻辑地提出要对人类发展的天然合理性问题进行伦理道德价值梳理考量和梳理的要求。伦理文化考量作为人类发展自我约束、自我校正、自我控制、自我免疫不可或缺的社会元素，人类发展的伦理纬度检测成为保证社会健康、和谐、公正、真实和全面发展的道德基础。人类的发展目标不是单一的经济指标，它涵盖了政治、经济、文化、社会等物质和精神的多重需求。长期以来在全球人类发展的实践历史中，缺乏伦理检讨和道德关照的经济发展带来的最大悖论就是世界性贫富差距的日趋拉大。贫困考量着人类发展的真实性，无论如何解读贫困，也无论是何种层面的贫困，贫困都将扭曲着人类发展的理想性，折射着人类发展的匮乏。因此，最终势必阻碍人类发展的可持续性。这就要求我们在人类发展的过程中，应该通过人类发展经济夯实解决经济性贫困的基础；通过伦理的关照作为人类发展消除社会贫困的路径，人类发展必须从道德责任意识与道德实践行动中寻求最终真正消除贫困的伦理支持。显然，人类发展更要从伦理的视角去研究和评判所有人类发展的目的、手段和过程，揭示出“人类发展”内含的伦理意义和道德价值。现代经济不拘泥于纯经济的视角，其视域中的平等、公正是全方位的，内在地蕴含了人类发展的核心价值和最佳状态等伦理价值导向因素。作为反思人类发展合理性的经济伦理，更加直接地从伦理层面反映了人类发展的趋势和要求，反映了人们对人类发展终极价值目标的向往和追求，更能激励人们进行理性的道德选择。

2. 人类发展牵涉生态环境衍生的伦理危机。人类发展应该要超越仅仅关注个人之间的社会关系的传统伦理关注的范围，而把人类如何对待自然作为发展的考察目标。对可持续发展的研究则具有更为广阔的伦理意义。这一努力的独特学术视角和学术贡献，如果用一个学术话语进行概括，就是：“以伦理看待发展。”人与自然的关系问题是一个古老而又常新的问题。“合理地利用自然资源，防止环境污染和生态破坏，为人类社会发展创造一个质量良好的环境，朝着人与自然的互惠共生、协同进化的方向发展。”[11] 生态环境问题表面上是人与自然的关系问题，本质上却是人们面对自然获取利益的伦理态度问题，在此问题上的生产主义和消费主义伦理观均具有反生态的性质。

长期以来，增长和效率成了发展的唯一尺度，至于人文文化、科技教育、环境保护、社会公正、全球协调等重大的社会问题则受到冷落或被淡忘。目前人类丰富的物质生活和经济水平在很大程度上是建立在环境恶化基础上的，所以既要保护环境又要发展经济成为当今世界普遍关注的问题。正如鱼和熊掌，如何使两者兼而得之，成为当代人类所苦苦追求的目标。可持续发展的伦理精神，倡导崇尚节约为荣，浪费为耻；人与自然关系恶化导致的生态危机威胁着人类的生存，如果不予以正视则有可能使人类几千年的文明毁于一旦，使人类社会的发展陷入绝境，人类的幸福、和谐将成为空谈，人类将失去未来。可持续内涵理念伦理、社会公共规范伦理和个人美德伦理三个层面的伦理精神，其将观照和引领人类积极探索与构建节约—循环型经济运行模式。规范着消费者要理性消费、绿色消费，无论收入高低都要节约资源。因此，任何浪费都是对整个地球和大气层的压力，都会增加人类可持续发展的困难。所以要倡导科学的经济消费观，树立崇尚适度物质生活和丰富精神追求的价值观，人生观；让可持续人类发展的伦理精神不仅成为社会公共伦理规范的凝聚，也成为当代全球人类个体美德的精华。只有在全社会树立起生态人类发展伦理的观念，重新认识人与大自然的关系，使自然成为和谐社会的生命支持系统，使可持续发展成为实现人类幸福美好生活这一目标的有效途径，才是21世纪人类发展的真正主题。

总之，全球和谐与人类发展是当代社会最基本的两大伦理主题，是后危机时代经济伦理学研究问题转向的最核心范畴，其研究的价值深意不失为一种全球性的“普世”价值。

【注释】

[1] 尧新瑜．经济伦理全球化与多元化的两难选择［J］．河北学刊，2003，(01)．

[2] 宋柏年．世界文明尊重原则与澳门的多重文化认同［J］．北京大学学报（哲学社会科学版），2006，(04)．

[3] 吴奇志，聂文星．经济全球化呼唤“全球经济伦理”［J］．经济论坛，2009，(19)．

[4]［5］［10］［美］德尼·古莱．发展伦理学［M］．北京：社会

科学文献出版社，2003：24，31，51.

［6］［8］林春逸．发展伦理初探［M］．北京：社会科学文献出版社，2007：43.

［7］［9］王玲玲，冯皓．发展伦理探究［M］．北京：人民出版社，2010：1.

［11］余谋昌，王耀先．环境伦理学［M］．北京：高等教育出版社，2004：248.

（李红亮　余达淮，原作发表于《兰州学刊》2014 年第 3 期）

人类发展提出经济增长的伦理问题

党的十八大报告提出，以高度的道路自信、理论自信和制度自信，不断丰富中国特色社会主义的实践，唱响伟大民族的复兴进行曲。民族复兴的任务蕴含在经济发展、社会发展和文化发展当中，根本上就是推进以中华民族为代表的人类的发展。

全球化背景下，经济从来没有像今天这样，关乎伦理关系的深层变革；也从来没有像今天这样，不仅直接关乎当下人类的利益格局，关乎人的生命质量，关乎人们的生活方式与情感价值，而且关乎人——社会——自然的发展前景。

一、人类发展的悖论

人类发展着重于人类自身的发展，经济增长只是手段，而人类发展才是目的，一切都应以人为中心。人类发展主要体现于人的各种能力的增强。人类发展不仅包括经济增长，还提出了经济增长的伦理问题。

现实的悖论之一：经济发展并不直接增进人类发展。人类发展指数（HDI）是指人在社会发展过程中自身能力的提升，它更加强调全社会成员的共同发展和每个人的全面发展，并以人的发展来反映社会的协调发展。人类发展指数从社会、经济和文化三个方面来综合反映社会的进步，超越了单纯以 GDP 即经济增长水平来衡量一个国家或地区的进步。经济增长水平并不能完全代表进步，还要看其基本的社会组成人员是否分享到了经济增长的收益，只有这样的增长才是可持续的增长，人类社会才能不断地进步和发展。从人类社会实践过程来看，经济增长水平并不必然促进人类发展，很多国家的经济增长与其人类发展水平之间并不一定存在必然的、同等的发展程度。

现实的悖论之二：群体发展并不必然增进全体发展。国别的、区域的人类发展本应促进人类整体的发展，但是因为发展涉及历史条件、文化渊源、环境资源状况和分配机制等，而这些因素往往造成局部的、群体的发展与人类整体利益的冲突。在尊重各国独立自主发展、差异化发展的同时，科学的发展应该强调发展的可持续性。人类发展的可持续观包括：（1）肯定发展的必要性；（2）强调发展与环境的辩证关系；（3）代际公平，人类历史是一个连续的过程，后代人拥有与当代人相同的生存权和发展权；（4）代内公平，发达国家在发展过程中已经消耗了地球上大量的资源和能源，对全球环境造成的影响最大，因此，发达国家应该承担更多的环境修复责任。

现实的悖论之三：人类发展并不必然增进每个人的发展。按照马克思的设想，在人类发展的高级阶段，每个人的自由发展是一切人自由发展的条件。但这一条件受到现实境遇的极大挑战。一些具有人文主义思想的学者日益关注人自身的命运问题，其中，阿马蒂亚·森提出的“以自由看待发展”理论尤其宝贵。其核心思想是，扩展自由既是发展的首要目的，也是发展的主要手段。所谓扩展自由是指发展可以看作是扩展人们享有的真实自由的一个过程。按照这一理论，发展的本质在于扩展人的可行能力（capability），即人们过自己认为有价值的生活、做自己想要做的事情，以及实现自己想要达到状态的能力。这里的“过”“做”“实现”是人自身自由发展的三大重要支点。

二、人类发展本质上蕴含着伦理向度

人类发展异化引发的伦理问题，逻辑地提出要对人类发展的天然合理性问题进行道德价值梳理和考量。作为人类发展自我控制、自我校正、自我约束、自我免疫不可或缺的社会元素，人类发展的伦理向度成为保证社会健康、和谐、公正、真实和全面发展的道德基础。

在人类发展的进程中，长期以来缺乏伦理检讨和道德观照的经济发展带来的最大悖论就是贫富差距的拉大。无论如何解读贫困，也无论是何种层面的贫困，贫困的本质正是人类发展的匮乏。因此，贫困考量着人类发展的真实性，扭曲了人类发展的理想性，最终势必阻碍人类发展的可持续性。这就要求我们在人类发展的过程中，应该通过人类发展经济夯实解决经济性贫困的基础；通过人类发展伦理的观照作为消除社会贫困的路径，从道德责任意识与道德行动中寻求最终真正消除贫困的伦理支持。显然，人类发展是要从伦理的视角去研究和评判所有人类发展的目的、手段和过程，揭示出“人类发展”内含的伦理意义和道德价值。

人类发展的伦理向度，在国家发展层面就是健康的经济发展观、可持续的经济与社会发展观、进步的文化发展观和自由的个人发展观，在国际关系层面就是遵循和平发展与和谐发展。在社会的发展过程中，任何人都享有发展的权利。一方面，社会内的公正绝不应该以效率的名义通过牺牲一部分人的发展权利来实现另一部分人的发展，而应通过制度公正、经济公正、政治公正来保障每个人的发展权利得以公平实现。另一方面，任何国家以任何借口，无论是意识形态的或者是其他借口，通过牺牲他国的利益来满足本国的发展都是不公正的，靠牺牲他国发展权利来满足本国的发展本身就是一种不人道的反发展。

三、构建真正的“危机解决共同体”

经济全球化必然涉及人与自然、生态与经济关系等新论题。科学技术的突飞猛进和工业的迅速发展，为人们开发自然提供了更多便捷的工具，但同时也在这一过程中损害了自然环境，全球环境污染和生态破坏给人类未来蒙上了荫翳。在这个问题上，任何国家都不可能置身事外，只有与其他国家联合起来，才能形成真正的危机解决共同体。但是，在哥本哈根会议上，国家利益与全球利益的博弈，阻碍了全球气候合作共同体的构建，制约了人类在治理环境问题上的努力和进展。

人类发展无法单独面对经济发展过程中的道德困境，无论偏颇于人类中心论还是生态中心论，都无法真正公正地对待和处理人与自然的关系。生态环境问题表面上是人与自然的关系问题，本质上却是人们相互间利益关系的问题。它直接表现为种际正义和人际正义的矛盾冲突，人际正义不仅是种际正义得以秉持和践行的前提，更是人类发展的基本条件之一。生态文明以人与自然的和谐发展为基础，是人类社会更先进、更高级的文明形态，其经济伦理观是生态主义的经济伦理观。它在生产领域体现为具有循环、可持续特点的生态生产伦理观，在消费领域是以适度为原则、以节约和俭朴为规范、以实现人的全面发展为目的的绿色消费伦理观。从生产伦理观和消费伦理观来看，工业文明时代的生产主义和消费主义伦理观具有反生态的性质。传统的发展观是以人类单向地从自然界所获取的经济利润来核算，没有考虑经济增长所付出的资源环境成本。这样的经济核算体系容易带给人们“资源无价、环境无价、消费无虑”的错误思想。而在实践行为上，则采取一种“高投入、高消耗、高污染”的粗放式、外延式发展方式。

人与自然关系恶化导致的生态危机威胁着人类的生存，如果不予以正视则有可能使人类几千年的文明毁于一旦，使人类社会的发展陷入绝境，人类的幸福、和谐将成为空谈，人类将失去未来。环境危机仅仅依靠法律的手段远不能解决问题，只有在全社会树立起生态文明观，重新认识人与大自然的关系，才有可能实现人与自然关系的和谐，使自然成为和谐社会的生命支持系统，实现和谐社会和人类持续健康的发展。

（余达淮　程广丽，原作发表于2013年2月7日《社会科学报》第三版）

后危机时代与中国经济伦理研究的新问题

众所周知，发轫于西方发达国家的经济伦理研究经历了一个世纪漫长的发展历程。从20世纪80年代开始至今，中国经济伦理研究进入了一个快速发展的阶段，经济伦理的研究范式、研究方法、经济伦理的基础理论研究以及宏观、中观、微观层面的研究都涌现出了许多学术成果。中国经济伦理研究的视野不断得以拓展，研究的方法也开始多元。然而，我们也必须看到，在经济全球化不断加深的态势下，由金融危机的爆发所引发的经济领域，特别是金融市场的动荡给中国经济社会所带来的一系列重大现实问题却没有得到足够的关注，现有的一些触及金融危机本身的研究也仍然由于对中国现实问题的回避和忽视而无法深入，依然停留在较浅层次的水平上。归其原因，我们发现，新实践话语体系尚未充分建立起来，新背景下的经济伦理研究方法尚未得到有效探讨，更不用说能够得到有效的运用。因而，在后危机时代，思考中国经济伦理研究的理论主题，寻求中国经济伦理研究方法论上的自觉达成之合理路径，就成为摆在中国经济伦理问题研究者们面前的一个最为紧要的现实问题。因为从根本上说，这既是实现中国经济伦理研究创新与发展的逻辑必然，也是当前条件下不断推进马克思主义中国化进程的现实要求，更是我们直面当今这个充满变革的风险社会及其文化逻辑的重大时代性课题。

一、后危机时代：风险社会及其反思

金融危机的爆发使得源于现代化过程、始于人为决策、高度不确定性的“风险社会（risk society）”理论再度成为学界热议的话题。“风险社会”是德国杰出的社会与政治理论家贝克在其《风险社会：迈向一种新的现代性》中首次使用的概念，用来描述当今西方高度发达的现代社会，从社会学层面反思、批判现代性出现以来风险因素日益突出的一种社会现象。风险表征了现代社会所具有的某种潜在状态或社会张力，以及这种张力所具有的危机水平。风险是基于对“现代性社会”或当代“社会现实状况”的“不确定性”的一种界定，并企图在科学技术进步与社会制度演变的张力之间寻求新的“平衡点”或未来的“确定性”，贝克称之为“虚拟的现实性”，不确定性是风险社会的基本特征或内在品性。贝克指出：“现代性正从古典工业社会的轮廓中脱颖而出，正在形成一种崭新的形式——（工业的）风险社会。”[1] 吉登斯（An-thony Giddens，1938—）认为，人类社会“由于现代性的到来而引入了一种新的风险景象”[2]，“现代性以前所未有的方式，把我们抛离了所有类型的社会秩序的轨道，从而形成了其生活形态”[2]。因此，“现代性的特征并不是为新事物而接受新事物，而是对整个反思性的认定，这当然也包括对反思性自身的反思。”[2]在这一意义上，全球金融危机的爆发之所以再度将“风险社会”的话语推置到理论研究的前台，不仅是因为我们身处危机的深度困扰当中，仍然是处于危机困扰中的人们直面危机的现实境遇——不管人们喜欢或不喜欢，愿意或不愿意，承认或不承认——风险成为一种“侵蚀”，以更加直接的方式进入我们的视野当中，引发我们对金融危机、对经济全球化、对现代社会、对人类发展的更多、更细致的深入思考，更在于我们对于这种困扰的真诚反思与急切追问：危机与风险的内在关联在哪里？经济全球化带给我们的究竟是一个什么样的“风险景象”？我们究竟该如何避开风险的侵蚀？这应该是身处危机当中思索问题并试图寻求问题之解决出口的一个必然性面对。

1. 经济全球化下国际金融危机的不可避免性

由美国次贷危机引发的国际金融危机是经济全球化进程中一次从世界经济中心爆发的严重危机。危机的演变过程说明，由于经济全球化的推进，资本在全球范围快速流动对现有以国家为基础的规制体制产生冲击。哪一个国家或地区的问题和漏洞较大，哪个国家就有可能成为金融危机的爆发地。市场在向全球扩展的同时，也把市场经济原本就存在的自发性、盲目性扩展到全世界，加剧了世界经济的无序和风险，进而导致爆发全球性经济危机。据世界银行统计，在金融全球化的 20 多年来，全球共发生大小金融危机 100 多次，其中盲目开放金融的国家和地区近乎无一幸免。在“历史不断向世界历史转变”的全球化态势的深刻统摄下，数字化、信息化的快速发展又反过来加速着这一“转变”的态势。这是生活在这个“全新”年代里的我们所不得不面对的基本境遇。

在经济全球化背景下，国际资本流动变得方便快捷，进而刺激着国际金融交易的发展，客观上推动着世界经济发展。但同时，资本的全球性流动无疑加大了国际金融市场的复杂性和监管难度，在这种情况下，金融危机发生的概率就会增加，破坏性程度也在增强。一些恶意投机者假“自由市场”之名，对金融弱势国家和地区进行金融掠夺，结果又加剧了这些国家和地区的经济风险和经济动荡。例如，当2007年美国的次贷危机所燃起的2008年那场金融海啸被美国等发达国家以“私人债务国有化”等手段逐渐平息之后，2011年7月初8月底，美国两党“提限”“减赤”政治纠纷以及标普降低美国主权评级为诱因，国际金融危机再度爆发，危机由“私人债务国家化”的“上半场”进入“国家债务国际化”的“下半场”。于是，国际社会又开始围绕着“转嫁危机”和“拒绝危机转嫁”问题进行着激烈的斗争，原本“上半场”尚未解决的危机又不得不遭遇着“上半场”“下本场”以及“上、下半场混合”危机的尴尬境遇。虽然我们无法预知下一场危机又将从何时何地开始，但我们必须承认：资本主义发展的历史现实已经无可辩驳地证实了马克思当年所预言的、表面上是由生产过剩所导致的、深层根源却在于资本主义社会的基本矛盾所致的金融危机乃至经济危机的爆发是必然的，从这一意义上讲，后危机时代注定是一场影响深远的时代变革，也注定是一场发生在变革年代的关于经济、关于发展、关于正义、关于公平、关于良知、关于政府、关于道德的风险。

2. 经济伦理对于反思全球金融危机的不可或缺性

国际金融危机表明了资本主义自身正在经历着一场深刻的危机，暴露出资本主义社会基本矛盾正在日益尖锐的现实，而金融危机的爆发正是对新自由主义的当头一喝，引发西方社会开始对资本主义社会进行深刻反思，包括那些信奉“市场经济万能论”者和新自由主义经济的坚定拥护者们。人们开始积极思索并四处寻求摆脱危机的合理途径。西方不同派别、不同主张的思想家们开始承认他们身处的资本主义世界是一个不完美的世界，面对金融危机的困扰也都纷纷开出了自己的“药方”。

马克思主义认为，“对实践的唯物主义者即共产主义者来说，全部问题都在于使现存世界革命化，实际地反对并改变现存的事物”[3]。表面上看，这似乎只是一场发生在金融领域内的经济危机，是资本主义的新自由主义政策下社会信用体系的危机，但其背后折射的却是人们的信仰、文化危机，因而金融危机更是一场道德危机。其产生的深层原因在于西方新自由主义经济思想带来的贫富分化、消费主义文化带来的非理性消费以及过度的金融创新所带来的道德风险转嫁与积累。因而，从经济伦理的角度对金融危机的成因和对策予以探讨就成为一种必然。信用问题、公正问题、效率问题、责任问题、发展问题、幸福问题等等，在此，消除危机的合理路径探寻也需要诉诸工具理性和价值理性的统一指导，以实现人与社会的健康有序发展。

3.“碎片化”的后现代道德话语是片面的

纵观人类思想发展史，我们看到，这个经济全球化背景下资本重组形式日趋多样化的“后组织化”时代，正是西方后现代主义话语在全球性范围内继续渗透并蔓延开来的时代，这也是我们在今天所不得不面对的基本话语依托背景。这里，撇开后现代主义所倡导的对现代性的负面影响进行反思，并主张寻求合理的解决途径之积极因素之外，后现代主义对总体性概念的继续解构与重构，其所秉承的“去除中心、反对总体”的理论指向即鲍曼谓之“生活在碎片之中”的“后现代道德”，却成为我们今天反思金融危机的一大理论障碍。因而我们看到，面对这次来势汹汹、影响严重的金融危机，西方的诸多政治学家、经济学家以及哲学家们，继续以他们惯用的眼光打量着危机的爆发。特别是新自由主义的极力支持者和鼓吹者们，不愿意也不能够看到危机爆发的深层原因，而是在危机爆发的现象上大做文章，继续为自由主义辩护，将危机的爆发归因于经济结构、国家调控等方面的问题。如弗朗西斯·福山（Francis Fukuyama，1952—）指出，如果说这场全球金融危机让一些发展模式受到审判的话，那就是自由市场或新自由主义模式。不难发现，这种辩护仍然是在为资本主义唱赞歌。

二、探索中国经济伦理研究范式的基本理念

澳大利亚政治家陆克文指出，全球金融危机实际上是一场涉及体制、理论和意识形态领域的金融危机，因而是一场全球性经济、政治与文化等领域动荡的总体性危机。英国学者特伦斯·霍克斯（Terence Hawkes）说：“在任何既定情境里，一种因素的本质就其本身而言是没有意义的，它的意义事实上由它和既定情境中的其他因素之间的关系所决定。”[4]整体上看，无论是对金融危机爆发的原因、表现还是对危机所带来后果的伦理审视，其所牵涉的问题和需要的理论支撑资源都绝非是某一层面的问题，经济社会发展的各种矛盾和问题错综复杂而难以分割。那么，“后现代道德”所秉承的“碎片化”研究方法虽然在某种程度上呈现出个别领域研究相对的优越性，但对于一个个错综复杂缠绕在一起的问题进行“碎片化”检视，其结果无疑是片面的、有失偏颇的和

不透彻的，因而对于建构当代中国经济伦理的总体框架是不适用的。也就是说，对后危机时代任何问题的伦理审视都决不能仅仅停留于“纯粹”的金融学或经济学分析的思维话语当中，它需要将金融危机自身与金融危机爆发相关联的诸多经济社会发展的“总问题”纳入“经济伦理”的视域之内加以审视。

1. 坚持以总体性的理念对金融危机进行伦理审视

后现代的冲击与大众文化研究的兴起，使总体性的理论观念受到了批评。在《垄断资本》（monopoly capital）一书的“导言”中，巴兰和斯威齐在谈到马克思主义的社会科学与资产阶级社会科学的关系时认为，当代资产阶级社会科学的重要特征就是专业化和实证化，这导致了对当代社会总体分析能力的丧失。而对于马克思主义的社会科学来说，“它集中注意于整个社会秩序，而不是其各个部分：它包含着一种方法论和一种理论，也许更正确地说是若干理论，它很能说明我们社会是怎样运转的，正在向何处去。”[5]然而，在金融危机背景下，中国经济社会的各种问题却通过一种分散化的方式重新建构了一种“总体性”。从全球视野看，西方自由主义理念自20世纪70年代后期得到了极度推崇，资本在全球范围的流动变得更加自由。然而，与资本的全球性流动相伴而行的话语力量就是政治的超民族国家化，以及文化的地域化与多元化，而这种生产、政治与文化的“去中心化”恰好在全球范围内完成了资本市场的总体关联，这就是“全球化”的根本逻辑规定，也是全球化的总体性话语表达。在这一背景下，中国经济社会的问题必须是全球化挟制下的技术、经济、政治、文化、心理等的“一体化”问题。因而，要想真正把握当前中国经济社会发展的问题，实现中国经济伦理研究的实质性推进，就需要多学科、多视角的融合，形成中国经济伦理研究的学术共同体，在今天就显得非常必要了，这是形成总体性理论观念的重要条件。因而，失却了这种总体性理念，我们就无法深入到中国经济社会的现实问题当中，也就无法实现中国经济伦理研究的创新与发展。

2. 紧紧把握意识形态领域斗争的话语权

在阿尔都塞（Louis Althusser，1918—1990）看来：“意识形态是指在某个人或某个社会集团的心理中占统治地位的观念和表达体系。”[6]在今天，各种意识形态的错综缠绕与交织之复杂程度也是空前的，其主要表现为社会主义与资本主义话语的直接或间接较量上。在整个世界文明进程的推动过程中，“存积了无数痕迹”的中国经济社会发展的历史过程是独特的，与其他国家有着极大的差异，如果一味地照抄照搬别国研究的模式与方法，其结果只能是“文不对题”。因而，要建构起属于自己的中国经济伦理的研究架构，摆脱不了对西方经济伦理的研究范式，包括对主要的伦理概念、研究模式的依赖，没有话语权力的独立意识，架构也就成为一种不可能的奢想。物质生活的生产方式制约着整个社会政治和经济生活的过程。精神生产总是随着物质生产的改造而改造。因而，当代中国经济伦理的合理架构仅仅靠改造文本是不够的，它需要我们既依赖于文本又要坚持走出文本，直面中国社会的经济结构、制度设置与政治的“厚薄”（罗尔斯语）程度，才能有足够的理论勇气抵御不良话语的侵蚀。轰轰烈烈的“占领华尔街运动”即是美国等西方发达国家的普通民众对其国家现实社会制度不满的现实例证。但是我们必须看到，“华盛顿共识”的信奉者们是不会轻易交出意识形态领域的斗争权的，在他们温和话语形式的背后，仍然是“西方文明将传布到全世界”[7]的支配性主导观念。因此，紧紧把握意识形态斗争的主动权，打破“个人主义”这一“现代性的隐忧”（查尔斯·泰勒）之一，是当前中国经济伦理研究范式的首要坚持理念。

3. 以独立、开放的理论姿态开展与西方经济伦理及其他学科的对话

胡锦涛在二十国集团伦敦峰会上指出：“这场国际金融危机是在经济全球化深入发展、国与国相互依存日益紧密的大背景下发生的，任何国家都不可能独善其身，合作应对是正确抉择。”面对不断变化了的全球经济，我们所应当做的首要问题，就是不断更新自己的理念，不断叩问我们已有的认识，开放我们已有的观念。在后危机时代，要拥有真正意义的独立、责任、开放与包容精神，全方位的、多层次的对话是极为必要的。首先，积极开展与西方当代经济伦理的对话。中国经济伦理研究本身就是在借鉴、甚至套用西方经济伦理的基础上发展起来的，中国经济伦理研究的范式、理论、概念和方法在某种程度也仍然是西方的。而在全球化态势进一步加深的后危机时代，建构中国经济伦理研究范式并非是以“独霸”的方式出现，完全拒绝西方话语的渗入，并且这在现实中也是不可能做到的。事实上，对这场发生在西方发达国家的金融危机的反思，西方学界一方面对其自身存在的各种弊端进行谴责，另一方面对所谓的“中国模式”和“北京共识”大加赞赏，甚至还有人预言“中国模式”不久将取代声名狼藉的“华盛顿共识”。且不说这种预言的真实性有多大，但就其虚心求教、善于借鉴的态度就是值得我们肯定和学习的。其次，积极开展与其他具体社会科学如经济学、政治学、社会学及管理学等学科的对话。要建构起完整的中国经济伦理研究，仅有经济学或伦理学是不够的，它客观上要求我们必须借助于政治学、文化学、历史学、社会学、管理学、心理学、人类学以及民族学等诸多学科的共同“联姻”和结盟，这种联盟要求对经济改革进行基于实证又超越实证的研究，从现实的经济运动出发，探究社会变革的规律性，以各自的眼光打量当今中国经济领域的现实，在平等、开放、自由、宽容、谦逊的氛围中交流对话，出谋划策，才可能为完整认识和准确把握中国经济伦理研究提供合理的解决方案，需要在某种程度达成共识——暂先不去论证这种共识的意义——寻求一种“最低限度”的可能是：作为“类”的存在，我们都无法逃脱“被抛”在一种矛盾状态——处于世俗与超越、物质与精神、短暂与永恒的吊诡关系之中。

波普尔（Karl Popper，1902—1994）认为，人类的理解力永远都是不完整的，终极真理和对社会的完善设计超过了我们的能力。索罗斯因此也强调说，全球经济造成变化不断，变化越多开放的概念就越重要。[8]“世界历史”的进程无可阻挡，我们亦别无选择。从根本上说，面对既成的社会关系，人们只有遵循共同的价值规范，才能维持一定的社会秩序。进行价值判断、明辨是非善恶是人类“无所逃于天地之间”的道德选择。

三、当前中国经济社会问题的总体性道德审视

自20世纪80年代以来，在经济学、伦理学以及其他一些社会科学领域诸多学者的共同努力下，中国的经济伦理学研究的一个重大贡献，就是以马克思主义历史唯物主义与辩证唯物主义为主导的方法依托，通过切入全球化时代中当代中国现实问题及其启蒙语境，展开对社会主义市场经济体制及其带来的种种变化的伦理学研究，包括对计划经济模式的批判与反思，对社会主义市场经济体制下的人的存在、人道主义、人的异化问题的反思与检阅，以及对经济学自身的价值、社会的发展等等问题进行了深入的研究，并重构了经济伦理理论，丰富了经济伦理研究的内容，初步形成了独具中国特色的经济伦理研究框架。随着后现代主义的扩散，总体性的哲学观念受到了根本性的否定。正如伊格尔顿（Terry Eagleton，1943—）在描述后现代主义时说的：“后现代主义标志着这样的‘元叙事’的死亡，元叙事隐秘的恐怖主义的功能是要为一种‘普遍的’人类历史的幻觉奠定基础并提供合法性。我们现在正处于从现代性的噩梦以及它的操控理性和对总体性的崇拜中苏醒过来、进入后现代松散的多元论的过程之中，一系列异质的生活方式和语言游戏已经

抛弃了把自身总体化与合法化的怀旧冲动……科学和哲学必须抛弃自己宏大的形而上学的主张，更加谦恭地把自身看成只不过是另一套叙事。”[9]然而，与英国著名社会学家鲍曼（Zygmunt Bauman，1925—）所言的“生活在碎片之中”的“碎片化”叙事方法相对应的事实却是，后危机时代是一场发生在经济变革年代的诸多伦理问题的“总爆发”。在这个资本继续在全球范围内进行逻辑运演与文化渗透的年代，几乎所有与金融危机爆发直接或间接相关的经济问题、环境问题、社会问题等都应当被纳入伦理层面进行检视。法国学者雷蒙·阿隆（Raymond Aron，1905—1983）指出，“今天的经济学或社会学可以对资本主义的运行方式作部分有效的分析，可以对资本主义制度下的各种人和各个阶级的命运作有效的社会学分析，可以对历史作某些分析，使人了解资本主义制度的变化，但却没有一种能把社会结构、运行方式、在这种制度下的人的命运以及这种制度的演变必然联系在一起的总体理论”[10]。因此，在当前，中国经济社会发展所面临的问题是“总体性”的，而要把握和审视当代中国经济伦理的总体图景，必须从中国经济社会发展的总体性出发，这是当代中国经济伦理研究的重要维度。具体说来，在后危机时代，探索中国经济伦理研究范式的合理建构，应当将以下几个问题作为其重点考量的对象：

第一，国家经济安全问题。一般说来，经济安全是指在经济全球化环境下，一个国家保持其经济系统运行和国民经济发展不受外来势力根本威胁，国家经济主权不受分割的状态和能力。其构成主要包括资源安全、金融安全、产业安全、财政安全、信息安全等。随着经济全球化的发展，非传统安全尤其是经济安全的地位日益凸显。国际金融危机启示我们，发达国家为了降低危机的危害，必然要将危机转嫁到别的国家，因而，如何保障以国家金融安全为核心的国家经济安全，抵御金融经济等领域的风险，促进金融稳定等就成为一个至关重要的问题。面对当今不合理的国际经济秩序、不稳定的世界经济局势，发展中国家尤其是新兴市场将面临更大的金融安全困境，因此，国家经济安全应该成为中国经济伦理研究的主要对象。

第二，人类发展问题。人类发展问题始终是经济伦理及伦理学重点考量的核心问题，在全球金融危机之后，在全球气候巨大变化之后，人类社会不仅有发展的问题，还有生存还是毁灭的问题。因为由次贷危机引发的全球金融危机的爆发，背后有资本向金融资本聚积疯狂角逐利益的问题，有进一步消耗资源破坏生态安全性的问题，有因为人类缺乏自制导致全球气候变暖的问题，这直接威胁到人类生存的可持续性。金融危机的爆发再一次将一个被追问了无数次的问题提了出来：经济发展的目的究竟是什么？什么是真正的有意义的发展？如何以合理的价值尺度来考量人类社会的科学发展？人类要生存还是毁灭？等等，这些应该成为中国经济伦理研究的重点理论观照。

第三，全球经济一体化问题。国际金融危机之后，全球经济一体化的影响问题又占据了人们的重要视线。是因为金融危机对全球经济一体化带来的影响是复杂的和多重的，既有正面的积极影响，如面对危机，各国空前团结来抵御金融危机的影响，尤其某些区域性的合作，比如东亚各国互相剔除贸易壁垒，加强互相之间的合作；也有负面的消极影响，如危机使其他国家对美元的信心大降，对美国一家独大的现象产生了怀疑，尤其在各国外汇中必然会使美元的地位遭到动摇，有实力的国家和地区会借此机会对美元发起挑战；同时，危机导致某些国家采取贸易保护主义，这严重妨碍了全球经济一体化的进程。因此，研究如何科学评价全球经济一体化对全球经济带来的不同影响，如何科学面对全球经济一体化问题，特别是中国在全球经济一体化中的现状，包括已有的贡献、应重点加强的问题等应成为后危机时代中国经济伦理研究的又一重要考量对象。

第四，主权信用问题。全球金融危机凸显了信用、主权信用、信用评级及主权信用等级的重要地位。经济伦理学研究中的主权信用主要包括主权国家的政府职能问题、金融监管问题、国家信用管理（当前尤其指企业信用机构设置问题、评级体系问题、信用风险问题）的道德考量，以及由此所引发的全球治理问题、国际公正问题等等。将主权信用问题置于中国经济伦理学发展研究的视域之内，既是创新中国经济伦理学研究的理论需要，也是我们在后危机时代思考如何加强国家信用管理，规避道德风险，以更有效地推动我国信用评级制度发展所必然面临的一个现实问题。

第五，生态问题。这里的生态问题是一个内容极其丰富的概念，它包括自然环境危机、生态信用危机等问题。许多人感叹，金融危机对生态、信用等影响和破坏在一定程度上大于对金融领域的破坏。金融危机是金融逻辑过度演绎的结果，金融逻辑的演绎应当受到信用边界的制约。如何进一步重视作为社会资产的信用制度建设，是从金融危机中吸取教训的一个重要问题。在此，自然环境保护的道德评价问题、生态信用危机合理维护的道德机制问题、人类合理生产方式、生活方式以及消费方式的合理评价与价值引导问题等应成为中国经济伦理研究亟待深入思考的问题。

四、结论

美国著名伦理学家雅克·蒂洛（Jacques Paul Thiroux，1928—2006）曾断言："只要我们还活着，就要同道德这样的价值问题打交道。"[11] 马克思当年曾用详尽的论证揭示出现代社会是一个"金融资本统治的世界"。在这个善恶俱在、喜忧参半的金融资本世界里，人们之所以不停回望、深情呼唤并再次感叹马克思的"在场性"，是因为现代社会的发展轨迹仍然没有脱离马克思的预言：资本一方面以自己无比强大的力量继续塑造、挟制着我们的现实生活，另一方面也为我们不断战胜困难、直面危机积蓄着各种准备和力量。这无疑仍然是我们今天研究中国经济伦理问题的一个最为重要的理论逻辑支点。

危机带来困境，但也在另一个层面迎接着机遇，孕育着新的希望。马克思说："一种历史生产形式的矛盾的发展，是这种形式瓦解和新形式形成的唯一的历史道路。"[12] 对于今天的中国经济伦理研究来说，既要敢于直面危机，又要敢于驾驭问题，更要勇于承担责任。只有当责任、勇气、理论的气魄汇集在一起，共同浇筑、真诚呵护着中国经济伦理研究这朵与全球经济伦理研究争芳斗艳的"奇葩"的时候，我们才会更加真实地体验和领悟出马克思当年在写完《哥达纲领批判》之后说出的那句意味深长的话语："我已经说了，我已经拯救了自己的灵魂。"[13]

【注释】

［1］［德］贝克．风险社会［M］．南京：译林出版社，2004：2.

［2］吉登斯．现代性的后果［M］．南京：译林出版社，2000：4-6、33-34、96.

［3］马克思恩格斯选集（第1卷）［M］．北京：人民出版社，1995：75.

［4］［英］霍克斯．结构主义和符号学［M］．上海：上海译文出版社，1997：8-9.

［5］［美］保罗·巴兰，［美］保罗·斯威齐．垄断资本［M］．北京：商务印书馆，1977：9.

［6］陈越．哲学与政治：阿尔都塞读本［M］．长春：吉林人民出版社，2003：348.

[7]［美］福山．历史的终结和最后之人［M］．北京：中国社会科学出版社，2003：50.

[8] 王列，杨雪冬．全球化与世界［M］．北京：中央编译出版社，1998：263.

[9]［美］哈维．后现代状况［M］．北京：商务印书馆，2003：15.

[10]［法］阿隆．社会学主要思潮［M］．北京：华夏出版社，2000：102.

[11]［美］杰姆逊．晚期资本主义的文化逻辑［M］．北京：三联书店，1997：11.

[12] 马克思恩格斯全集（第44卷）［M］．北京：人民出版社，2001：562.

[13] 马克思恩格斯选集（第3卷）［M］．北京：人民出版社，1995：319.

（程广丽，原作发表于《兰州学刊》2014年第4期）

怀疑时代的道德信仰

我们身处于风险时代，又可谓让人震惊且可思的怀疑时代。世界范围的经济危机以及债务危机即使在今天仍未止息，脆弱的世界经济状况与强悍的政治国家在周期性危机、债务危机以及政治上叙利亚危机、难民危机、朝鲜导弹危机以及南海危机当中一次次交锋、博弈，世界政治呈现美俄趋恶、中美对抗、全球动荡；世界经济格局正在发生重大变化，经济面临宏观经济的不确定性、大宗商品价格走低和贸易减少、汇率波动性和资本流动性上升、投资和生产率增长停滞不前、金融市场和实体经济活动之间脱节等问题。在这种状况之下，我们究竟有什么样的道德信仰？如何走出我们时代的道德危机？

一、市场经济与风险社会

进入21世纪以来，中国经济发展正从极度亢奋期走向转轨换档期。在初级市场经济激发高增长、中国经济30多年来GDP以平均10%上升的情况下，社会也经历了全球化运动、金融乃至国家债务危机，全球环境面临着气候变化、生态恶化，世界仍处于贫富两极分化、政治干预经济的境地，人类社会“由于现代性的到来而引入了一种新的风险景象”[1]。这种源于现代化过程、始于人为决策、高度不确定的“风险社会”概念表征了现代社会所具有的某种潜在状态或社会张力，以及这种张力所内含的危机水平。

德国社会学家贝克在其《风险社会——迈向一种新的现代性》中首次使用了这一概念，这一批判性的概念在自2008年以来的金融危机中再度使人审视资本主义生产方式，如果灾难最终导致一种人心惶惶，日益激起人心的猜忌与怀疑，那么人们一定会想起马克思、恩格斯，“文明每前进一步，不平等也同时前进一步”[2]。资本主义这种纯粹的金钱关系导致“生产的不断变革，一切社会状况不停的动荡，永远的不安定和变动”[3]。这是现时代不同于过去的崭新的难忘的记忆，“一切固定的僵化的关系以及与之相适应的素被尊崇的观念和见解都被消除了，一切新形成的关系等不到固定下来就陈旧了。一切等级的和固定的东西都烟消云散了，一切神圣的东西都被亵渎了。”[3]

曼德尔在《晚期资本主义》一书中，认为资本主义主要分为三个阶段，第一个阶段是市场资本主义，第二个阶段是帝国主义的垄断资本主义，第三个阶段是所谓“后工业阶段的跨国资本主义”。其实第三个阶段就是跨国的金融资本主义。在新自由主义与新古典主义经济学理论的影响下，资本主义国家全面实行经济金融的自由化与市场化，利率管制、银行业兼并收购管制等对金融业的各种管制相继被取消，20 世纪 30 年代之后受到严格遏制的金融业与金融资本开始摆脱束缚，获得迅猛发展[4]。而2008 年金融危机前30 年金融业的膨胀不过是金融资本主义的再度崛起。“资本的扩充已达惊人的地步，资本的势力在今天已伸延到许许多多前此未曾受到商品化的领域里去，简言之，我们当前的这个社会才是资本主义社会最纯粹的形式。”[5]不能实现价值的增值，资本就将面如土色，走向衰亡。为了追求价值增值，资本势必“使社会的一切要素从属于自己，或者把自己还缺乏的器官从社会中创造出来”[6]。

越是进入市场经济之中，越是发现人们在理念上要求机会均等、规则公平、反对歧视、契约自由、公平竞争；越是发现个人权利不仅主张生存权、财产权，而且主张知情权、表达权、参与权、监督权；但是这一切都不是资本本身的属性，剩余价值（资产阶级称其为利润）是资本的命脉，没有剩余价值，资本就失去了生命的源泉。市场经济在资本家看来，就是以最简捷的方式获取最大的盈利，以最短的过程实现高速增长和资产扩张。如果实体经济没有虚拟经济更赚钱，放弃实体经济就是必然，投资股票、金融衍生品就成为资本家的乐事。

虽然新自由主义遭受了前所未有的危机，但是越来越多的国家被卷入新自由主义支配的全球秩序当中。安德森对中国的理解，就是中国是对世界资本主义体系的加强。中国作为世界工厂，“这不仅是外向型民族经济的快速扩张，而且是世界市场结构的变动”[7]。这么说的意图是不言而喻的，中国作为一个大国，它的变动将是巨大的，大家已经为这场国家富强、人民享有财产的变动所震撼，可以说，市场经济对中国国民进行了史无前例的改造。

有人说，在市场经济初级教义中，市场和交易类似一种机械关系；而在市场经济中级教义乃至高级教义当中，市场经济类似一种生物性（生命体）关系[8]。在前一种关系当中，政府是高能量的，有着极强的信息收集与处理能力，能够平衡处理各种关系，做到从心所欲。在后一种关系当中，政府被认为只有充分尊重和敬畏市场经济规律，承认信息的高度分散性和自己有限的信息处理能力，懂得自己能够调控什么，无力决定什么，才能做到“从心所欲不逾矩”。然而，市场经济终究是资本逻辑运行的经济，资本一方面推动了历史的进程，另一方面，它本身是用价值来衡量的，不是效用，不是使用价值，不是交换价值，不是人力资源或者道德资源，也不是管理的效率和程序，而是一种能够带来剩余价值的价值，是离不开雇佣劳动的一种社会性存在。“既然当今中国经济运行过程中存在着资本与劳动之间的对立，那么在生产资料的占有者与劳动力的出卖者在分享劳动成果时出现相互排斥与对抗，也是顺理成章的事。”[9]资本带来了两极分化、剥削和垄断，它的时代就是贝格尔所称的“世俗化”时代，它的后果就是贝克的“风险社会的来临”，它的未来就是桑德尔担心的“一切皆是买卖”。它给人类带来了机会和勇气，也带来了困惑、痛苦与灾难。面对这样的政治与经济相交融的时代，怎么办?

中国选择了不断改革。李克强总理说，“中国作为一个人口大国，实现现代化在人类历史上没有先例可循，我们现在、将来都会遇到许多难题。”[10]问题是现在的许多难题似乎只有在改革的道路上才能解决，环境恶化、贫富分化、腐败、意识形态的诡异多元与国家意识形态的尖锐冲突、政府职能的强与弱、共享发展中公平与正义在农民阶层的实现等等，诸多问题开始呈现日益复杂的激烈冲突与风险。以社会风险为例，第一，机会不平等导致市场活力的下降，企业与企业之间、个人与个人之间在起跑线上的不平等，社会阶层的相对固化，使得社会底层往上流动的机会很小。第二，权利与义务的不平衡导致社会矛盾激化，公权力对社会资源的垄断性占有而对实际义务的敷衍与轻视越来越引起人民的不满。第三，社会分配格局的僵化致使城乡差距、地区差距、行业差距越来越大，致使腐败越演越烈，与资本合谋形成利益格局。在西方，金融危机乃至政府债务危机没有消停的迹象。法国总理府经济分析委员会主席贝纳西·格雷说，如果不实施痛苦的改革措施，“市场将难以容忍，做出激烈反应”[11]。所谓的激烈反应是什么？没有人敢对此做出乐观评价。但有一点是肯定的，后危机时代是风险与机会并存的时代，是人心激奋而又忧虑、惶惶不可终日的怀疑时代，这一时代注定将有一场影响深远的时代变革，注定是一场政治与经济交织的关于公平、关于正义、关于发展的好戏。

二、文化矛盾与价值秩序

马克思恩格斯曾描述资本主义当年的尴尬，说“资产阶级的生产关系和交换关系，资产阶级的所有制关系，这个曾仿佛用法术创造了如此庞大的生产资料和交换手段的现代资产阶级社会，现在像一个魔法师一样不能再支配自己用法术呼唤出来的魔鬼了”[12]。这一种尴尬在丹尼尔·贝尔那里，就是呈现为资本主义文化矛盾。资本主义不仅创造了一个技术—经济结构，也同时创立了符合资产阶级意识形态的文化结构，与此同时，建立了一套以理性和主体性为基础的价值秩序。用通俗的话说，就是“自由、平等、博爱”的价值理念。然而，资产阶级身处的现实却是资本主义社会，“资本主义既非人，亦非机构，既非出于意愿，亦非由于选择。资本主义是一种通过生产方式在起作用的逻辑，一种盲目发展而又顽强积累的逻辑”[13]。资本或技术—经济的出现导致一个地区的加速发展，这一文明地区同时也导致物质和精神产生巨大的混乱。资本有发展的自由，但是哪里来的平等？资产阶级的博爱在贫富两极严重分化时早已体无完肤。“反资产阶级艺术家在理论和生活方式两个方面均取得了胜利，这些胜利表明，艺术自治精神和反体制主义已在文化领域占据了支配地位。在艺术领域，在美学理论层次上，极少有人抵制大胆实验、自由作为、放任感知的观念，也没有什么人反对诸如‘冲动优于秩序’‘想象不受纯理性批评影响’之类的提法。在今天的后现代主义文化中，无人站在秩序和传统的一边，因此先锋派也不复存在了。剩下的只有追求新事物的愿望，或是对新、旧事物的一律厌倦。”[14]作为文化保守主义者，贝尔当然要对这种混乱感到陌生，感到苦恼。如果说资本主义理性冲击了古希腊奉为至上的哲人理性以及由此形成的正义的民主政制，那么，“解放、色情、冲动自由以及诸如此类的名义”“生活在碎片之中”则是对资本主义的“民主、自由、博爱”的冲击，像俄弗尔斯说的，“个人主义、自由和民主的黄金时代差不多结束了”[15]，后现代主义正试图建立一种“去中心、反总体性、寻求差异与多样性”的社会价值秩序。当然，这种价值秩序与其说是社会的，毋宁说是个人对社会的一种抗议或者戏弄；与其说是建构的，毋宁说是彻头彻尾的解构。

贝尔所要解决的问题，是如何在资本主义框架内克服市场经济对社会道义合法性的解构。但是，资本主义颠覆了贝尔的幻想，不可能在繁华与堕落中留下田园圣歌般的正义与自由。马克思主义其实也早就设想了一套新的价值秩序来解决这种文化矛盾，这就是共产主义的建立在

“联合的个人所有制”基础之上的富强、平等、自由、民主。

而马克思要解决的问题是资本主义制度的终结问题。但是，这不是价值观的问题，而是必须要对资本主义制度作出深刻分析。马克思试图从历史观的构建来解决。一方面，马克思通过自己的唯物史观揭示了人类社会历史的运行机制与规律，而道德、价值观总是处在被决定的地位，或者说，它不是社会问题之关键，它不具备优先讨论的价值；另一方面，马克思认为在任何社会中，道德正义的问题被遮蔽在意识形态的迷雾中，如果不能揭示出意识形态的虚假性，所有的讨论只能助长这种虚假性。因此，马克思认为，在整个资本主义向共产主义转变的历史进程中，道德、正义、道义合法性问题会自然与新社会相适应，不可能单独解决[16]。所以，“无产阶级不把哲学变成现实，就不能消灭自身”[17]。资本主义文化矛盾的消灭如果不在资本主义社会关系的消灭当中，富强、平等、自由、民主的新价值秩序就不能如雨后春笋破土而立。

三、道德危机与价值重建

马克思主义给予人们的历史教训就是，如今，没有人从现代性的道德破坏中寻求理性的正义重建。道德破坏只是现象，人们必须从生产关系和因而形成的伦理关系变化中发现新的变化，重塑新的价值。道德固然出现了这样那样的问题，但是从根本上个例并不能说明问题的实质。全球化是国际金融资本普遍化的事实，在市场经济进入深水区时，一方面是财富的快速度的积累，一方面是更多的人群卷入异化当中，工人阶级感到迷茫，感到无助，感到经济生活乃至政治生活的边缘化。在片面化和贫困化的过程当中，个性也被塑造得萎靡与偏狭，因此，道德危机不是某一件有悖于人性因而评价为失德的事件，而是在这样的社会条件下，各个阶级的伦理关系的新的划分。道德危机甚至不是过去意义上社会主义与资本主义想象的道德间的不同与矛盾，而是“不同的现代性之间的竞争”[18]54，是每一种与时俱进的文化在保持优先地位或者重新焕发青春时展示的话语强势或弱势。现在的事实竟然是令人回想起列宁关于无产阶级文化的论述，卷入改革大潮的工人阶级好像被反卷回去，我们听到了他们苦涩、无奈和绝望的诉说，当然还能听到勇气、愤怒、坚韧，甚至幽默[18]。这是一种“整体性危机”，从个人到民族都迷茫于生存的意义何在、应该向何处去，人们对制度与法律产生严重的不信任——整个文化面临彻底崩溃的可能[19]。

一个公序良俗的社会，取决于稳定的社会关系，体现国家善治和公民幸福。人们生活的幸福靠什么来维系？亚里士多德曾提出“德性”，然而，德性因为普遍性而失去改变性和鲜明的阶级性，根本不足以作为建构今天社会的价值。不是由于人们的品行不端而滥用自由，从而失去民主制，而为“僭主制”所替代，而是“僭主制”这种变态的政体是希腊社会关系的真实体现，从而表现出来野蛮的暴虐。一个社会的价值秩序取决于由生产力决定的社会关系的基本形式，生产力的变化必然影响到生产关系、伦理关系，并逐渐发生变革；否则，良好的秩序为什么不能持久？正义的理念为什么会随时代的变化而变化？

回到中国，古代社会长期的稳定的社会生产方式决定了“仁、义、理、智、信”作为社会的价值追求。“仁、义、理、智、信”或者“温、良、恭、俭、让”就是“三纲五常”的德性，值得人们去追求或者操守。而现代性的认同，首先因为失去了社会关系的稳定的基础，从而表现得那样凌乱与难堪。火红的旭日那般美丽，照耀人心，但是，旭日不能驱散遮天蔽日的雾霾，这就是说，资本主义不仅制造灾难，而且利用灾难，以创造资本主义自身存在的条件。道德危机在这个创造性的毁灭过程中，不能以“道德”或“政治”的名义提出社会变革的方案，而是应该根据经济的“存在论”本身来阐释伦理与政治问题。这就如海德格尔所言，“理解乃是对有所忍受的内立状态（此—在）的实行和接受，作为遭受（Er-Leiden）的接受”[20]。价值重建的任务，应该深深根植于我们时代变化的伦理关系当中，最终必须消灭私有制，才能建立真正的富强、平等、自由、民主的新价值。

正如《理想国》建立在城邦正义之上，对现时代的伦理诉求也表现出了强烈的政治倾向。在中国，倡导富强、民主、文明、和谐，倡导自由、平等、公正、法治，倡导爱国、敬业、诚信、友善，实际上是超出伦理关系的一种社会愿景，是核心价值观念的政治性表达。这其中的价值秩序是显明的，然而又是混乱的。因为在个人层次上，自由与平等依然重要；在集体层次上，救援与扶弱也很重要，就像当年罗尔斯对功利主义质疑而提出补偿正义一样。作为国家的意识形态，有着超越国家实际经济状况的不平衡性。但是，国家被认为是由社会逻辑所限定并在其中发挥功能的一种结构，他们所依靠的是在全球经济中的依附性地位所产生的结构权力，这样的国家实际上还担负着超越民族国家界限的痛苦的责任。“生产过程及其伴生过程的全球分散化和碎片化正在全球化经济下展开，——这一过程也使得在社会生产过程周围的国家凝聚力变得碎片化。”[21]这就是为什么说是痛苦的原因，社会似乎已越来越难用一种价值观念来统御全体人民。

四、结语

目前中国社会的经济发展，已经表现为西方社会曾表现的特征，即经济发展及其水平与人们的幸福和快乐并不呈正相关，而是负相关。对于马克思来说，生产力的变化引起生产关系的变化，生产关系中人与人之间关系的固化或者物化，其根源并不在于人本身，而在于社会生产过程当中所构建的生产关系的狭隘性和内在矛盾性。道德的相对性正是基于这种矛盾性而变现出来对生产力变化的抗拒。按照后现代主义的主张，过去“普遍性所持有的信念”不过是一种“假设”或者“假定”[22]，人们生活在碎片或者情节当中，是景观社会的消费群体，是购物狂欢节的“被制造者”；什么是正在做的和什么是追求的目标，这些并不重要，“重要的是现在正在被做的应该赶快完成，追求的目标应该永远不能实现，应该移动，不停地移动”[23]。社会在经历了几十年的改革开放后，人们突然意识到这是资本主义、社会主义甚至超越两种主义的活生生的几百年现代性的缩影。甚至于有人认为，“当下中国这个现代社会是一个有着难以置信的荒谬组合的社会，它有着从近乎远古社会、传统社会到发达的现代社会的各种生活和生产方式，有着从前现代、现代到极端后现代的精神和观念”[24]如此复杂的社会，道德危机十分正常，价值重建任重道远。中国社会的价值重建必须接受来自意识形态方面的影响，表现为超越时代生产关系的积极的一面。

其实，中国社会并没有这么复杂，也没有这么模糊。按照历史唯物主义的思想，社会存在决定社会意识，市场经济如果在中国继续实行，中国就一定会出现西方社会这样那样的问题，必须分析、阐释当代的道德危机和道德失范现象，并同市场经济的生产方式相联系。尽管资本主义和社会主义都可以拥有市场，而且中国特色社会主义初级阶段还必须依靠资本做添砖加瓦的事情；但是，必须改革，才能实现创新、协调、绿色、开放和共享五大发展理念；必须坚信，消灭私有制，才能建立真正的富强、民主、文明、和谐的新价值。

【注释】

[1]［英］吉登斯．现代性的后果［M］．南京：译林出版社，2000：96.

[2] 马克思恩格斯文集（第9卷）［M］．北京：人民出版社，2009：

147.

[3] 马克思恩格斯文集（第2卷）[M]．北京：人民出版社，2009：34-35.

[4] 周宏，等．金融资本主义：新特征与新影响[J]．马克思主义研究，2013，(10)．

[5] [美] 詹姆逊．晚期资本主义的文化逻辑[M]．北京：三联书店；牛津：牛津大学出版社，1997：184.

[6] 马克思恩格斯全集（第30卷）[M]．北京：人民出版社，1995：237.

[7] Perry Anderson，Jottings on the conjuncture，New Left review，48NON/DEC，2007：6.

[8] 金碚．中国正在进行市场经济再学习[N]．中国社会科学报，2012-11-20.

[9] 陈学明．论中国道路对马克思主义阶级斗争理论的继承和发展[J]．马克思主义研究，2015，(5)．

[10] 李克强．变化世界中的中国[N]．光明日报，2013-11-03.

[11] 郭纪．"改或不改，都很难"——透视西方制度困境[J]．求是，2013，(10)．

[12] 马克思恩格斯文集（2）[M]．北京：人民出版社，2009：37.

[13] [法] 米歇尔·博德．资本主义史（1500—1980）[M]．吴艾美等，译．北京：东方出版社，1986：145.

[14] [美] 丹尼尔·贝尔．资本主义文化矛盾[M]．北京：三联书店，1989：100.

[15] [美] 戴维·哈维．正义、自然和差异地理学[M]．上海：上海人民出版社，2010：201.

[16] 黄力之．资本主义文化矛盾理论与马克思的文化思想及其延伸[J]．中国社会科学，2012，(4)．

[17] 马克思恩格斯文集（第1卷）[M]．北京：人民出版社，2009：19.

[18] [英] 佩里·安德森．中国热[J]．//国外马克思主义研究报告（2011）．北京：人民出版社，2011：362.

[19] [美] 哈罗德·伯尔曼．法律与宗教[M]．北京：三联书店，1991：35.

[20] [德] 海德格尔．哲学论稿[M]．北京：商务印书馆，

2012：273.

[21]［美］威廉·I. 罗宾逊．全球资本主义论［M］．北京：社会科学文献出版社，2009：52.

[22]［英］齐格蒙特·鲍曼．后现代伦理学［M］．南京：江苏人民出版社，2003：44.

[23]［英］齐格蒙特·鲍曼．生活在碎片之中——论后现代道德［M］．上海：学林出版社，2002：80.

[24] 赵汀阳．长话短说［M］．北京：东方出版社，2001：255.

（余达淮　李克明，原作发表于《伦理学研究》2017 年第 1 期）

后 记

本书收录我和我的学生自2002年以来关于资本伦理、经济伦理的一系列论文。由于人在地球上如何生存变得日益紧张，迫使我思考伦理问题，想要找到突破和超越人与人关系的理由。后来发现一本利奥波德（1887—1948）于1947年发表的《沙乡年鉴》，他把道德理解为“对生存竞争的行为自由的一种限制”，当人类对大地共同体确立义务之后，使得大地伦理学建立了新的伦理价值尺度，并且考虑到大地的内在价值。这就好比康德所说的“物自体”，当我们的认识不能用先天综合判断给予“物自体”以统一规则时，当然是“物自体”，但当我们用时间、空间、历史、主体等的概念建立起大地与我们的联系时，作为“物自体”的大地与我们之间的应该就构成伦理问题；而我们和大地之间的伦理问题，实质上是面对利益和纠纷的人与人之间的关系问题。从大地伦理学到资本伦理学，再到气候伦理学，预示着我们的生存遇到越来越严重的挑战；不是我们和气候变暖的现象、碳排放日益严重的现象、厄尔尼诺现象等要讲求什么伦理应该，它们无知无识，但是如果我们松懈自己的责任，对这些现象不闻不问，灾难就大了，很可能是人类命运的悲剧。所以我们必须建立诸如人类命运共同体、全球责任、多元操守、空间规则、灾难补偿、灾难预知等新的伦理概念、范畴，创化新的认识。

除了署名是我的文章之外，还有我的博士李红亮、程广丽、李红梅、赵苍丽、陈光洁等人的文章，她（他）们跟从我从事了资本伦理学的研究和创作，对她（他）们表示感谢；还有我的博士生李克明、阮爱莺发掘资料，和我一起研究了比较宏观的问题。我还特意选择了一篇和银娟硕士的合作论文，论述了道家思想对于资本社会的经济伦理的影响与作用。我的博士生曲韵畅全权负责本论文集的统筹与后期校对等工作，在此也要感谢他。更要感谢合肥工业大学出版社的朱移山兄，作为全国新闻出版行业领军人才，他为此书的出版立下汗马功劳。李白《雪谗诗赠友人》曰："五十知非，古人常有；立言补过，庶存不朽。"不朽实不敢，但是对于丑恶不善的事物，我们需要拿出勇气，齐心协力，用我们的智慧维护原本属于我们的自由。

余达淮

2018 年 10 月 30 日，南京紫薇园